大学物理实验

（第2版）

主 编 李 滨 杨晓磊 王玥萌 孟庆刚

DAXUE WULI SHIYAN

中国教育出版传媒集团
高等教育出版社·北京

内容提要

本书是根据教育部高等学校物理学与天文学教学指导委员会编制的《理工科类大学物理实验课程教学基本要求》(2010年版)，结合黑龙江工程学院工程应用型本科人才培养的特点，以及实验室仪器设备的情况，在不断探索教学改革实践和总结多年教学经验的基础上编写而成的。本书主要包括绪论、测量误差与数据处理、基础实验、设计性实验、大学物理实验预备知识等部分，涵盖了力学、热学、电磁学、光学、近代物理学等实验项目。

本书可作为普通高等学校理工科专业大学物理实验课程的教材，也可供相关技术人员参考。

图书在版编目(CIP)数据

大学物理实验／李滨等主编. --2版. --北京：高等教育出版社，2022.9

ISBN 978-7-04-058976-4

Ⅰ.①大… Ⅱ.①李… Ⅲ.①物理学-实验-高等学校-教材 Ⅳ.①O4-33

中国版本图书馆CIP数据核字(2022)第121001号

DAXUE WULI SHIYAN

策划编辑 马天魁　　责任编辑 马天魁　　封面设计 王 洋　　版式设计 童 丹
责任绘图 于 博　　责任校对 陈 杨　　责任印制 耿 轩

出版发行	高等教育出版社	网　址	http://www.hep.edu.cn
社　址	北京市西城区德外大街4号		http://www.hep.com.cn
邮政编码	100120	网上订购	http://www.hepmall.com.cn
印　刷	河北信瑞彩印刷有限公司		http://www.hepmall.com
开　本	787mm×1092mm 1/16		http://www.hepmall.cn
印　张	16.5	版　次	2020年1月第1版
字　数	370千字		2022年9月第2版
购书热线	010-58581118	印　次	2022年9月第1次印刷
咨询电话	400-810-0598	定　价	38.10元

物 料 号 58976-00

前 言

大学物理实验作为理工科学生进入高等学校后的第一门科学实验课程，在传授科学实验的基本知识、方法、技巧的同时，还肩负着培养学生严谨的科学态度，提高学生理论联系实际和分析问题、解决问题能力的重任。

本书在第一版的基础上，结合黑龙江工程学院近来建设的黑龙江省线上课程、线上线下混合式课程及2项虚拟仿真实验等4门一流课程的成果修订而成，并作为一流课程配套教材使用。本书增加部分实验项目的虚拟仿真实验内容，这部分内容基于安徽科大奥锐大学物理实验虚拟仿真系统进行讲授。

本书能够支持多种学习模式，既适用于传统的线下教学，也适用于在线教学，更适用于线上线下混合式教学，以及依托虚拟仿真系统的全线上教学。

本书的编写分工如下。李滨负责第一章、第二章、第三章实验一至实验八的编写工作；杨晓磊负责第三章实验九至实验二十二的编写工作；王玥萌负责第三章实验二十五至实验三十和第四章的编写工作；孟庆刚负责第三章实验二十三、实验二十四和第五章的编写工作；付国鑫负责附录的编写工作。

本书教学视频及虚拟仿真视频的制作分工如下。李滨负责第二章第五节，第三章实验一、实验三、实验四、实验五、实验七、实验八视频的制作；杨晓磊负责第二章第三节、第四节，第三章实验九、实验十、实验十二、实验十九、实验二十、实验二十一视频的制作；王玥萌负责第二章第二节，第三章实验一、实验十六、实验十七、实验二十二视频的制作；孟庆刚负责第二章第一节，第三章实验十三、实验十四、实验十五视频的制作；付国鑫负责教学视频的拍摄、后期处理和编辑工作。姜伟、陈志刚、刘艳微、张磊、姜平晖参与教学视频及虚拟仿真视频的制作。

由于水平和经验有限，书中难免存在错误和不当之处，我们敬请广大读者批评指正。

编　者

2021年11月

目　录

第一章 绪论

科学实验是科学理论的源泉，是工程技术的基础。作为培养德、智、体全面发展的高级工程技术人才的高等学校，不仅要使学生具备比较深厚的理论知识，而且要使学生具有较强的从事科学实验的能力，以适应科学技术不断进步和国家现代化建设迅速发展的需要。

第一节 大学物理实验课程的作用和目的

一、大学物理实验课程的作用

物理学是研究物质运动一般规律及物质基本结构的科学，它必须以客观事实为基础，必须依靠观察和实验。归根结底，物理学是一门实验科学，物理概念的建立和物理规律的发现都必须以严格的科学实验为基础，并通过科学实验来证实。

物理实验在物理学的发展过程中起着重要和直接的作用。

（1）实验可以发现新事实，实验结果可以为物理规律的建立提供依据。

① 经典物理学（力学、电磁学、光学）规律是以无数实验事实为依据总结出来的。

② X 射线、放射性和电子的发现等为原子物理学、核物理学等的发展奠定了基础。

③ 卢瑟福根据 α 粒子散射实验结果提出了原子核式结构模型。

（2）实验又是检验理论正确与否的重要判据。

理论物理与实验物理相辅相成。规律、公式必须经受实验检验，只有经受住实验的检验，由实验所证实，它们才会得到公认。

① 电磁场理论的提出与公认历程如图 1-1 所示。

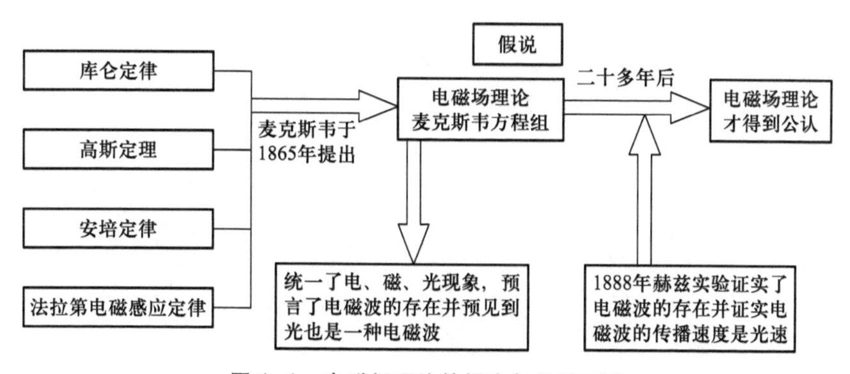

图 1-1 电磁场理论的提出与公认历程

② 1905 年，爱因斯坦的光量子假说总结了光的微粒说和波动说之间的争论，能很好地解释勒纳德等人光电效应实验结果，但是直到 1916 年，在密立根以极其严密的实验证实了爱因斯坦的光电效应方程之后，光的粒子性才为人们所接受。

③ 1974 年，J/ψ 粒子的发现更进一步证实了盖尔曼 1964 年提出的夸克理论。

大学物理实验是对高等学校理工科学生进行科学实验基本训练的一门独立的基础必修课程，是学生进入大学后受到系统实验方法和实验技能训练的开始。各类科学实验所涉及的误差理论、不确定度以及有效数字等基本概念，各类实验所涉及的基本实验方法、基本实验仪器都要在大学物理实验中加以讨论。因此,大学物理实验也是理工科学生从事其他科学实验的基础。

二、大学物理实验课程的目的

(1) 通过对物理实验现象的观测和分析,学习运用理论指导实验、分析和解决实验中问题的方法,加深对理论的理解。

(2) 培养学生从事科学实验的初步能力,包括阅读教材、查阅资料、概括出实验原理和实验方法的能力;正确操作基本仪器的能力;正确测量基本物理量的能力;正确运用实验基本方法的能力;正确记录和处理数据的能力;正确分析实验结果和撰写实验报告的能力。简而言之,要培养学生思维、动手、分析、判断等从事科学工作的初步能力。

(3) 通过实验培养学生实事求是、理论联系实际的作风。要善于用所学的理论指导实验,同时又善于从大量的实验现象和数据中总结规律,最终上升到理论。这正是人们通常在科学研究中所遵循的道路。

(4) 培养学生严谨踏实、勇于探索与思考的科学精神以及团结互助和爱护公物的优良品德。

第二节　物理实验的主要环节、实验守则和实验安全

一、主要环节

实验课与理论课不同，它要求同学们在教师的指导下自己动手，独立地完成实验任务。在每个实验的学习过程中，同学们要经历以下 3 个环节。

1. 做好实验预习

实验前必须认真阅读教材和有关资料，着重理解实验原理和实验所用的基本方法，明确哪些物理量是直接测量量，哪些物理量是间接测量量，在此基础上写出预习报告。预习报告作为正式报告的前面部分，应在正式实验之前写好。它应包括以下 4 项内容：

（1）实验目的。

（2）实验原理。

实验原理应写得简明扼要，如列出实验所依据的主要公式，说明式中各量的物理意义及适用条件等，还应包括电路图、光路图或相关的实验原理图。

（3）实验数据。

（4）数据记录表格。

数据记录表格应简单明了，能方便地记录直接测量的各个原始数据。

预习报告中最重要的是拟定主要实验步骤和指明做好实验的关键所在，不可照抄教材。在预习中对做好本次实验的几个关键步骤要做到心中有数，绝不可应付了事。

2. 进行实验操作

实验操作包括安装与调整仪器、观察实验现象与选择测试条件、读数与记录数据、计算与分析实验结果以及估算误差等。

进入实验室后，要注意遵守实验守则和实验室的各项规章制度。在实验过程中，对观察到的现象和测得的数据要及时进行判断，判断它们是否正常与合理。实验过程中可能会出现故障，要在教师的指导下分析故障原因，学习并掌握排除简单故障的本领。

在实验过程中遇到问题和挫折不是坏事，要坚持探索，认真分析研究，找出原因，解决问题，这样就可以得到更大的收获。

实验结束后，所用的仪器、电源、桌凳等都要整理好，将原始记录交给任课教师签字生效后，方可离开实验室。

3. 写一份简洁、清楚、工整和富有见解的实验报告

（1）班级、组号、姓名、所用仪器台组（套）编号与实验名称应写清楚（有时还需将实验时温度和大气压强等写在报告上）。

（2）实验原理要写得简单明了，不要照抄教材，一般不超过 300 字。

（3）数据记录和处理是报告的核心，要认真计算和处理数据。

（4）回答思考题。

（5）对实验中印象最深刻、感到最有收获的地方可以做一小结。小结不要超过 200 字。

原始记录随实验报告在实验结束后的第 3 天必须交上，由任课教师批改，并在下次上

课时反馈给学生。

二、实验守则

(1) 学生应在课表规定时间内进行实验,不得无故迟到或缺席。若要改动实验时间,须经教师同意。

(2) 学生必须按照自己所在组的序号对照仪器的台(套)号入座;将预习报告放在实验桌上由教师检查,并回答教师的提问,经过教师检查认为合格后,方可进行实验。

(3) 实验时,应携带必要的物品,如文具、计算器和草稿纸等。对于需要作图的实验应事先准备毫米格纸和铅笔。

(4) 严格遵守实验室有关规定,不得大声喧哗、吵闹。未经许可,禁止擅自动用其他台(套)仪器。

(5) 进入实验室后,应根据仪器清单核对自己使用的仪器是否缺少或损坏。若发现有问题,应及时向教师提出。未列入清单的仪器,可另向教师借用,实验完毕后归还。

(6) 不得伪造数据,一旦发现,成绩以零分计算,同时要进行批评教育。

(7) 如发现有仪器、组件等出现故障,不得随意拆动,应及时报告指导教师。凡因误操作,使器物损坏,要照章赔偿。

(8) 实验结束后,应将数据交由教师签字。实验不合格或请假缺课的学生,由指导教师登记,通知学生在规定时间内补做实验。

三、实验安全

(1) 物理实验室电源为动力电,所以实验过程中应注意防止触电。例如,不要用手指触摸电源插座孔,电源插头拔出前不要拆卸熔断器(保险丝),仪器出现故障时,要先关闭电源等。

(2) 对于高压电源应注意安全,不要触摸。即使在关闭电源后,若未做放电处理,切不可触摸导体部分以免被残余高压电击伤。

(3) 实验中如果需要搬动较重物体,如大砝码、光具座上的夹具座等,要双手托稳,防止重物落地伤脚。

(4) 在光线较暗的实验室中进行光学实验时,要注意防止被锐器碰伤或触电,特别要注意防止物品刺伤眼睛。

(5) 在使用玻璃晶体(片)时要防止器材破损和被破碎片划伤。

第三节 基本测量方法和实验方法

物理实验方法是依据所研究的物理规律、现象、原理，确定正确的物理模型，以一种特殊的手段实现测量和观察的方法。物理实验基本测量方法大致可分为三种：一是直接测量法；二是根据被测量与测出量之间的关系，通过函数关系计算被测量的值，显然这是一种间接测量法；三是模拟方法。

物理实验基本方法不同于仪器的调整方法，也不同于数据处理方法。例如，在分光计实验中，为使望远镜光轴同仪器主轴严格垂直，可采用自准直法调整仪器；为了减少系统误差，可采用左右逼近法测量；为了减少随机误差，可采用逐差法处理数据。然而，以上三例都不是实验基本方法。

常用的实验基本方法有以下几种。

一、比较法

1. 直接比较法

将一个待测物理量与一个经过校准的、属于同类物理量的量具或量仪（标准量）直接进行比较，从测量工具的标度装置上获取待测物理量量值的测量方法，称为直接比较法。如用米尺测金属杆的长度即采用了直接比较法。

2. 间接比较法

由于某些物理量无法采用直接比较法测量，故需设法将被测量转换为另一种能与已知标准量直接比较的物理量，当然这种转换必须服从一定的单值函数关系。如用弹簧的形变去测力，用水银的热膨胀去测温等均为这类测量，此类方法称为间接比较法。

3. 比较系统

有些比较要借助或简或繁的仪器设备，经过或简或繁的操作才能完成，此类仪器设备称为比较系统。天平、电桥及电位差计等均是常用的比较系统。

为了进行比较，人们常用以下方法。

（1）直读法。

米尺测长度，电流表测电流，电子秒表测时间，这些都是由标度尺示值或数字显示窗示值直接读出被测值，此为直读法。直读法操作简便，但一般测量准确度较低。

（2）零示法。

在用天平称衡时，要求天平指针指零；在用平衡电桥测电阻时，要求桥路中检流计指针指零。这种以示零器示零为比较系统平衡的判据，并以此为测量依据的方法称为零示法（或零位法）。零示法操作较烦琐，但由于人的眼睛判断指针与刻线重合的能力比判断相差多少的能力强，故零示法灵敏度较高，从而测量精密度也较高。

（3）交换法和替代法。

为消除测量中的系统误差，提高测量正确度，人们常用交换法和替代法。例如，为消除天平不等臂的影响，第 1 次称衡时在左盘放置被称量物，第 2 次称衡时在右盘放置被称量物，两次称衡值的平均值即被称量物的质量，类似的测量方法称为交换法；在用平衡电桥测电阻时，先接入待测电阻，调电桥平衡，保持电桥状态不变，用可调电阻箱替换待测电阻，调节电阻箱重新使电桥平衡，则电阻箱示值即被测电阻的阻值，类似的测量方法称为替代法。

二、补偿法

系统在受到某一作用时会产生相应的某种效应，在受到另一同类作用时，又产生了一种新效应，新效应与旧效应叠加，使新旧效应均不再显现，系统回到初状态，此种新效应补偿了旧效应。如原处于平衡状态的天平，在左盘上放上重物后，在重力作用下，天平梁臂发生倾斜，当在右盘放上与重物同质量的砝码时，在砝码重力的作用下，天平梁臂发生反向倾斜，天平又回到平衡状态。这是砝码(的重力)补偿了重物(的重力)的结果。运用补偿思想进行测量的方法称为补偿法。常用的电学测量仪器——电位差计，即基于补偿法。补偿法往往与比较法结合使用。

三、放大法

放大有两类含义，一类是将被测对象放大，使测量精密度得以提高；另一类是将读数机构的读数细分，从而也能使测量精密度提高。

1. 机械放大

利用丝杠鼓轮和蜗轮蜗杆制成的螺旋测微器和迈克耳孙干涉仪的读数细分机构，可把读数细分到 0.01 mm 和 0.000 1 mm，读数精密度大为提高。利用杠杆原理，也能将读数细分。

2. 视角放大

受人眼分辨率的限制，当物对人眼的张角小于 0.001 57°时，人眼将不能分辨物的细节，只能将物视为一点。利用放大镜、显微镜、望远镜的视角放大作用，可增大物对人眼的视角，使人眼能看清物体，提高测量精密度。如果再配合读数细分机构，测量精密度将更高，如测微目镜、读数显微镜等。

3. 角放大

根据光的反射定律，对于正入射于平面反射镜的光线，当平面镜转过 θ 角时，反射光线将相对原入射方向转过 2θ 角，每反射一次便将变化的角度放大一倍。而且光线相当于一只无质量的甚长指针，能扫过标度尺的很多刻度。由此构成的镜尺结构，可使微小转角得以明显显示。人们用此原理制成了光杠杆及冲击电流计、复射式光点电流计的读数系统。

四、模拟法

为了对难以直接进行测量的对象(如极易受干扰的静电场，体积太大的舰船、飞机等)进行测量，可以制成与研究对象有一定关系的模型，用对模型的测试代替对原型的测试，这种方法称为模拟法。模型与原型的关系满足以下两个条件：

(1) 几何相似，模型与原型在几何形状上完全相似；

(2) 物理相似，模型与原型遵从同样的物理规律。

这类模拟称为物理模拟，模型飞机在风洞中飞行即属此类。

另一类模拟称为数学模拟，其模型与原型在物理实质上可以完全不同，但它们却遵从相同的数学规律,用恒定电流场模拟静电场即属此类。

五、振动与波动法

1. 振动法

振动是一种基本运动形式。许多物理量均可视为某振动系统的振动参量。只要测出振动系统的振动参量,利用被测量与振动参量的关系就可得到被测量。利用三线摆测量圆盘的转动惯量即振动法的应用。

2. 李萨如图法

对于两个振动方向互相垂直的振动,其合振动的图像因二者振幅、频率、相位的不同而不同,这种图像称为李萨如图。利用李萨如图可测频率、相位差等。李萨如图通常用示波器显示。

3. 共振法

一个振动系统受到另一系统周期性激励,在激励系统的激励频率与振动系统的固有频率相同时,振动系统将获得最多的激励能量,此现象称为共振。共振存在于自然界的许多领域,如机械振动、电磁振荡等。用共振法可测声音的频率、*LC* 振荡回路的谐振频率。

4. 驻波法

驻波是入射波与反射波叠加的结果。机械波、电磁波均会产生驻波。驻波波长较易测得,故人们常用驻波法测波的波长。如同时测出频率,则可知波的传播速度。

5. 相位比较法

波是相位的传播。在传播方向上,两相邻同相点的距离是一个波长。人们可通过比较相位变化而测出波的波长。驻波法和相位比较法在声速测量实验中将用到。

六、光学实验法

1. 干涉法

在精密测量中,以光的干涉原理为基础,利用对干涉条纹明暗交替间距的测量,可实现对微小长度、微小角度、透镜曲率及光波的波长等的测量。双棱镜干涉、牛顿环干涉等实验即干涉测量,迈克耳孙干涉仪即典型的干涉测量仪器。

2. 衍射法

在光场中置一线度与入射光波长相当的障碍物(如狭缝、细丝、小孔、光栅等),在其后方将出现衍射图样。通过对衍射图样的测量与分析,可确定障碍物的大小。利用 X 射线对晶体的衍射,可进行物质结构分析。

3. 光谱法

光谱法利用分光组件(棱镜或光栅),将发光体发出的光分解为分立的按波长排列的光谱。光谱的波长、强度等参量给出了物质结构的信息。

4. 光测法

用单色性好、强度高、稳定性好的激光作光源,再利用声光、电光、磁光等物理效应,可将某些需精确测量的物理量转换为光学量,然后再进行测量,光测法已发展为重要的测量手段。

七、非电学量的电测法

随着科学技术的发展，许多物理量，如位移、速度、加速度、压强、温度、光强等都可通过传感器转换为电学量而进行测量，此即非电学量的电测法。一般来说，非电学量电测系统如图 1-2 所示。

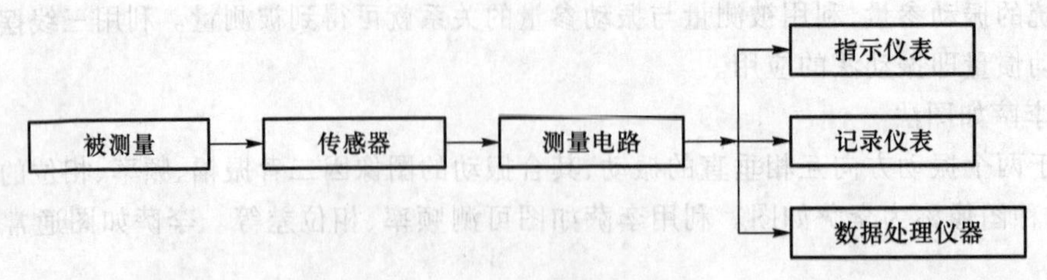

图 1-2 非电学量电测系统

传感器是把非电学的被测物理量转换成电学量的装置，是非电学量电测系统中的关键器件。传感器都是根据某一物理原理或效应而制成的。

1. 温度-电压转换

温度-电压转换，可用热电偶来实现。热电偶是根据两种不同材料的金属接触时产生电势的接触电势效应和单一金属两端因温度不同而产生电势的温差电势效应而制成的。当两种不同材料的金属导体两端均密合接触，且两端温度又不同时，高、低温两端出现电势差，此电势差与材料和温度有关。若测出此电势差，并已知一端的温度（比如把此端置于冰水中），便可通过查阅事先编制好的表格而得知另一端的温度。这就是热电偶温度计的原理。

2. 压强-电压转换

压强-电压转换，可用压电传感器来实现。压电传感器是利用某些材料的压电效应制成的。对于某些电介质，当沿着一定方向对其施力而使其变形时，其内部产生极化现象，同时在它的两个表面上产生符号相反的电荷，形成电势差，电势差大小与受力大小有关；当外力去除后，电介质又重新恢复不带电状态；当作用力的方向改变时，电荷的极性也随之改变。这种现象称为正压电效应。反之，若在电介质的极化方向上施加电场，则会引起电介质变形，这种现象称为逆压电效应。正压电效应可用来测力与压强的大小，如对压电传感器施以声压，则会输出交变电压，通过测量交变电压的各参量可得知声波的各参量。

3. 磁感应强度-电压转换

磁感应强度-电压转换可通过霍尔组件实现。霍尔组件是由半导体材料制成的片状物，若把它置于磁场中，并将两相对薄边加上电压，内部通有电流后，相邻两薄边将有异号电荷积累，出现电势差，电势差大小、方向与材料、电流大小及磁感应强度有关，此效应称为霍尔效应。用霍尔片（组件）可测磁感应强度。

4. 光电转换

可实现光电转换的器件有很多。利用光电效应制造的光电管、光电倍增管可测定相对光强。光敏电阻则是根据有些材料的电阻率会因照射光强不同而不同的性能制成的，因而可用它测量光束中谱线光强。光电池受到光照后会产生与光强有一定关系的电动势，从而可通过测量电动势来测量入射光的相对光强。光电二极管、光电三极管等器件多用于电路控制。

第四节　基本实验操作技术

一、恢复仪器初态

所谓"初态"，是指仪器设备在实验前的初始状态。正确的初态可保证仪器设备安全，确保实验顺利进行。如对于设置有调整螺钉的仪器，在正式调整前，应先使调整螺钉处于松紧合适的状态，使之具有足够的调整量，以便调整仪器。这在光学仪器的调节中常会遇到。又如在电学实验中，未闭合电源前，应使电源的输出调节旋钮处于使电压输出最小的位置，使滑动变阻器的滑动端处于最安全位置（若作分压，则应使电压输出最小；若作限流，则应使电路电流最小），使电阻箱接入电路的电阻不为零等。这样既可保证仪器设备的安全，又便于调节仪器。

二、零位（零点）调整

绝大多数测量工具及仪表，如千分尺（又称螺旋测微器）、电压表等都有其零位（零点）。在使用它们之前，都须校正零位。如零位不对，那么能调整则调整，不能调整则记下其对零位的偏差值，以后对测量值予以修正。

三、水平、竖直调整

有些实验仪器在水平或竖直状态下才能正常工作。水平状态可借助水平仪进行判断，竖直状态可借助重锤进行判断。对其进行调整一般借助仪器基座上的 3 个调整螺钉。3 个螺钉成正三角形或等腰三角形排列，调节其中一个，基座便会以另外 2 个螺钉的连线为轴转动。

四、避免空程误差

对于由丝杠-螺母构成的传动与读数机构，由于螺母与丝杠之间有螺纹间隙，所以往往在测量刚开始或刚反向转动丝杠时，丝杠须转过一定角度（可能达几十度）才能与螺母啮合，结果与丝杠连接在一起的鼓轮已有读数改变，而由螺母带动的机构尚未产生位移，造成虚假读数而产生空程误差。为避免产生空程误差，使用这类仪器（如测微目镜、读数显微镜等）时，必须待丝杠与螺母啮合后，才能进行测量，且须单方向旋转鼓轮。

五、逐次（逐步）逼近调节

依据一定的判据，逐次缩小调整范围，较快捷地获得所需状态的方法称为逐次逼近调节法。在不同的仪器中判据是不同的，如对于天平是看天平指针是否指零，对于平衡电桥是看检流计指针是否指零。逐次逼近调节法在天平、电桥、电位差计等仪器的平衡调节中都要用到，在光路共轴调节、分光计调节中也要用到，它是一个经常用到的调节方法。

六、消视差调节

当刻有刻度的标尺与需用此标尺来确定其位置或大小的物（如电表的表盘与指针、望远镜中叉丝分划板的虚像与被观察物的虚像)不密合时,眼睛从不同方向观察会出现读数有差异或物与标尺刻线分离的现象,这种现象称为视差现象。为了测量正确,实验时必须消除视差。消除视差的方法有两种:一是使视线垂直于标尺平面。1.0 级以上的电表表盘上均附有平面反射镜,当观察到指针与其像重合时,指针所指刻度值即正确。焦利秤的读数装置也是如此。二是使标尺平面与被测物密合于同一平面内。如游标卡尺的游标尺被制成斜面,便是为了使游标尺的刻线端与主尺处于同一平面内,以减少视差。使用光学测读仪器前均须作消视差调节,使被观测物的实像成在作为标尺的叉丝分划板上,即使它们的虚像处于同一平面内。

七、调焦

在使用望远镜、显微镜和测微目镜等光学仪器时,为了能看清目的物,均须对它们进行调焦。对望远镜要调物镜到叉丝的距离,对显微镜和测微目镜要调物镜到物的距离,这种调节称为调焦。调焦是否完成,以能否看清目的物上的局部细小特征为准。

八、光路的共轴调整

在由两个或两个以上的光学组件组成的实验系统中,为获得好的像质、满足近轴光线条件等,必须对光学组件进行共轴调整。共轴调整一般分为两步,第一步根据目测进行粗调,第二步根据光学规律进行细调,常用的方法有自准直法和二次成像法。如果在光具座上进行实验,为了正确读数,还须把光轴调整得与光具座平行,即光学组件光心与光具座等高且光学组件截面与光具座垂直。

九、回路接线法

一个电路可分解为若干个闭合回路。接线时,循回路由始点(如某高电位点)依次首尾相连,最后仍回到始点,这种接线方法称为回路接线法。按照此法接线和查线,可确保电路连接正确。

第二章　测量误差与数据处理

本章主要介绍测量误差、不确定度的基本概念，在此基础上，介绍有效数字及数据处理方法。考虑到本课程的特点，对于不确定度，本章在一定程度上进行了简化处理，以便使其具有较强的操作性。

第一节　测量和误差的基本知识

我们在进行物理实验时，不仅要对实验现象进行定性观察，更主要的是要找出有关物理量之间的定量关系。为了揭示物理量之间的定量关系，需要运用测量器具对物理量进行测量。在进行测量的时候，总会有误差，这是由于测量器具、测量环境、测量人员、测量方法等不理想，使得测量结果与真值之间总会有一定的差异。对同一物理量重复测量两次，结果并不一致，这就证明了这一点。随着科学技术的发展和测量方法的改进，误差可以越来越小，但仍然会存在。

测量、误差和不确定度

实践证明，测量结果中都存在误差，误差存在于一切科学实验和测量的过程中。因此，分析测量中可能产生的各种误差，尽可能消除其影响，并对测量结果中未能消除的误差作出估计，是物理实验和其他科学实验中必不可少的工作。因此我们必须了解误差的概念、特性、产生的原因和估计方法等知识。

在测量和误差的理论学习中，同学们应能够：

（1）正确分析误差，消减系统误差到最低程度，合理测量、记录实验数据。

（2）正确处理实验数据，以便得到接近真值的最佳结果。

（3）合理评价测量结果的误差，写出测量结果的最终表达式。

（4）在设计性实验中，合理选择测量器具、测量方法和测量条件，以便得到最佳的测量结果。

误差贯穿于整个实验之中，希望同学们不断地深入领会相关知识，提高实验素养。

一、测量

测量就是将待测的物理量与一个选来作为标准的同类量进行比较，得出它们之间的倍数关系。选来作为标准的同类量称为单位，倍数称为测量数值。由此可见，一个物理量的测量值等于测量数值与单位的乘积。一个物理量的大小是客观存在的，选择不同的单位，相应的测量数值就不同。单位越大，测量数值越小。

测量可分为两类，即直接测量和间接测量。直接测量是直接将待测物理量与选定的同类物理量的标准单位相比较，直接得到测量值的一种测量。它不必进行任何函数运算。例如用米尺量长度，用表计时间，用天平称质量，用电流表测电流等。间接测量是根据直接测量所得到的数据，根据一定的公式，通过运算得到测量值的一种测量。例如，我们要测量一个圆柱的体积 V，在数学上，已知 $V=\pi d^2h/4$，其中 d 为圆柱的直径，h 为高。利用长度测量工具，例如游标卡尺、千分尺测得 d 和 h 后，即可算出 V。体积 V 的测量就属于间接测量，V 是间接测量量，而 d 与 h 则是直接测量量。

二、真值和误差

为了对测量及误差作进一步的讨论,我们引入有关真值和误差的一些基本概念。

真值——被测量在其所处的确定条件下,客观上所严格具有的量值。

误差——测量值与真值之差,记为

$$\Delta x = x - A \tag{2-1}$$

式中,x 是测量结果(给出值),A 是被测量的真值。Δx 为测量误差,又称为绝对误差。

任何测量都存在误差,间接测量的误差来源于直接测量的误差。

任何一个测量结果均可表示为

$$x \pm \Delta x \tag{2-2}$$

Δx 反映的是测量结果总的绝对误差,一般取正值(绝对值),±号说明 Δx 是个范围,所以式(2-2)表示 x 的真值(一般是多次测量的算术平均值)有较大的概率出现在$(x-\Delta x)\sim(x+\Delta x)$区间。

真值是客观存在的,但它是一个理想的概念,在一般情况下人们不可能准确知道真值。然而在有些具体问题中,真值在实际上可以认为是已知的。例如,① 理论值:三角形三个内角的和为 180°等;② 公认值:世界公认的一些常量值,如普朗克常量等;③ 相对真值:用准确度高一个数量级的仪器校准的测定值,如为了估计用伏安法测电阻的误差,可以用可靠性更高的电桥的测量结果作为真值。这种以给定为目的,能代替真值的量值,常称为约定真值。在实际测量中,人们常用被测量的实际值或修正过的算术平均值 $\bar{x}$ 来代替真值。

按照定义,误差是测量结果与客观真值之差,它既有大小又有方向(正负)。由于真值在多数情况下无法知道,所以误差也是未知的,只能进行估计。

为全面评价测量结果,人们引入相对误差的概念。误差与真值之比称为相对误差,考虑到在一般情况下,测量值与真值相差不会太大,故可以把误差与测量值之比作为相对误差。

$$E = \frac{\Delta x}{A} \times 100\% = \frac{\Delta x}{\bar{x}} \times 100\% \tag{2-3}$$

例如,用米尺测量两个物体的长度,得出一个长度是 5 cm,另一个长度是 25 cm,测量的绝对误差均为 0.05 cm,二者的绝对误差相同,但前者误差占测量值的 0.05/5=1%,后者占测量值的 0.05/25=0.2%。显然测量误差的严重程度不同。为了全面评价测量的优劣,在表示测量结果时,必须同时写出测量结果的相对误差。

三、误差的分类

误差按其特征和表现形式可以分为两类:系统误差和随机误差。为便于理解,我们从两个具体的例子着手进行讨论。

例 2-1　用天平称量物体的质量。由于制造、调整及其他原因,天平横梁臂长不会绝对相等,所以测量结果相对于真值会产生定向的偏离。如果左臂比右臂短,那么当待测物体放在左盘时,称量的结果将偏小,反之将偏大。

例 2-2　用停表测单摆周期。尽管操作者进行了精心的测量,但由于人眼对单摆通过平衡位置的判断前后不一、手计时响应的快慢不匀以及来自环境、仪器等造成周期测量微小涨落的其他因素，测量结果呈现某种随机起伏的特点。表 2-1 所示为测量 50 个周期的 6 组数据。

表 2-1　单摆周期测量记录

测量次数 i	1	2	3	4	5	6
$50T_i$	1′49″70	1′50″02	1′49″83	1′50″12	1′49″93	1′49″78

我们把类似例 2-1 的误差称为系统误差，类似例 2-2 的误差称为随机误差。

1. 系统误差

在对同一被测量的多次测量过程中，保持常量或以可以预知方式变化的那一部分误差称为系统误差。

系统误差的特点在于它的确定规律性。这种规律性可以表现为定值的，如天平的标准砝码不准造成的误差；可以表现为累积的，如用受热膨胀的钢尺进行测量，其指示值将小于真实长度，误差随待测长度成比例增加；也可以表现为周期性的，如测角仪器中主刻度盘中心不重合造成的偏心差；还可以表现为其他复杂规律性的。系统误差的确定性反映在：测量条件一经确定，误差也随之确定；重复测量时，误差的绝对值和符号均保持不变。因此，在相同实验条件下，多次重复测量不可能发现系统误差。

系统误差产生的原因有以下几种：① 所用仪器、仪表、量具的不完善性，这是产生系统误差的主要原因，这种误差称为仪器误差；② 实验方法的不完善性或这种方法所依据的理论本身具有近似性；③ 实验者个人的不良习惯或偏向（如有的人习惯于侧坐、斜坐读数，使读得的数据偏大或偏小），以及动态测量的滞后或起落等。

对操作者来说，系统误差的规律及其产生原因可能已知，也可能未知。已被确切掌握了其大小和符号的系统误差，称为可定系统误差；大小和符号均不能确切掌握的系统误差称为未定系统误差。前者一般可以在测量过程中采取措施消除或在测量结果中修正；而后者一般难以修正，人们只能估计它的极限范围。

2. 随机误差

在实际测量条件下，多次测量同一量时，以不可预知的方式变化的那一部分误差称为随机误差。

随机误差的特点在于它出现的随机性。在相同条件下，测量结果的随机误差的绝对值和符号以不可预知的方式变化，但就总体而言，随机误差服从统计规律，随机误差的这种特点使我们能够在确定条件下，通过多次重复测量来发现它。

随机误差的处理可以根据它所服从的统计分布规律来讨论。多数随机误差服从正态分布，这类误差又称为偶然误差，它是由众多的、不可能由测量条件控制的微小因素共同影响所造成的。

产生随机误差的主要原因是测量过程中某些随机的和不确定的因素的影响，如实验环境微小的扰动及实验操作者的感官功能的偶然起伏等。通常，任一次测量所产生的随机误差或大或小，或正或负，毫无规律性。但对同一量测量次数足够多时，我们将会发现它们的分布服从某种规律。

系统误差和随机误差是两种不同性质的误差，但它们又有着内在的联系。在一定的实验条件下，它们有自己的内涵和界限；但当条件改变时，它们彼此又可能互相转化。例如，系统误差与随机误差的区别有时与时间有关。若温度在短时间内可保持恒定或缓慢变化、但在长时间内却在某个平均值附近作无规律变化，则由于温度变化造成的误差在短时间内可以看成系统误差，而在长时间内则宜看成随机误差。随着技术的发展和设备的改进，有些造成随机误差的因素能够得到控制，某些随机误差就可确定为系统误差并得到改善或修正；而有些规律复杂的未定系统误差，也可以通过改变测量状态使之随机化，因此它们就会像偶然误差那样，呈现某种随机性。这种内在统一性，使我们有可能用统一的方法对它们进行计算和评定。

还有一种误差，是由于测量系统偶然偏离所规定的测量条件和方法或在记录、计算数据时出现失误而产生的，称为粗大误差，简称粗差。这实际上是一种测量错误。对这种数据应当予以剔除。需要指出的是，不应当把有某种异常的观察值都作为粗大误差来处理，因为它可能是数据中固有的随机性的极端情况。在判断一个观察值是否为异常值时，通常应根据技术上或物理上的理由直接作出决定；当原因不明确时，可用统计方法处理。对此，本书不作介绍，必要时可参阅有关误差理论书籍。

四、精密度、正确度和准确度

习惯上，人们经常用“精度”一类的词来形容测量结果误差的大小，但作为科学术语，应该采用以下的说法。

精密度——表示测量结果中随机误差大小的程度。精密度指在规定条件下对被测量进行多次测量时，所得结果之间符合的程度。

准确度——表示测量结果中系统误差大小的程度。准确度反映了在规定条件下，测量结果中所有系统误差的综合。

精确度——表示测量结果与被测量的（约定）真值之间的一致程度。精确度反映了测量中系统误差与随机误差的综合。

图 2-1 所示为射击时的记录图形，图 2-1（a）表示精密度高，正确度低，即随机误差小，系统误差大；图 2-1（b）表示正确度高，但是精密度低，即系统误差小，随机误差大；

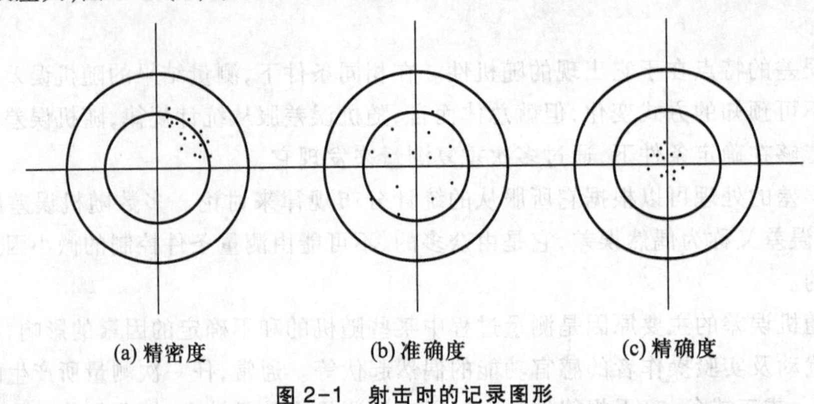

图 2-1　射击时的记录图形

图 2-1(c)表示准确度高,既精密又正确,系统误差和随机误差都小。

五、仪器误差

任何测量都存在误差,用以说明测量结果可靠程度的定量指标是它的不确定度。当我们操作仪器进行各种测量并记录数据时,测量的不确定度与仪器误差有关,仪器误差有众多的来源。以最普通的指针式电表为例,它们包括:轴承摩擦,转轴倾斜,游丝的弹性不均、老化和残余变形,磁场分布不均匀,分度不均匀,检测标准本身的误差等。逐项进行的测量结果与真值的一致程度,是测量结果中各系统误差与随机误差的综合估计指标。仪器误差(或允许误差限)就是指在正确使用仪器的条件下,测量结果和被测量的真值之间可能产生的最大误差。对照通用的国际标准,我国制定了相应的计量器具的检定标准和规程。结合物理实验的特点,我们对此进行简要的介绍。

1. 长度测量类

物理实验中最基本的长度测量工具是米尺、游标卡尺和螺旋测微器(千分尺)。

钢直尺和钢卷尺的允许误差如表 2-2 所示。不同分度值的游标卡尺的允许误差如表 2-3 所示。螺旋测微器的允许误差如表 2-4 所示。在大学物理实验中,考虑到上述规定的严格性又兼顾教学训练的简化需要,除具体实验中另有说明以外,我们约定:游标卡尺的仪器误差按其分度值估计,而钢直尺、螺旋测微器的仪器误差按其最小分度值的 1/2 计算,如表 2-5 所示。

表 2-2　钢直尺和钢卷尺的允许误差

<table>
<tr><th colspan="2">钢　直　尺</th><th colspan="2">钢　卷　尺</th></tr>
<tr><th>尺寸范围/mm</th><th>允许误差/mm</th><th>准确度等级</th><th>允许误差</th></tr>
<tr><td rowspan="2">>1~300</td><td rowspan="2">±0.10</td><td>Ⅰ级</td><td>±(0.1 mm±0.1L)</td></tr>
<tr><td>Ⅱ级</td><td>±(0.3 mm±0.2L)</td></tr>
<tr><td>>300~500</td><td>±0.15</td><td colspan="2" rowspan="4">注:式中 L 是以米为单位的长度,当长度不是米的整倍数时,取最接近的较大整“米”数</td></tr>
<tr><td>>500~1 000</td><td>±0.20</td></tr>
<tr><td>>1 000~1 500</td><td>±0.27</td></tr>
<tr><td>>1 500~2 000</td><td>±0.35</td></tr>
</table>

表 2-3　游标卡尺的允许误差

测量范围/mm	允许误差/mm		
	分度值 0.02 mm	分度值 0.05 mm	分度值 0.10 mm
0~150	±0.02	±0.05	±0.10
>150~200	±0.03	±0.06	
>200~300	±0.04	±0.08	
>300~500	±0.05	±0.08	
>500~1 000	±0.07	±0.10	±0.15

表 2-4 螺旋测微器的允许误差

测量范围/mm	允许误差/μm
0~25,25~50	±4
>50~75,75~100	±5
>100~125,125~150	±6
>150~175,175~200	±7

表 2-5 实验中长度量具仪器误差的简化约定

钢直尺	游标卡尺			螺旋测微器
	分度值 0.10 mm	分度值 0.05 mm	分度值 0.02 mm	
0.5 mm	0.1 mm	0.05 mm	0.02 mm	0.005 mm

2. 质量测量类

物理实验中称衡质量的主要工具是天平,天平的测量误差应当包括示值变动性误差、分度值误差和砝码误差等。单杠杆天平按精度分为十级,砝码的精度分为五等,一定精度等级的天平要配用等级相当的砝码。

在简单实验中,我们约定:天平分度值的一半作为仪器误差。

3. 时间测量类

停表是物理实验中最常用的计时仪表。在本课程中,对较短时间的测量可将 0.01 s 作为停表的仪器误差。对石英电子秒表来说,其最大偏差的绝对值≤($5.8\times10^{-6}t$+0.01 s),其中 t 是时间的测量值。

4. 温度测量类

物理实验中常用的测温仪器包括水银温度计、热电偶和电阻温度计等。表 2-6 所示为工作用温度计的允许误差。

表 2-6 工作用温度计的允许误差

温度计类别		测量范围/℃	允许误差/℃			
			分度值 0.1 ℃	分度值 0.2 ℃	分度值 0.5 ℃	分度值 1 ℃
工作用玻璃水银温度计	全浸	-30~100	±0.2	±0.3	±0.5	±1.0
		>100~200	±0.4	±0.4	±1.0	±1.5
	局浸	-30~100	—	—	±1.0	±1.5
		>100~200	—	—	±1.5	±2.0
工作用铂铑-铂热电偶	Ⅰ级	0~1 100	±1			
		>1 100~1 600	±[1+(|t|-1 100)×0.003]			
	Ⅱ级	0~600	±1.5			
		>600~1 600	±0.25%|t|			
工业铂热阻	A 级	-200~+850	±(0.15+0.002|t|)			
	B 级		±(0.30+0.005|t|)			

在本课程中,我们约定水银温度计的仪器误差按最小分度值的 1/2 计算。

5. 电学测量类

电学仪器按国家标准大多根据准确度大小划分等级,其仪器误差可通过准确度等级的有关公式给出。

(1) 电磁仪表(指针式电流表、电压表)。

$$\Delta_{仪}=\alpha\% N_{m} \tag{2-4}$$

式中,N_m为电表的量程,α 是以百分数表示的准确度等级,共分为 5.0,2.5,1.5,1.0,0.5,0.2 和 0.1 七个等级。

(2) 直流电阻器。

实验室用的直流电阻器包括标准电阻和电阻箱,直流电阻器准确度等级分为 0.000 5,0.001,0.002,0.005,0.01,0.02,0.05,0.1,0.2,0.5 等。

标准电阻在某一温度下的电阻值 R_x可由下式给出:

$$R_x=R_{20}[1+\alpha(t-20)+\beta(t-20)^2] \quad \text{(SI 单位)} \tag{2-5}$$

式中,20 ℃时电阻值 R_{20}和一次、二次温度系数 α、β 可由产品说明书查出。在规定的使用范围内,仪器误差由准确度等级和电阻值的乘积决定。

实验室广泛使用的另一种标准电阻是电阻箱。它的优点是阻值可调,但接触电阻和接触电阻的变化要比固定的标准电阻大一些。一般按不同度盘分别给出准确度等级,同时给出残余电阻(即各度盘开关取 0 时,连接点的电阻值),仪器误差可按不同度盘允许误差限之和再加上残余电阻来估算,即

$$\Delta_{仪}=\sum_i a_i\% R_i+R_0 \tag{2-6}$$

其中,R_0 是残余电阻,R_i 是第 i 个度盘的示值,a_i 是相应电阻的准确度等级。

(3) 直流电位差计。

$$\Delta_{仪}=a\%\left(U_x+\frac{U_0}{10}\right) \tag{2-7}$$

直流电位差计的仪器误差由两项组成,一项是与度盘示值成比例的可变项 $a\% U_x$,a 是电位差计的准确度等级;另一项是与基准值 U_0有关的常量项。基准值 U_0是有效量程的一个参考单位,除非制造厂家另有规定,有效量程的基准值规定为该量程中最大的 10 的整数次幂。例如,某电位差计的最大度盘示值为 1.8,量程因数(倍率比)为 0.1,则有效量程 0.18 V 可以表示成 10 的 lg 0.18 次方 V,即 0.18 V $=10^{\lg 0.18}$ V,不大于 lg 0.18 的最大整数为-1,所以相应的基准值为 $U_0=10^{-1}$ V=0.1 V。

(4) 直流电桥。

$$\Delta_{仪}=a\%\left(R_x+\frac{R_0}{10}\right) \tag{2-8}$$

与电位差计的情况类似,R_x 是电桥度盘示值,a 是电桥的准确度等级,R_0 是基准值。

(5) 数字仪表。

随着科学技术的发展,电压、电流、电阻、电容和电感的数字测量仪表得到了越来越广泛的应用。数字仪表的仪器误差有几种表达式,下面给出两种:

$$\Delta_{仪}=a\%N_x+b\%N_m \tag{2-9}$$

$$\Delta_{仪}=a\%N_x+\alpha\ 字 \tag{2-9'}$$

式中，a 是数字仪表的准确度等级，N_x是显示的读数，b 是某个常数，称为误差的绝对项系数，N_m是仪表的量程，α 代表仪表固定项误差，相当于最小量化单位的倍数，只取 1，2，…等数字，例如某数字电压表 $\Delta_{仪}=0.02\%U_x+2$ 字，则固定项误差是最小量化单位的 2 倍，若取 2 V 量程时数字电压表显示 1.478 6 V，最小量化单位是 0.000 1 V，则

$$\Delta_{仪}=(0.02\%\times1.478\ 6+2\times0.000\ 1)\ \mathrm{V}=5\times10^{-4}\ \mathrm{V}$$

6. 小结

（1）仪器误差提供的是在正常工作条件下，误差绝对值的极限值，并不是测量的真实误差，也无法确定其符号，因此它仍然属于不确定度的范畴。实际上测量误差 ΔN 应当满足 $|\Delta N|\leqslant\Delta_{仪}$。仪器误差包含在规定条件下，可定系统误差、未定系统误差和随机误差的总效果。例如，数字仪表是通过对被测信号进行适当的放大（衰减）后作量化计数，给出数字显示的。其中，由于放大（衰减）系数和量化单位不准造成的误差属于可定系统误差，因测量过程中电子系统的漂移而产生的误差属于未定系统误差，而量化过程的尾数截断造成的误差又具有随机误差的性质。

（2）正确使用仪器条件是指实验规程中规定的配套仪器和环境等条件。例如，0.005～0.05 级电桥要求环境温度为（20±5）℃，湿度为 25%～75%等。在非标准条件下使用仪器时，我们还要考虑由此而引起的附加误差。例如，在电位差计使用不配套的灵敏电流计时，就应该计入由此而产生的灵敏度误差。

（3）从教学的角度考虑，在大学物理实验中我们对有些仪器误差作了简化，如钢直尺、螺旋测微器、物理天平、停表等的仪器误差。有些测量条件也并不能严格保证，但作为不确定度的估算，它们仍具有重要的参考和训练价值。

（4）仪表的准确度通常由百分数表示的准确度等级来表示。

第二节　不确定度及其运算

用标准误差来评估测量结果的可靠程度，这种方法有可能会遗漏一些影响结果准确性的因素，如未定系统误差、仪器误差等。鉴于上述原因，为了更准确地表述测量结果的可靠程度，人们提出了采用不确定度的建议和规定。

不确定度一词源于英文 uncertainty，是可疑、不能确定或测不准的意思。不确定度是测量结果所携带的一个必要的参量，它表征测量结果的分散性、准确性和可靠程度。

一、不确定度的概念

测量结果不确定度，是对待测量的真值所处量值范围的评定，其含义是明确的，即不确定度表示由于测量误差的存在，而使被测量值不能确定的程度。它是被测量的真值所处量值范围的一个评定参量，它和误差是两个不同的概念，但它们又是互相联系的，都是由测量的不完善性引起的。不确定度越小，说明误差的可能值越小，测量的可信赖程度越高。

二、不确定度的分类

参照相关国家标准和计量技术规范，结合物理实验教学实际，本书采用一种简化的方法来进行不确定度表达。

测量结果的不确定度通常由几个分量构成，按其数值的评定方法，这些分量可分两大类，即 A 类分量和 B 类分量。

（1）A 类分量——多次重复测量时，可以用统计方法处理而得到的那些分量。

（2）B 类分量——不能用统计方法处理，而需要用其他方法处理的那些分量。

需要指出的是，A 类分量、B 类分量不一定与通常讲的随机误差、系统误差存在简单的对应关系。有关不确定度的计算、合成和传递等问题，我们将在后文中陆续介绍。

三、随机误差的正态分布规律和处理方法

1. 随机误差和正态分布

在一定的测量条件下，以不可预知的方式产生的误差称为随机误差。对这种误差，有比较完整的处理方法，但由于数学上的原因，我们将只介绍它的一些主要特征和结论。

重作测单摆周期的实验（例 2-2），并且次数足够多（如 $n=64$），我们得到如表 2-7 所示的一组数据，把它画成如图 2-2 所示的$\frac{n_i}{n}-T_i$ 曲线。其中 n 是测量的总次数，n_i是在测量中周期为 T_i的次数（频数）。从图上可以看出，每次测量的周期尽管各不相同，但总是围绕着某个平均值（$T_0=2.198\ 5$）而起伏，起伏本身虽具有随机性，但总的趋势是偏离平均值越远的次数越少，而且偏离过远的测量结果实际上不存在。不难想象，分布直方图的总面积为 1[$\sum(n_i/n)=1$]。如果再增加测量次数，图形也将发生变化，这种变化从细节上看似乎是随机的，但从总体上看却具有某种规律性，即有确定的轮廓（包络）。从理论上讲，对这类实验，我们无法预言下一次测量结果的确切数值，但可以从总体上把握结果取某个测量值的可能性（概率）有多大。

表 2-7　测单摆周期实验数据

$n=64$

周期 T_i/s	2.194	2.195	2.196	2.197	2.198	2.199	2.200	2.201	2.202	2.203	2.204
频数 n_i	1	3	6	10	14	11	8	4	3	2	1
频率 n_i/n	0.015 6	0.046 9	0.093 8	0.156 2	0.218 8	0.171 9	0.125 0	0.062 5	0.046 9	0.031 2	0.015 6

如果观测量 x 可以连续取值，那么当测量次数 $n\to\infty$ 时，其极限将是一条光滑的连续曲线，如图 2-3 所示。由误差理论可知，绝大多数的随机误差满足的概率分布是如图 2-3 所示的正态（高斯）分布。在消除了系统误差以后，x_0 对应的就是测量真值 A。服从正态分布的随机误差具有下列特点。

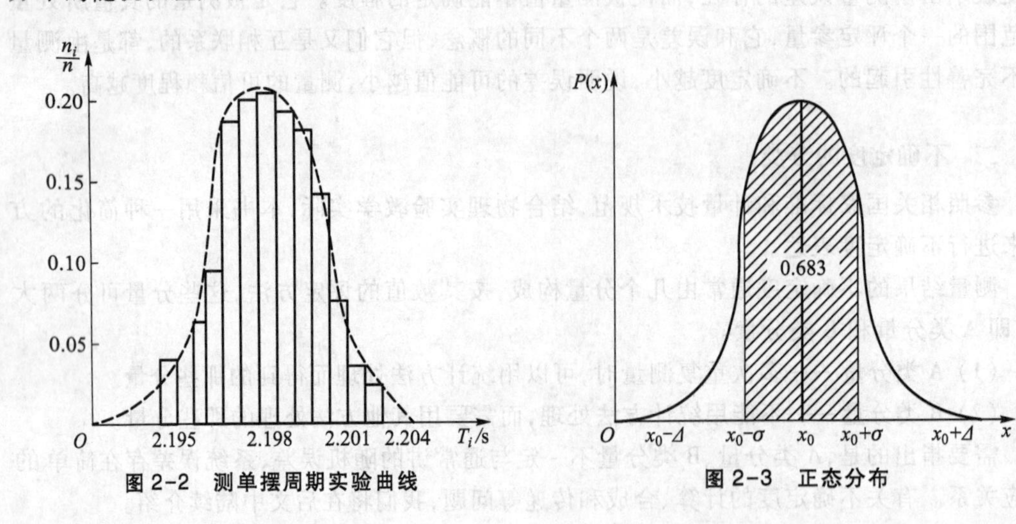

图 2-2　测单摆周期实验曲线　　图 2-3　正态分布

单峰性——绝对值小的误差比绝对值大的误差出现的概率大，当 $x=A$ 时，概率曲线有极大值。

对称性——大小相等而符号相反的误差出现的概率相同，即

$$P(A-\Delta x)=P(A+\Delta x)$$

有界性——在一定测量条件下，误差的绝对值不超过一定限度，即 $[P(x)]_{x>A+\Delta}\approx 0$ 和 $[P(x)]_{x<A-\Delta}\approx 0$。

抵偿性——误差的算术平均值随测量次数 n 的增加而趋于零，即

$$\lim_{n\to\infty}\frac{1}{n}\sum_{i=1}^{n}\Delta x_i=\lim_{n\to\infty}\frac{1}{n}\sum_{i=1}^{n}(x_i-A)=0$$

或

$$\int_{-\infty}^{+\infty}(x-A)P(x)\,\mathrm{d}x=0$$

2. 标准误差和置信概率

测量结果的概率分布曲线提供了测量及其误差分布的全部知识。曲线越“瘦”，说明

测量的精密度越高,越“胖”则说明精密度越低。测量结果落在 $x_1 \sim x_2$ 区间内的可能性(概率)是 $\int_{x_1}^{x_2} P(x)\,\mathrm{d}x$,我们把它称为置信概率。若测量的误差限为±Δ,则

$$\int_{x_0-\Delta}^{x_0+\Delta} P(x)\,\mathrm{d}x \approx 1$$

直接测量通常得到的是一组含有误差的数据。如何从这组数据中给出误差的最佳估计值呢?从误差理论可知,测量系统随机误差分布的基本特征可以用所谓的标准误差的平方 σ^2 来描述(σ^2 称为方差):

$$\sigma^2 = \lim_{n\to\infty} \frac{1}{n} \sum_i (x_i - A)^2 \tag{2-10}$$

其中,A 是真值,n 是测量次数,x_i 是第 i 次的测量值。对正态分布,可以证明

$$\int_{A-\sigma}^{A+\sigma} P(x)\,\mathrm{d}x = 0.683 \tag{2-11}$$

即在真值附近±σ 区域的测量概率是 68.3%,换言之,操作者的任何一次测量,其结果将有 68.3%的可能落在$(A-\sigma) \sim (A+\sigma)$的区间内。我们再从测量结果包含真值的角度来理解上述结论,任意进行一次测量,设测量值为 x,则 x 满足下述条件的概率是 0.683:

$$A-\sigma \leqslant x \leqslant A+\sigma \tag{2-12}$$

[从理论上讲应是$\int_{-\infty}^{+\infty} P(x)\,\mathrm{d}x = 1$,这时可以把由$\int_{A-\Delta}^{A+\Delta} P(x)\,\mathrm{d}x = 0.997\,5$ 推算出的 ±Δ 看成误差限。]

式(2-12)又可写成

$$x+\sigma \geqslant A \geqslant x-\sigma \tag{2-13}$$

这就是说,在确定的测量条件下进行单次测量,若结果为 x,则真值 A 落在$(x-\sigma) \sim (x+\sigma)$区间内的概率是 68.3%。因此,我们可以把 σ 作为单次测量的随机误差估计。对正态分布,其置信概率是 68.3%。理论分析表明,若将置信区间变为$[x \pm 2\sigma]$,则置信概率是 95.34%,若放大到$[x \pm 3\sigma]$,则置信概率是 99.7%。通俗地讲,若把 σ 乘以一个不同的用以确定置信区间大小的“覆盖因子”,就可以得到不同的置信概率 P。

3. 平均值和标准偏差

在一般情况下,由式(2-10)求 σ 是无法通过测量来实现的。因为真值未知,n 也不可能是无穷多次。所以,只能求它的估计值。误差理论指出,在有限次测量中,可以把

$$S_x = \sqrt{\frac{\sum (x_i - \overline{x})^2}{n-1}} \tag{2-14}$$

作为 σ 的最佳估计值。S_x 称为标准偏差,式中 $\overline{x}$ 是测量值 $x_i(i=1,2,\cdots,n)$的算术平均值。

$$\overline{x} = \sum x_i / n$$

实验中最常遇到的问题是,在进行了一组等精度重复测量以后,如何由获得的数据来提取真值和标准误差的最佳估计值。随机误差的统计理论的结论是,对直接测量量 x 做了有限次的等精度独立测量,结果是 $x_1, x_2, \cdots, x_n$,若不存在系统误差,则应该:

（1）把算术平均值

$$\bar{x}=\frac{x_1+x_2+\cdots+x_n}{n}=\sum x_i/n \tag{2-15}$$

作为真值的最佳估计值。

（2）把平均值的标准（偏）差（注意它和 S_x 的区别）

$$S_{\bar{x}}=\sqrt{\frac{\sum(x_i-\bar{x})^2}{n(n-1)}} \tag{2-16}$$

作为平均值 $\bar{x}$ 的标准误差的估计值，式（2-15）也可以从最小二乘法的原理来理解。

四、直接测量结果的表示和总不确定度的估计

1. 总不确定度

实验测量结果的表示

完整的测量结果应给出被测量的量值 x_0，同时还要标出测量的总不确定度 Δ，写成 $x_0\pm\Delta$ 的形式。这表示被测量的真值在 $[x_0-\Delta, x_0+\Delta]$ 的范围之外的可能性（或概率）很小，不确定度是指由于测量误差的存在而对被测量值不能肯定的程度，是对被测量的真值所处的量值范围的评定。

直接测量时被测量的量值 x_0 一般取多次测量的平均值 $\bar{x}$；若实验中有时只能测一次或只需测一次，就取该次测量值 x。最后表示被测量的直接测量结果 x_0 时，通常还必须将已定系统误差分量（即绝对值和符号都确定的已估算出的误差分量）从平均值 $\bar{x}$ 或一次测量值 x 中减去，以求得 x_0，即用已定系统误差分量对测量值进行修正。如螺旋测微器的零点修正，伏安法测电阻中电表内阻影响的修正等。

根据国际标准化组织等 7 个国际组织联合发表的《测量不确定度表示指南 ISO 1993（E）》的精神，大学物理实验的测量结果表示中，总不确定度 Δ 从估计方法上也可分为两类分量：A 类指多次重复测量用统计方法计算出的分量 Δ_A，B 类指用其他方法估计出的分量 Δ_B，它们可用"方、和、根"法合成（下文中的不确定度及其分量一般都是指总不确定度及其分量），即

$$\Delta=\sqrt{\Delta_A^2+\Delta_B^2} \tag{2-17}$$

2. 总不确定度的 A 类分量 Δ_A

在实际测量中，一般只能进行有限次测量，这时测量误差不完全服从正态分布规律，而是服从 t 分布（又称学生分布）的规律。在这种情况下，对测量误差的估计，就要在贝塞尔公式（2-14）的基础上再乘以一个因子。在相同条件下对同一被测量进行 n 次测量，若只计算总不确定度 Δ 的 A 类分量 Δ_A，那么它等于测量值的标准偏差 S_x 乘以一个 $t_P(n-1)/\sqrt{n}$ 因子，即

$$\Delta_A=\frac{t_P(n-1)}{\sqrt{n}}S_x \tag{2-18}$$

式中，$t_P(n-1)/\sqrt{n}$ 是与测量次数 n、置信概率 P 有关的量。置信概率 P 及测量次数 n 确定后，$t_P(n-1)/\sqrt{n}$ 也就确定了。$t_P(n-1)/\sqrt{n}$ 因子的值可以从专门的数据表中查得。当 $P=0.95$ 时，$t_P(n-1)/\sqrt{n}$ 的部分数据可以从表 2-8 中查到。

表 2-8　测量次数与 $t_P(n-1)/\sqrt{n}$ 因子的关系

测量次数 n	2	3	4	5	6	7	8	9	10
$t_P(n-1)/\sqrt{n}$ 因子的值	8.98	2.48	1.59	1.24	1.05	0.93	0.84	0.77	0.72

大学物理实验中测量次数 n 一般不大于 10。从该表可以看出，当 $5<n\leqslant 10$ 时，$t_P(n-1)/\sqrt{n}$ 因子近似取为 1，误差并不很大。这时式(2-18)可简化为

$$\Delta_A = S_x \tag{2-19}$$

有关的计算还表明，在 $5<n\leqslant 10$ 时作 $\Delta_A = S_x$ 近似，置信概率近似为 0.95 或更大。即当 $5<n\leqslant 10$ 时，取 $\Delta_A = S_x$ 已可使被测量的真值落在 $[\bar{x}\pm S_x]$ 范围内的概率接近或大于 0.95。所以我们可以这样简化：直接把 S_x 的值当成测量结果的总不确定度的 A 类分量 Δ_A。当然，测量次数 n 不在上述范围或要求误差估计比较精确时，要从有关数据表中查出相应的 $t_P(n-1)/\sqrt{n}$ 因子的值。

3. 总不确定度的 B 类分量 Δ_B

我们在大学物理实验中常遇到仪器误差(或误差限)，它是参照国家标准规定的计量仪表、器具的准确度等级或允许误差范围，由生产厂家给出或由实验室结合具体测量方法和条件简化约定，用 $\Delta_{仪}$ 表示。$\Delta_{仪}$ 在大学物理实验教学中是一种简化表示，通常取 $\Delta_{仪}$ 等于仪表、器具的示值误差限或基本误差限。计量仪表、器具的误差产生原因及具体误差分量的计算分析，大多超出了本课程的要求范围。用大学物理实验中的多数仪表、器具对同一被测量在相同条件下进行多次直接测量时，测量的随机误差分量一般比其基本误差限或示值误差限小不少；另一些仪表、器具在实际使用中很难保证在相同条件下或规定的正常条件下进行测量，其测量误差除基本误差或示值误差外还包含变差等其他分量。因此我们约定，在大学物理实验中大多数情况下把 $\Delta_{仪}$ 简化地直接当成总不确定度 Δ 中用非统计方法估计的 B 类分量 Δ_B，即 $\Delta_B=\Delta_{仪}$。

4. 总不确定度的合成

由式(2-17)、式(2-18)可得

$$\Delta=\sqrt{\Delta_A^2+\Delta_B^2}=\sqrt{\left[\frac{t_P(n-1)}{\sqrt{n}}S_x\right]^2+\Delta_B^2} \tag{2-20}$$

当测量次数 n 符合 $5<n\leqslant 10$ 条件时，式(2-20)可简化为

$$\Delta=\sqrt{S_x^2+\Delta_B^2} \tag{2-21}$$

式(2-21)是今后实验中估算不确定度经常要用的公式，希望读者能够记住。

若 $S_x<\frac{1}{3}\Delta_B$，或估计出的 Δ_A 对实验最后结果的影响甚小，则 Δ 可简单地用 Δ_B 来表示。

5. 单次测量不确定度的估算

在大学物理实验中实行单次测量有以下两个主要理由(原因或条件)：

① 在多次测量时，A 类不确定度远小于 B 类不确定度；

② 物理过程不能重复，无法进行多次测量。

在这种情况下简单地取

$$\Delta=\Delta_B \tag{2-22}$$

即可。但对于后一种情况,确定 Δ_B 时除应考虑 $\Delta_{仪}$ 外,还要兼顾实验条件等带来的附加不确定度。在大学物理实验中,它通常由实验室以"允差"的形式给出。

6. 测量结果的表示

测量结果应表示为

$$x=\bar{x}\pm\Delta_x \tag{2-23}$$

其相对合成不确定度则为$\frac{\Delta_x}{\bar{x}}$(通常以百分比表示)。评价测量结果时,相对不确定度也具有重要的意义,因此有时要求计算出相对不确定度。

五、小结

(1) 测量结果表示的具体步骤如下所述。

① 给出测量公式,其中的可定系统误差(主要是影响较大的可定系统误差)应通过改进测量方法加以消除或在结果中加以修正。

② 对每个独立的观察量列出各自的误差来源,把它们分成 A 类和 B 类,分别给出标准差或近似标准差并按方差合成给出相应物理量的不确定度。

③ 由测量公式导出具体的不确定度传递公式[见式(2-26)或式(2-27)]。

④ 代入数值计算 N(或 $\bar{x}$)和 ΔN(或 Δ)并把它表示成 $N\pm\Delta N$(或 $\bar{x}+\Delta$)的形式。

(2) 列出全部误差因素并作出不确定度估计。对初学者来说,这是一个相当困难的问题,希望大家在实践中注意学习和积累。一般可以从以下几个环节去考察。

① 仪器误差——测量仪器本身所具有的误差。例如,作为长度量具的米尺刻度不准确,标准电池本身有误差等。

② 人员误差——测量人员主观因素和操作技术所引起的误差。例如,计时响应的超前或落后。

③ 环境误差——实际环境条件与规定条件不一致所引起的误差。环境条件包括温度、湿度、气压、振动、照明、电磁场、加速度等,不一致包括空间分布的不均匀以及随时间变化等。

④ 方法误差——测量方法不完善所引起的误差。例如所用公式的近似性以及在测量公式中没有得到反映但实际上起作用的因素(如热电势、引线电阻或引线电阻的压降等)。

⑤ 调整误差——测量前未能将计时器具或被测对象调整到正确位置或状态所引起的误差。例如,天平使用前未调整到水平,千分尺未调整零位等。

⑥ 观测误差——在测量过程中由于观察者主观判断所引起的误差。例如,测单摆周期时由于对平衡位置判断不准而引起的误差。

⑦ 读数误差——观测者对计量器具示值读数不准确所引起的误差。读数误差包括视差和估读误差。视差是指当指示器与标尺表面不在同一平面时,观察者偏离正确观察方向进行读数或瞄准所引起的误差;估读误差是指观察者估读指示器位于两相邻标尺标记间的相对位置而引起的误差。

在全面分析误差分量时，要力求作到既不遗漏，又不重复，对于主要误差来源尤其如此。有些不确定度，例如仪器误差，已经是正常条件下几种误差因素的综合估计，这一点也应予以注意。在本门课程中我们将着重采取以下办法来进行训练：有针对性地就几项误差来源进行不确定度估计；实验室给出主要误差来源，操作者只就其中几项作出估计，其余不确定度分量由实验室提供；在实验室的提示下，由操作者自己分析主要误差来源，并合成不确定度。

（3）在计算合成不确定度时，应注意运用以下微小误差原则来简化运算。

① 由于不确定度本身只是一个估计值，所以当误差因素不多时，分量中绝对值小于最大不确定度分量的1/3的某个分量，可以略去不计，因为按方差传递公式，小者的贡献比大者差不多小了一个数量级。但需注意的是，当有多项分量出现时，应使它们的方差和≤1/10最大方差项。

② 在测量公式中，有时要引入修正项以提高测量精度。在计算不确定度时，修正项的贡献通常可以略去。这是因为修正项一般是一个相对小量，比主要项要小一两个数量级。

第三节　间接测量的结果表达和不确定度的传递

间接测量结果表达

我们已经知道间接测量是指通过直接测量与被测量有函数关系的其他量，再经运算得到被测量值的一种测量。显然直接测量结果的不确定度必然影响间接测量的结果。

设间接测量结果 N 和各直接测量量 $x,y,\cdots$ 有下列函数关系：

$$N=f(x,y,\cdots) \tag{2-24}$$

则其结果表达为

$$N=\overline{N}\pm\Delta_N \tag{2-24'}$$

式中，$\overline{N}$ 为算术平均值，即 $\overline{N}=f(\overline{x},\overline{y},\cdots)$，$\Delta_N$ 为间接测量结果的不确定度。

由于不确定度都是微小的量，相当于数学中的微小"增量"，所以间接测量结果的不确定度的计算公式与数学中全微分公式基本相同。

对式(2-24)求全微分，得

$$\mathrm{d}N=\frac{\partial f}{\partial x}\mathrm{d}x+\frac{\partial f}{\partial y}\mathrm{d}y+\cdots \tag{2-25}$$

式(2-25)表明，当 $x,y,\cdots$ 有微小改变 $\mathrm{d}x,\mathrm{d}y,\cdots$ 时，N 也将改变 $\mathrm{d}N$。通常误差远小于测量值，故可以把 $\mathrm{d}x,\mathrm{d}y,\cdots$ 和 $\mathrm{d}N$ 看成误差，这就是误差传递公式。通过该式，我们如果求得了各直接测量量 $x,y,\cdots$ 的合成不确定度，那么根据方差合成定理，间接测量结果 N 的合成不确定度 Δ_N 和相对合成不确定度 E 也可以求得，它们分别为

$$\Delta_N=\sqrt{\left(\frac{\partial f}{\partial x}\right)^2\Delta_x^2+\left(\frac{\partial f}{\partial y}\right)^2\Delta_y^2+\cdots} \tag{2-26}$$

$$E=\frac{\Delta_N}{\overline{N}}=\sqrt{\left(\frac{\partial \ln f}{\partial x}\right)^2\Delta_x^2+\left(\frac{\partial \ln f}{\partial y}\right)^2\Delta_y^2+\cdots} \tag{2-27}$$

或

$$\Delta_N=\sqrt{\left(\frac{\partial f}{\partial x}\right)^2S_x^2+\left(\frac{\partial f}{\partial y}\right)^2S_y^2+\cdots} \tag{2-26'}$$

$$E=\frac{\Delta_N}{\overline{N}}=\sqrt{\left(\frac{\partial \ln f}{\partial x}\right)^2S_x^2+\left(\frac{\partial \ln f}{\partial y}\right)^2S_y^2+\cdots} \tag{2-27'}$$

上面几个公式就是不确定度传递的基本公式。对于和差形式的函数，用式(2-26)比较方便；而对于积商和乘方、开方形式的函数，则用式(2-27)比较方便。实际计算时，传递系数 $\frac{\partial f}{\partial x}$ 以及 $\frac{\partial \ln f}{\partial x}$ 等均以平均值代入。用上面几式推出的某些常用函数的不确定度传递公式如表2-9所示。

应该指出的是，$N=f(x,y,\cdots)$ 的平均值 $\overline{N}$ 在实际计算时，只要把相应的直接测量的平均值代入函数即可，即 $\overline{N}=f(\overline{x},\overline{y},\cdots)$。

表 2-9　常用函数不确定度传递公式

函数形式	不确定度传递公式	误差传递公式
$N=x\pm y$	$\Delta_N=\sqrt{\Delta_x^2+\Delta_y^2}$	$\Delta N=\Delta x+\Delta y$
$N=xy$ 或 $N=x/y$	$\dfrac{\Delta_N}{\bar{N}}=\sqrt{\left(\dfrac{\Delta_x}{\bar{x}}\right)^2+\left(\dfrac{\Delta_y}{\bar{y}}\right)^2}$	$\dfrac{\Delta N}{N}=\dfrac{\Delta x}{x}+\dfrac{\Delta y}{y}$
$N=kx$（k 为常量）	$\Delta_N=k\Delta_x$，$\dfrac{\Delta_N}{\bar{N}}=\dfrac{\Delta_x}{\bar{x}}$	$\Delta N=k\Delta x$
$N=\dfrac{x^l y^m}{z^n}$	$\dfrac{\Delta_N}{\bar{N}}=\sqrt{l^2\left(\dfrac{\Delta_x}{\bar{x}}\right)^2+m^2\left(\dfrac{\Delta_y}{\bar{y}}\right)^2+n^2\left(\dfrac{\Delta_z}{\bar{z}}\right)^2}$	$\dfrac{\Delta N}{n}=l\dfrac{\Delta x}{x}+m\dfrac{\Delta y}{y}+n\dfrac{\Delta z}{z}$
$N=\ln x$	$\Delta_N=\dfrac{\Delta_x}{\bar{x}}$	$\Delta N=\dfrac{\Delta x}{x}$

例 2-3　杨氏模量为 $y=\dfrac{8LDP}{\pi\rho^2 b\Delta S}$，求其不确定度的传递公式。

解：

$$\ln y=\ln\frac{8}{\pi}+\ln L+\ln D+\ln P-2\ln\rho-\ln b-\ln\Delta S$$

$$\frac{\partial\ln y}{\partial L}=\frac{1}{L},\quad \frac{\partial\ln y}{\partial D}=\frac{1}{D},\quad \frac{\partial\ln y}{\partial P}=\frac{1}{P},\quad \frac{\partial\ln y}{\partial\rho}=-\frac{2}{\rho},\quad \frac{\partial\ln y}{\partial b}=-\frac{1}{b},\quad \frac{\partial\ln y}{\partial\Delta S}=-\frac{1}{\Delta S}$$

$$E=\frac{\Delta_y}{y}=\sqrt{\left(\frac{\partial\ln y}{\partial L}\right)^2\Delta_L^2+\left(\frac{\partial\ln y}{\partial D}\right)^2\Delta_D^2+\left(\frac{\partial\ln y}{\partial P}\right)^2\Delta_P^2+\left(\frac{\partial\ln y}{\partial\rho}\right)^2\Delta_\rho^2+\left(\frac{\partial\ln y}{\partial b}\right)^2\Delta_b^2+\left(\frac{\partial\ln y}{\partial\Delta S}\right)^2\Delta_{\Delta S}^2}$$

$$=\sqrt{\left(\frac{\Delta_L}{L}\right)^2+\left(\frac{\Delta_D}{D}\right)^2+\left(\frac{\Delta_P}{P}\right)^2+\left(\frac{2\Delta_\rho}{\rho}\right)^2+\left(\frac{\Delta_b}{b}\right)^2+\left(\frac{\Delta_{\Delta S}}{\Delta S}\right)^2}$$

$$\Delta_y=y\sqrt{\left(\frac{\Delta_L}{L}\right)^2+\left(\frac{\Delta_D}{D}\right)^2+\left(\frac{\Delta_P}{P}\right)^2+\left(\frac{2\Delta_\rho}{\rho}\right)^2+\left(\frac{\Delta_b}{b}\right)^2+\left(\frac{\Delta_{\Delta S}}{\Delta S}\right)^2}$$

例 2-4　已知金属环的外径为 $D_2=(3.600\pm0.004)$ cm，内径为 $D_1=(2.880\pm0.004)$ cm，高度为 $h=(2.575\pm0.004)$ cm，求金属环的体积 V 及其不确定度 Δ_V。

解：环体积为

$$V=\frac{\pi}{4}(D_2^2-D_1^2)h=\frac{\pi}{4}\times(3.600^2-2.880^2)\times2.575\ \text{cm}^3=9.436\ \text{cm}^3$$

环的体积的对数及其偏导数为

$$\ln V=\ln\frac{\pi}{4}+\ln(D_2^2-D_1^2)+\ln h$$

$$\frac{\partial\ln V}{\partial D_2}=\frac{2D_2}{D_2^2-D_1^2},\quad \frac{\partial\ln V}{\partial D_1}=-\frac{2D_1}{D_2^2-D_1^2},\quad \frac{\partial\ln V}{\partial h}=\frac{1}{h}$$

代入“方、和、根”合成公式，则有

$$E=\frac{\Delta_V}{V}=\sqrt{\left(\frac{2D_2\Delta_{D_2}}{D_2^2-D_1^2}\right)^2+\left(\frac{2D_1\Delta_{D_1}}{D_2^2-D_1^2}\right)^2+\left(\frac{\Delta_h}{h}\right)^2}$$

$$=\sqrt{\left(\frac{2\times3.600\times0.004}{3.600^2-2.880^2}\right)^2+\left(\frac{2\times2.880\times0.004}{3.600^2-2.880^2}\right)^2+\left(\frac{0.004}{2.575}\right)^2}$$

$$=\sqrt{(38.1+24.4+2.4)\times10^{-6}}=\sqrt{64.9\times10^{-6}}=0.81\%$$

$$\Delta_V=V\frac{\Delta_V}{V}=9.436\times0.008\ 1\ \text{cm}^3=0.08\ \text{cm}^3$$

因此环的体积为

$$V=(9.44\pm0.08)\ \text{cm}^3$$

第四节　有效数字

一、测量结果的有效数字

我们知道，任何测量结果都有误差，那么实验时，直接测量结果的数值应记录几位？按函数关系计算出的间接测量结果应保留几位？这就是实验数据处理中的有效数字问题。

有效数字

计算器使用

1. 有效数字

仪器的最小刻度代表仪器的精度。在测量某一物理量时，凡是从仪器的刻度上能直接读出的数值称为测量的可靠数字，而落在最小刻度之间的数值是凭我们估计得出的，因此是不可靠的，这一数值称为可疑数字。例如，用米尺测量书本，米尺的最小刻度为 1 mm，测量结果为 18.42 cm，其中 18.4 是从米尺的刻度上直接读出的，是准确的，而末位的 2 落在最小刻度之间，是估计读出的，因此是可疑的，但却是有效的。所以我们把数据中的可靠数字和其后一位可疑数字，统称为有效数字。

在实验数据中，末位可疑数字就是含有误差的数位。在大学物理实验中，我们规定随机误差（即偶然误差）一般只取一位，因而数据一般只允许最后一位存在误差。

记录测量数据时应注意以下问题：

（1）出现在数据中间和末尾的“0”都属有效数字。例如，用米尺测得一物体长为 10.60 cm，这个结果就有 4 位有效数字。其末尾的“0”表示物体的末端与米尺上毫米刻线“6”正好对齐，毫米以下的估读数为“0”，故记录数据时，这个“0”不能随便去掉。而出现在数据前面的“0”不是有效数字，如 0.002 56，前面的 3 个“0”不是有效数字。

（2）实验数据最好用标准式记录。这种写法规定，数据用有效数字乘以 10 的方幂来表示，且一般要求小数点前只取一位。如长度 10.60 cm 用 m 和 μm 作单位时，可分别写为 1.060×10^{-1} m 和 1.060×10^{5} μm，这样可以避免由于单位换算带来的混乱。

2. 测量结果的有效数字位数的确定

根据有效数字的定义，测量结果有效数字的最后一位应是偶然误差所在的那一位。因此测量结果有效数字的取位应由误差来决定，这是处理一切有效数字问题的依据。例如，测得一长度的平均值为 $\overline{L}=15.83$ cm，误差为 $\Delta L=0.08$ cm，则测量结果应表示为 $L=(15.83\pm0.08)$ cm，也就是说，测量值的最后一位应取在与误差同数量级的那一位上，对它的下一位则应采取“舍入规则”的处理方法。

因为误差本身是一个不确定的值，所以在实验中我们约定：合成不确定度只取一位，相对合成不确定度取一位到两位。

3. 测量结果的书写形式

对于一个数值很大而且有效数字位数不多的数据，为了便于核对有效数字及书写上的方便，我们通常将其写成标准式，并将测量值与不确定度采用同一单位。例如，所测电阻 $R=10\ 000\ \Omega$，$\Delta R=5\times10^{2}\ \Omega$，测量结果应表达为 $R=(1.00\pm0.05)\times10^{4}\ \Omega$。

二、有效数字的运算规则

普遍的原理是：可靠数字间的运算，结果仍为可靠数字；可靠数字与可疑数字，或可疑数字间的运算,结果仍是可疑数字,最后结果只保留一位可疑数字,多余的可疑数字,采用“舍入规则”即“小于五则舍,大于五则入,等于五则把只保留的一位可疑数字凑成偶数”的规则处理。

间接测量结果是由直接测量结果计算出来的,因此参加的分量可能很多,各分量的大小和有效数字的位数也不一样。在运算中,数字会越来越多,当除不尽时,位数会无穷多,非常复杂,为了不因计算引进“误差”,现介绍有效数字的运算方法。

1. 有效数字的加减

例 2-5　(1) 1.389+17.2+8.64　　　(2) 26.65-3.926

$$\begin{array}{r} 1.38\bar{9} \\ 17.\bar{2} \\ +\quad 8.6\bar{4} \\ \hline 27.\bar{2}\bar{2}\bar{9} \end{array} \qquad\qquad \begin{array}{r} 26.6\bar{5} \\ -\quad 3.92\bar{6} \\ \hline 22.7\bar{2}\bar{4} \end{array}$$

为了便于区别,我们在可疑数字上加一横线,根据可疑数字只保留一位的原则可知,(1)的计算结果应为 27.2,(2)的计算结果应为 22.72。从上述例题中我们看到,诸数相加(减)时,和(差)中小数点后保留的有效数字位数与诸数中小数点后最小者相同。

2. 有效数字的乘除

例 2-6　4.178×10.1

$$\begin{array}{r} 4.17\bar{8} \\ \times\quad 10.\bar{1} \\ \hline \bar{4}\bar{1}\bar{7}\bar{8} \\ 417\bar{8} \\ \hline 42.\bar{1}\bar{9}\bar{7}\bar{8} \end{array}$$

结果只保留一位可疑数字,故 4.178×10.1=42.2,从该例中我们可以看出,几个数相乘(除),积(商)的有效数字位数与诸因子中有效数字位数最小的一个相同。首位相乘(除)有进(退)位时,积(商)的有效数字位数可以多(少)保留一位。

3. 有效数字的乘方

不难证明,有效数字的乘方、开方结果的有效数字位数与其底的有效数字位数相同。

4. 混合运算

在混合运算中,有的因子中可能包含加减运算,因而有效数字的位数可能增或减。这时就不能以原始数据为准来考虑计算结果的有效数字位数了,而应从整个算式各个因子的有效数字位数来考虑。例如,算式

$$\frac{(11.37-10.52)\times 275}{11.37}=\frac{0.85\times 275}{11.37}=21$$

从 4 个原始数据看,似乎应保留 3 位有效数字,但因子(11.37-10.52)=0.85,其结果有两位有效数字,所以最后结果只应保留两位有效数字。如果在上面运算式中以(8.2+6.5)=14.7,代替因子(11.37-10.52)=0.85,那么虽然 8.2 和 6.5 都是两位有效数字,但它们的和 14.7 是 3 位有效数字,所以结果应保留 3 位有效数字。

在混合运算中涉及的公式中的常数和自然数，其有效数字位数可以看成任意多，使用时，应根据其他测量数据而定。

5. 函数运算

例 2-7　计算 sin 15°15′的值。在 15°15′的基础上改变一个最小分度值，即 15°16′或 15°14′再计算其正弦值。

$$\sin 15°15' = 0.263\ 031\ 2\cdots$$

$$\sin 15°16' = 0.263\ 311\cdots$$

sin 15°15′和 sin 15°16′结果的变化发生在第 4 位，所以 sin 15°15′的结果应保留 4 位有效数字。函数运算结果的有效数字应保留到变化位，如 sin 15°15′= 0.263 0。

为了更好地掌握有效数字的运算规则，现举例如下。

例 2-8　测量某一钢质长方体，得如下数据，试计算出它的密度。

长度：　$x = \overline{x} \pm \Delta_x = (14.8 \pm 0.2)\ \text{mm}$

宽度：　$y = \overline{y} \pm \Delta_y = (32.5 \pm 0.2)\ \text{mm}$

高度：　$z = \overline{z} \pm \Delta_z = (12.0 \pm 0.1)\ \text{mm}$

质量：　$m = \overline{m} \pm \Delta_m = (50.54 \pm 0.03)\ \text{g}$

解：先计算密度的平均值：

$$\overline{\rho} = \frac{\overline{m}}{V} = \frac{\overline{m}}{\overline{x}\,\overline{y}\,\overline{z}} = \frac{50.54}{14.8 \times 32.5 \times 12.0}\ \text{g/mm}^3 = 8.76 \times 10^{-3}\ \text{g/mm}^3$$

根据乘除运算的不确定度传递公式可得相对不确定度：

$$E = \frac{\Delta_\rho}{\overline{\rho}} = \sqrt{\left(\frac{\Delta_x}{\overline{x}}\right)^2 + \left(\frac{\Delta_y}{\overline{y}}\right)^2 + \left(\frac{\Delta_z}{\overline{z}}\right)^2 + \left(\frac{\Delta_m}{\overline{m}}\right)^2}$$

$$= \sqrt{\left(\frac{0.2}{14.8}\right)^2 + \left(\frac{0.2}{32.5}\right)^2 + \left(\frac{0.1}{12.0}\right)^2 + \left(\frac{0.03}{50.54}\right)^2} = 0.02 = 2\%$$

不确定度为

$$\Delta_\rho = E\overline{\rho} = 0.02 \times 8.76 \times 10^{-3}\ \text{g/mm}^3 = 0.2 \times 10^{-3}\ \text{g/mm}^3$$

由此可知小数点后的第一位就是可疑数字，故最后测量结果为

$$\rho = (8.8 \pm 0.2) \times 10^3\ \text{g/mm}^3$$

$$E = 2\%$$

三、不确定度和测量结果的数字化整规则

（1）不确定度是与置信概率相联系的，所以不确定度的有效数字位数不必过多。一般只要保留 1～2 位，其后数位上的数字的舍入，不会对置信概率造成太大的影响。在本课程中，我们采用一种简化处理方法，约定不确定度只保留一位有效数字。

（2）关于数据（包括不确定度）尾数的取舍问题，采用“4 舍 6 入 5 凑偶”的原则进行取舍。例如算得的不确定度为 0.045，则记为 0.04；若“5”的前一位是奇数，则在舍去这个“5”的同时，在前一位加“1”，从而使前一位也变成偶数，这就是所谓“5 凑偶”。例如，算得

不确定度为0.035,应记为0.04。

（3）测量结果的有效数字位数取决于不确定度的位数,即结果的有效数字位数的末位数应与其不确定度的末位数对齐。例如,某一测量量的平均值为3.471 5,而不确定度为0.03,则平均值应取到小数点后两位,考虑到“4舍6入5凑偶”的原则,平均值应记为3.47,最终结果应表示为3.47±0.03。

第五节　实验数据的处理方法

实验必然要采集大量数据，实验人员需要对实验数据进行记录、整理、计算与分析，从而寻找测量对象的内在规律，正确得出实验结果。因此，数据处理是实验工作不可缺少的重要组成部分。下面介绍实验数据处理常用的几种方法。

一、列表法

列表法

实验中，在记录和处理数据时，人们通常将实验数据列成表格。列表就是将一组自变量和因变量的实验数据依照一定的形式和顺序一一对应地列出来。将数据列表可以简明地表示有关物理量间的对应关系，有助于寻找物理量间规律性的联系，便于发现和分析问题，可以提高处理数据的效率。因此在每一个实验中对所测得的数据应首先考虑列表处理。

列表记录和处理数据时，应注意以下几点。

（1）各栏目（纵或横）均应标明物理量的名称和单位（用 SI 单位表示）。

（2）列入表中的是原始测量数据，对原始实验数据不应随便修改，确要修改时，也应对原来的数据画条横杠线以备查。一些重要中间结果也可列入表中。

（3）栏目的顺序应充分考虑数据间的联系和计算顺序，力求简明、齐全、有条理。

（4）反映测量值函数关系的数据表格，应按自变量由小到大或由大到小的顺序排列，以便处理和判断。

例如，在室温 $t=25$ ℃时，测量通过一电阻元件的电流 I 和电压 U 的变化关系，得到如表 2-10 所示数据。

表 2-10　电阻元件的 $I-U$ 关系

室温 $t=25$ ℃

U/V	2.00	3.00	4.00	5.00	6.00	7.00
I/mA	4.01	6.03	7.85	9.70	11.83	13.75

二、作图法

作图法

作图法也是数据处理的一个重要方法。利用图线表示被测物理量以及它们之间的变化规律，这种方法称为作图法。在图线上可得到实验测量数据以外的数据和一些其他参量，如直线的斜率和截距等。作图法与列表法相比，更形象直观，易于显示变化规律，并能帮助实验者发现个别测量错误。另外，通过图线可以推知未测量点的情况，延伸图线还可对测量范围以外的变化趋势作出推测，表 2-10 中的电流和电压之间关系就可用图 2-4 所示曲线表示，显然 $I-U$ 间呈线性关系。

作图规则及注意事项如下所述。

（1）选用坐标纸。

可供作图选用的坐标纸有直角坐标纸及对数坐标纸等多种，应根据具体实验情况选取合适的坐标纸。

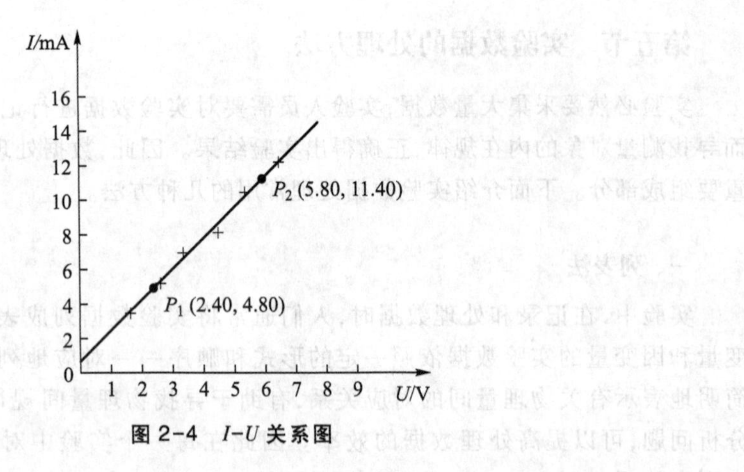

图 2-4　$I-U$ 关系图

（2）标明坐标轴。

画两条带有方向的直线表示坐标轴，一般以横轴代表自变量，以纵轴代表因变量。坐标轴上应标明其所代表的物理量（或符号）、单位及坐标标度值。

（3）选定坐标轴比例。

原则上应使数据末位的可疑数字在坐标轴上是估读数值，即使坐标纸的最小分格与数据中最后一位可靠数字的单位相对应。为了使图线较为对称地占满图纸，避免缩在一边或一角，坐标原点不一定选为(0,0)，而是应使坐标纸上与变量数据变化范围相应的两个长度大体相等。另外值得注意的是，坐标的分度应使每个测量点的坐标值能迅速准确地读出，一般用一大格代表 1、2、5、10 个单位为好，而不采用一大格代表 3、6、7、9 个单位。

（4）标出数据点。

数据点一般用“+”“△”“○”“×”等标记标出，其中心点的坐标值即实验数据对应的坐标值。

（5）描绘图线。

将数据点连成直线或光滑曲线时，不要求通过所有的点，但应使点尽量靠近图线，并以大致相同的数目均匀对称地分布在图线两侧。对个别偏离较大的点，经分析确系过失误差所致，则可剔除。

（6）注解和说明。

在图纸上的空白位置写出完整的图名、必须说明的实验条件及从图线上得出的某些参量。当需要从图线上读取数据点值时，应在图线上用特殊记号标明该点的位置，并在其侧标明它的坐标值(x,y)。通常在图的下方写明图的名称及编号。最后写上实验者姓名、实验日期，将图纸与实验报告订在一起。

三、图解法

通过图解方法得到测量值之间的曲线关系，求出有物理意义的参数，这种数据处理方法称为图解法。图解法就是实验数据的解析表示法。在物理实验中最常见的图解法的例子是通过图示的直线关系确定该直线的参数——截距和斜率。用图解法处理数据，可以求出某些物理量的值，验证物理理论和规律，找出与实验图线对应的方程式（即经验公式）。

（1）求直线的斜率和截距。

实验图线为一直线时，与其对应的线性方程可以写为

$$y=a+bx \tag{2-28}$$

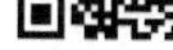

图解法

式中，b、a 分别为直线的斜率和截距。b、a 代表的物理内容常常是我们所需要的。

求直线斜率时，用于计算的两个点 $P_1(x_1,y_1)$ 和 $P_2(x_2,y_2)$ 应在直线上选取，如图 2-4 所示，两点要相距较远，且不应是直接测量点，以免失去作图取平均值的意义。斜率可按公式

$$b=\frac{y_2-y_1}{x_2-x_1} \tag{2-29}$$

求得。求截距时，可在直线上选一点 $P_0(x_0,y_0)$，按下式

$$a=y_0-bx_0 \tag{2-30}$$

求得。

例如，用图解法可由图 2-4 求得电阻元件的电阻值。由欧姆定律 $I=\frac{1}{R}U$ 可知，$I-U$ 图线的斜率为 $b=1/R$，因而得 $R=1/b$。如图 2-4 所示，在直线上取两点 $P_1(2.40,4.80)$ 和 $P_2(5.80,11.40)$，得

$$R=\frac{1}{b}=\frac{(5.80-2.40)\ \text{V}}{(11.40-4.80)\ \text{mA}}=515\ \Omega$$

（2）曲线改直。

我们在物理实验中遇到的图线大多不是直线（经验公式是非线性的）。此时要用图解法求某些物理量，可通过适当的变量变换使经验公式线性化，从而把曲线改直。

例如，在用单摆法测重力加速度实验中，用图解法处理数据时，需将公式 $T=2\pi\sqrt{L/g}$ 线性化。比如将公式改为 $T^2=L(4\pi^2/g)$，则作 T^2-L 图线可得一直线，求出斜率 b，即可按 $g=4\pi^2/b$，求出重力加速度。

表 2-11 所示为一些常用的曲线改直的函数关系。

表 2-11　常用的曲线改直的函数关系

函数	改直坐标	斜率	截距
$y=ax^b$	$\ln y-\ln x$	b	$\ln a$
$y=a/x$	$y-1/x$	a	0
$y=ab^x$	$\ln y-x$	$\ln b$	$\ln a$
$y=a\mathrm{e}^{-bx}$	$\ln y-x$	$-b$	$\ln a$

由于图解法有局限性，如图纸的大小、分格的不均匀、线的粗细及连线的不确定性等的影响，总会“引进”一些误差，所以用图解法处理数据一般情况下不估算误差。

四、平均法

用同一组数据作图，不同的人可能描出几条不同的图线，因而用图解法处理数据所得结果往往因人而异，为了避免这样的不确定性，可采用下述的平均法求斜率和截距。

所谓平均法（也叫分组法），是将数据按自变量递变顺序（由大到小或由小到大）分成前后两组，再求各组的平均值，并利用平均值所确定的平均点求斜率和截距的方法。

设前后两组的平均点分别为 $A(x_A, y_A)$ 和 $B(x_B, y_B)$，在数据点数 n 为偶数（$n=2k$）时，可按下式求 A、B 两平均点的坐标：

$$\left.\begin{aligned} x_A &= (x_1+x_2+\cdots+x_k)/k \\ y_A &= (y_1+y_2+\cdots+y_k)/k \end{aligned}\right\}$$
$$\left.\begin{aligned} x_B &= (x_{k+1}+x_{k+2}+\cdots+x_n)/k \\ y_B &= (y_{k+1}+y_{k+2}+\cdots+y_n)/k \end{aligned}\right\} \tag{2-31}$$

当 n 为奇数时，可将中点坐标值一分为二，分别在前后两组求平均，如当 $n=5$ 时，两组平均点的坐标为

$$\left.\begin{aligned} x_A &= \frac{x_1+x_2+x_3/2}{2.5} \\ y_A &= \frac{y_1+y_2+y_3/2}{2.5} \\ x_B &= \frac{x_3/2+x_4+x_5}{2.5} \\ y_B &= \frac{y_3/2+y_4+y_5}{2.5} \end{aligned}\right\}$$

求出平均点 A、B 坐标后，斜率可按公式

$$b=\frac{y_B-y_A}{x_B-x_A}$$

求得。截距可按

$$a=y_A-bx_A \quad 或 \quad a=y_B-bx_B$$

求出。

如需作图，可在图纸上标出 A、B 两点，过 A、B 作直线即得一确定的直线。

例如，用平均法处理表 2-10 中数据，求出平均点，即可求出电阻元件的电阻值。平均点坐标为

$$\left.\begin{aligned} U_A &= (2.00+3.00+4.00)\ \text{V}/3 = 3.00\ \text{V} \\ I_A &= (4.01+6.03+7.85)\ \text{mA}/3 = 5.96\ \text{mA} \end{aligned}\right\}$$
$$\left.\begin{aligned} U_B &= (5.00+6.00+7.00)\ \text{V}/3 = 6.00\ \text{V} \\ I_B &= (9.70+11.83+13.75)\ \text{mA}/3 = 11.76\ \text{mA} \end{aligned}\right\}$$

则

$$\frac{1}{b}=\frac{6.00-3.00}{11.76-5.96}\ \text{V/mA}=0.517\ \text{V/mA}$$

$$R=\frac{1}{b}=517\ \Omega$$

五、逐差法

逐差法也是处理数据的常用方法之一。所谓逐差，是指将按递变顺序排列的函数值逐项相减求差。这里主要介绍最简单的一次逐差法。在物理实验中，我们常用此方法处理 $y=a+bx$ 型的线性方程，以求出常量 a、b 值。如测得多组数据 (x_i,y_i)，$i=1,2,\cdots,n$（一般取 $n=2k$），用逐差法处理数据时，将按递变顺序排列的数据分为前后两组，然后将前后两组的对应项相减，用逐差的方法消去常量 a（此法也可消去系统误差中的某些恒差），求出 b 值。在 $n=2k$ 时，相隔 k 项相减，有

$$b_j=\frac{\Delta y_j}{\Delta x_j}=\frac{y_{j+k}-y_j}{x_{j+k}-x_j},\quad j=1,2,3,\cdots,k \tag{2-32}$$

则

$$\bar{b}=\frac{1}{k}\sum_{j=1}^{k}b_j \tag{2-33}$$

求出 $\bar{b}$ 后，可按下式

$$\bar{a}=\bar{y}-\bar{b}\,\bar{x} \tag{2-34}$$

求出 $\bar{a}$ 值。式中，$\bar{y}$、$\bar{x}$ 分别为 y、x 的算术平均值。

一般 x 的变化最好取成等间隔的。对于非线性方程，可进行适当变换使之变成线性方程，再按上述方法处理。

例如，用逐差法处理表 2-10 中数据，此时 $n=6$，故 $k=3$，按式(2-32)有

$$b_1=\frac{I_4-I_1}{U_4-U_1}=\frac{9.70-4.01}{5.00-2.00}\ \text{mA/V}=\frac{5.69}{3.00}\ \text{mA/V}=1.90\ \text{mA/V}$$

$$b_2=\frac{I_5-I_2}{U_5-U_2}=\frac{11.83-6.03}{6.00-3.00}\ \text{mA/V}=\frac{5.80}{3.00}\ \text{mA/V}=1.93\ \text{mA/V}$$

$$b_3=\frac{I_6-I_3}{U_6-U_3}=\frac{13.75-7.85}{7.00-4.00}\ \text{mA/V}=\frac{5.90}{3.00}\ \text{mA/V}=1.97\ \text{mA/V}$$

则

$$\bar{b}=\frac{1}{3}(1.90+1.93+1.97)\ \text{mA/V}=1.93\ \text{mA/V}$$

$$R=\frac{1}{\bar{b}}=518\ \Omega$$

上述几种处理数据的方法各有其优缺点，处理数据时，可根据具体情况，选用合适的方法。

六、练习题

1. 对某量 x 等精度重复测量 $n=10$ 次，其结果 x_i（单位为 mm）分别为：

1 021.6，1 021.4，1 022.3，1 019.5，1 024.2，1 020.6，1 020.8，1 024.1，1 023.0，1 020.5。

试列表写出各次测量值 x_i 和 $\overline{x}$、Δx_i、$\overline{\Delta x}$ 以及 S_x 值，并写出测量结果表达式。

2. 指出下列各数据的有效数字位数（末位数字上面不再特意加一横，也是可疑数字）。

（1）0.000 01；

（2）0.010 00；

（3）1.000 0；

（4）980.124 0；

（5）1.35×10^{27}；

（6）0.100 3；

（7）0.000 72；

（8）9.436×10^{-31}。

3. 改正下列错误，写出正确答案。

（1）$a=0.863\pm0.25$ cm；

（2）$b=31\ 704\pm201$ kg；

（3）$c=7.945\pm0.081$；

（4）$d=7.967\ 531\pm0.004\ 1$；

（5）$e=(21\ 680\pm300)$ kg；

（6）$f=(12.430\pm0.3)$ cm；

（7）$g=(16.537\ 8\pm0.413\ 2)$ cm；

（8）$h=(19.756\pm1.4)$ cm；

（9）$i=(26.4\times10^4\pm2\ 000)$ km；

（10）$j=6\ 342$ km $=6\ 342\ 000$ m $=634\ 200\ 000$ cm。

4. 按有效数字的运算规则计算下列各题。

（1）$3.230\ 6+6.8$；

（2）$0.007\ 12\times1.6$；

（3）$100\div(0.2)^2$；

（4）$\pi\div3.392$。

5. 用米尺测一物体长度所得数据为 12.02，12.01，12.03，12.01，12.02（单位为 cm）。求物体长度的 A 类不确定度，若 $\Delta_{仪}=0.01$ cm，试表示测量结果。

6. 量得一圆柱质量为 $m=(162.38\pm0.01)$ g，长度为 $L=(3.992\pm0.002)$ cm，直径为 $d=(24.927\pm0.002)$ mm，求圆柱的密度。

7. 推导圆柱体积 $V=\dfrac{\pi d^2 h}{4}$ 的不确定度公式（"方和根"）。

8. 已知 $m=(236.124\pm0.004)$ g，$d=(2.345\pm0.005)$ cm，$h=(8.21\pm0.03)$ cm。试计算 $\rho=\dfrac{4m}{\pi d^2 h}$ 的结果及不确定度 Δ_ρ，并分析直接测量值 m、d、h 的不确定度对间接测量值 ρ 的影响（即 m、d、h 的单项不确定度哪个对结果影响最大）。

9. 利用单摆测量重力加速度 g，直接测量结果分别为：摆长 $l=(97.69\pm0.03)$ cm，周期 $T=(1.984\ 2\pm0.000\ 5)$ s。当摆角很小时有 $T=2\pi\sqrt{l/g}$ 的关系，试求重力加速度及其不确定度。

第六节　实验报告一般样式举例

本节以实验四为例介绍实验报告的一般样式。

实验报告

实验四　用拉伸法测定杨氏模量

一、实验目的

（1）用金属丝（钢丝）的伸长测杨氏模量。

（2）用光杠杆测量微小长度的变化。

（3）用逐差法处理数据。

二、实验仪器

杨氏模量测定仪、光杠杆、尺读望远镜、钢卷尺等。

三、实验原理

在式（3-13）中，截面积为 $S=\frac{1}{4}\pi d^2$，d 为钢丝直径，则

$$E=\frac{4l(F'-F)}{\pi d^2}\frac{1}{\Delta l} \tag{2-35}$$

一般情况下，在弹性限度内，Δl 是很小的，如何测定微小长度变化量 Δl，是本实验的关键。

如图 2-5 所示，假定在初始状态下，反射镜 M 的法线 ON_0 调节成水平，从望远镜中可看到标尺刻度为 n_0。当钢丝被拉长 Δl 后，反射镜 M 偏转一个角度 α。此时镜面法线为 ON'，望远镜中能看到标尺刻度为 n，则与之相应的光线 ON 将与水平方向成 2α 角。当然，实际上 α 和 2α 都是很小的角度，于是

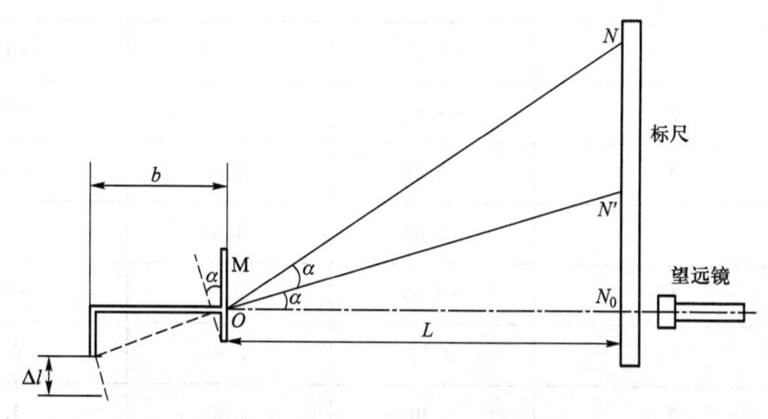

图 2-5　用光杠杆测微小长度

$$\alpha \approx \tan\alpha = \frac{\Delta l}{b} \tag{2-36}$$

$$2\alpha \approx \tan 2\alpha = \frac{n-n_0}{L} \tag{2-37}$$

可推导得

$$\Delta l = \frac{b}{2L}(n-n_0) \tag{2-38}$$

由于 α 角很小，所以实际上式(2-38)的成立并不一定要求起始点的平面镜法线是水平的。也就是说，镜面从任意转角算起，当钢丝再伸长 Δl，因而镜面再偏转 α 角时，式(2-38)都是近似成立的。

如果我们看到的标尺刻度由 n 变为 n'，则

$$\Delta l = \frac{b}{2L}(n'-n) \tag{2-39}$$

将式(2-39)代入式(2-35)，得

$$E = \frac{8Ll}{\pi b d^2}\left(\frac{F'-F}{n'-n}\right) \tag{2-40}$$

式中，l 为钢丝长度，指图 3-9 中的上夹头 A 夹持钢丝的部位到下夹头 B 夹持钢丝的部位间的距离；b 是转镜装置(也称为光杠杆)的臂长(见图 2-5)；d 是钢丝直径；$F'-F$ 和 $n'-n$ 分别为当给钢丝所加的拉力从 F 增加到 F' 时，拉力的增量和从望远镜中观察到的标尺刻度的相应变化量；L 为镜面到标尺的距离。

四、数据处理

数据见表 2-12 至表 2-14。

表 2-12

测量次数	砝码总质量 m_i/kg（不计预加砝码）	望远镜内标尺刻度 n_i/cm		
		增重时	减重时	平均值 $\overline{n_i}$
1	0	-5.00	-5.00	-5.00
2	1	-4.17	-4.13	-4.15
3	2	-3.38	-3.36	-3.37
4	3	-2.39	-2.45	-2.42
5	4	-1.42	-1.44	-1.43
6	5	-0.55	-0.59	-0.57
7	6	0.32	0.30	0.31
8	7	1.30	1.30	1.30

$$L=185.22\ \text{cm},\quad l=102.11\ \text{cm},\quad b=7.15\ \text{cm}$$

表 2-13

螺旋测微器零点修正值 $d_0=-0.002$ mm，$\Delta_{仪}=0.004$ mm，单位：mm

i	1	2	3	4	5	6	平均值$\overline{d'}$	S
d'	0.600	0.608	0.601	0.598	0.601	0.602	0.602	0.003

$$\overline{d}=\overline{d'}-d_0=(0.602+0.002)\ \text{mm}=0.604\ \text{mm}$$

$$\Delta_{\text{B}}=\sqrt{\Delta_{仪}^2+\Delta_{仪}^2}=\sqrt{0.004^2+0.004^2}\ \text{mm}=0.006\ \text{mm}$$

$$\Delta_d=\sqrt{S^2+\Delta_{\text{B}}^2}=\sqrt{0.003^2+0.006^2}\ \text{mm}=0.007\ \text{mm}$$

$$d=\overline{d}\pm\Delta_d=(0.604\pm0.007)\ \text{mm}$$

表 2-14

$\Delta_{仪}=0.05$ cm

$(F'-F)$/N	$(\overline{n'}-\overline{n})$/cm		$\overline{\overline{n'}-\overline{n}}$/cm	$S_{\overline{n'}-\overline{n}}$/cm
4×9.8	$\overline{n_5}-\overline{n_1}$	3.57	3.64	0.07
	$\overline{n_6}-\overline{n_2}$	3.58		
	$\overline{n_7}-\overline{n_3}$	3.68		
	$\overline{n_8}-\overline{n_4}$	3.72		

$$\Delta_{\overline{n'}-\overline{n}}=\sqrt{(1.59S_{\overline{n'}-\overline{n}})^2+\Delta_{\text{B}}^2}=\sqrt{(1.59\times0.07)^2+0.07^2}\ \text{cm}=0.1\ \text{cm}$$

其中
$$\Delta_{\text{B}}=\sqrt{\Delta_{仪}^2+\Delta_{仪}^2}=\sqrt{0.05^2+0.05^2}\ \text{cm}=0.07\ \text{cm}$$

用所测得的数据求出杨氏模量 E：

$$E=\frac{8Ll}{\pi bd^2}\left(\frac{F'-F}{\overline{\overline{n'}-\overline{n}}}\right)=\frac{8\times185.22\times10\times102.11\times10}{\pi\times7.15\times10\times0.604^2}\left(\frac{4\times9.8}{3.64\times10}\right)\ \text{N/mm}^2=1.99\times10^5\ \text{N/mm}^2$$

E 的不确定度用下式计算：

$$\frac{\Delta_E}{E}=\sqrt{\left(\frac{\Delta_L}{L}\right)^2+\left(\frac{\Delta_l}{l}\right)^2+\left(\frac{\Delta_b}{b}\right)^2+\left(\frac{2\Delta_d}{d}\right)^2+\left(\frac{\Delta_{\overline{n'}-\overline{n}}}{\overline{\overline{n'}-\overline{n}}}\right)^2}$$

$$=\sqrt{\left(\frac{0.05}{185.22}\right)^2+\left(\frac{0.05}{102.11}\right)^2+\left(\frac{0.05}{7.15}\right)^2+\left(\frac{2\times0.007}{0.604}\right)^2+\left(\frac{0.1}{3.64}\right)^2}$$

$$=0.04=4\%$$

其中，Δ_L、Δ_l、Δ_b 采用仪器误差，均为 0.05 cm。

$$\Delta_E=E\frac{\Delta_E}{E}=1.99\times10^5\times4\%\ \text{N/mm}^2=0.08\times10^5\ \text{N/mm}^2$$

$$E\pm\Delta_E=(1.99\pm0.08)\times10^5\ \text{N/mm}^2$$

第七节　用作图法处理数据举例

作图法可形象、直观地显示出物理量之间的函数关系，也可用来求某些物理参量，因此它是一种重要的数据处理方法。作图时要先整理出数据表格，并要用坐标纸作图。

伏安法测电阻实验数据如表 2-15 所示。

表 2-15　伏安法测电阻实验数据

U/V	0.74	1.52	2.33	3.08	3.66	4.49	5.24	5.98	6.76	7.50
I/mA	2.00	4.01	6.22	8.20	9.75	12.00	13.99	15.92	18.00	20.01

具体作图步骤如下所述。

(1) 选择合适的坐标分度值，确定坐标纸的大小。

坐标分度值的选取应基本反映测量值的准确度或精密度。根据表 2-15 数据，U 轴可选 1 mm 对应 0.10 V，I 轴可选 1 mm 对应 0.20 mA，坐标纸的大小（略大于数据范围）约为 130 mm×130 mm。

(2) 标明坐标轴。

用实线画坐标轴，用箭头标定坐标轴方向，标出坐标轴的名称或符号、单位，再按顺序标出坐标轴整分格上的量值。

(3) 标实验点。

实验点可用“+”“○”等符号标出（同一坐标系下不同曲线用不同的符号）。

(4) 连成图线。

用直尺、曲线板等把点连成直线或光滑曲线。一般不强求直线或曲线通过每个实验点，应使位于图线两边的实验点与图线最为接近且分布大体均匀，如图 2-6 所示。

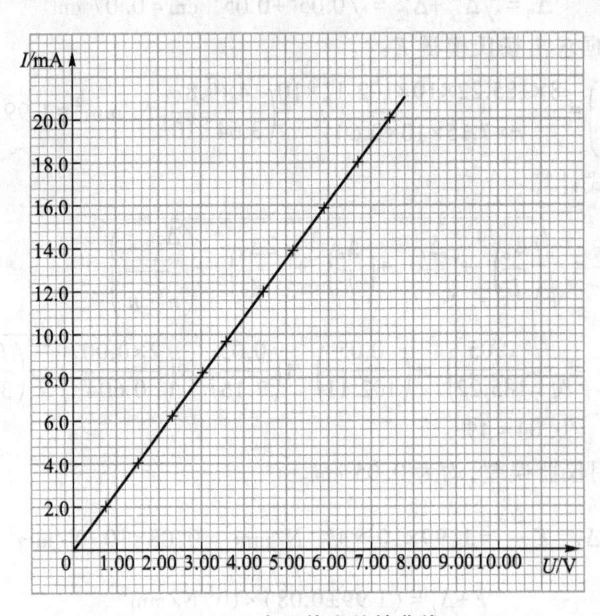

图 2-6　电阻伏安特性曲线

（5）标出图线特征。

在图上空白位置标明实验条件或从图上得出的某些参量。如利用所绘直线可给出被测电阻 R 的大小；从所绘直线上读取两点 A、B 的坐标就可求出 R 值。

（6）标出图名。

在图线下方或空白位置写出图线的名称及某些必要的说明，如图 2-7 所示，至此一张图才算完成。

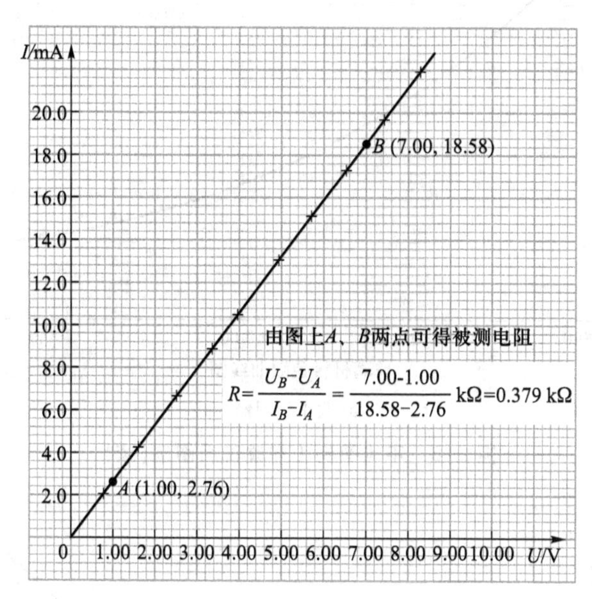

图 2-7　伏安特性曲线求电阻示意图

以下为不当图例展示。

不当图例及改正后图例如图 2-8 至图 2-10 所示。

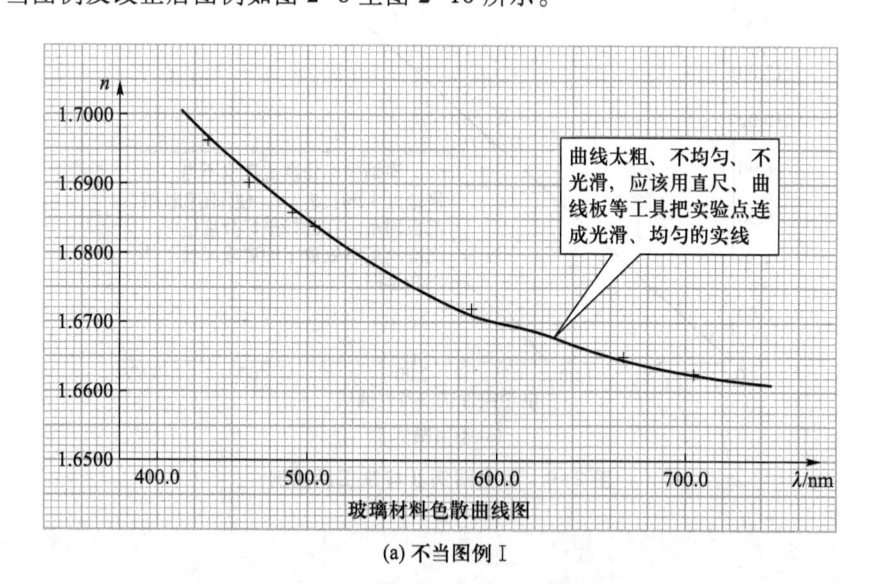

(a) 不当图例 I

图 2-8　不当图例 I 与改正后图例

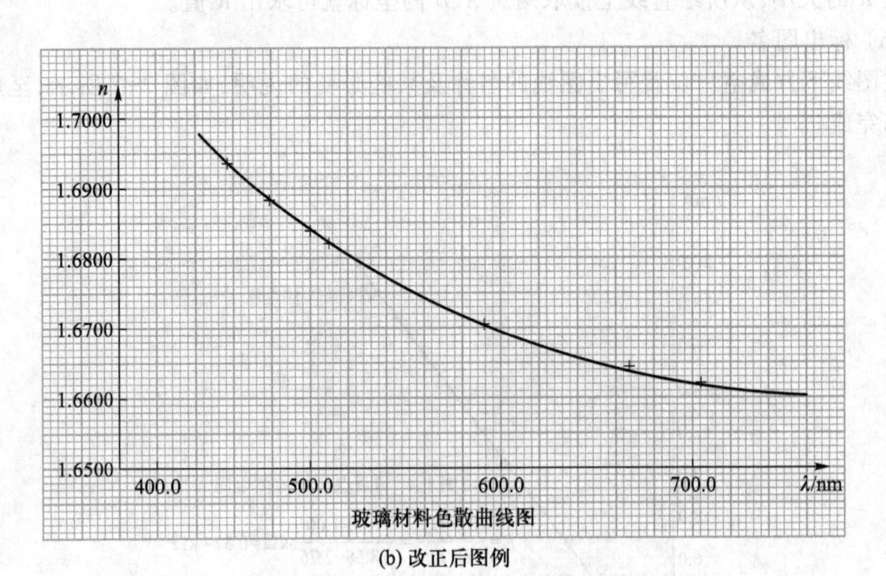

(b) 改正后图例

图 2-8　不当图例Ⅰ与改正后图例(续)

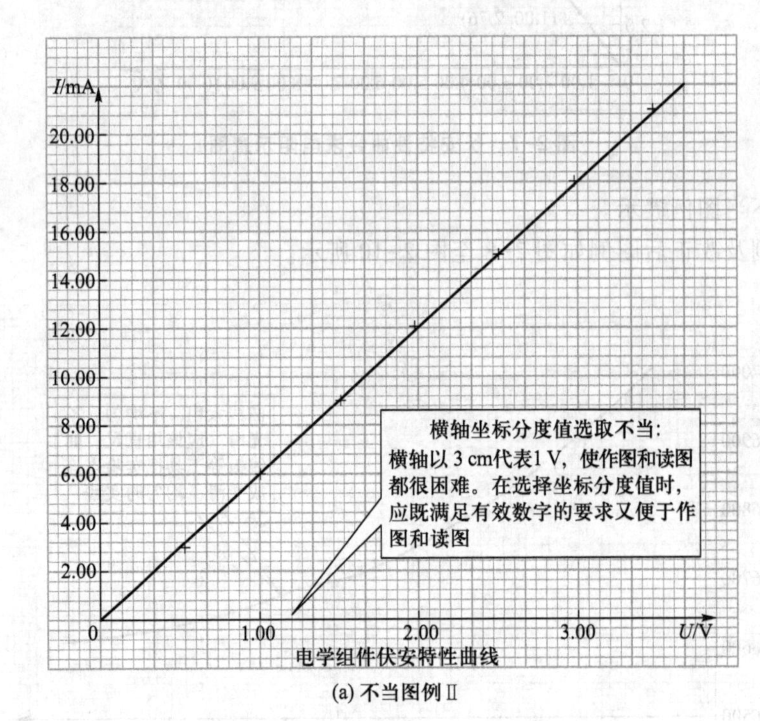

(a) 不当图例Ⅱ

图 2-9　不当图例Ⅱ与改正后图例

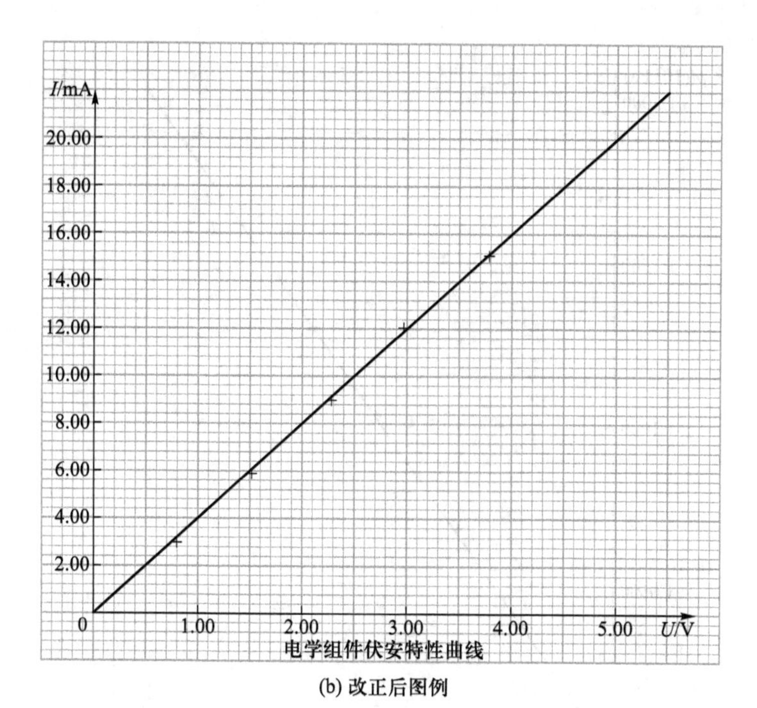

(b) 改正后图例

图 2-9 不当图例Ⅱ与改正后图例(续)

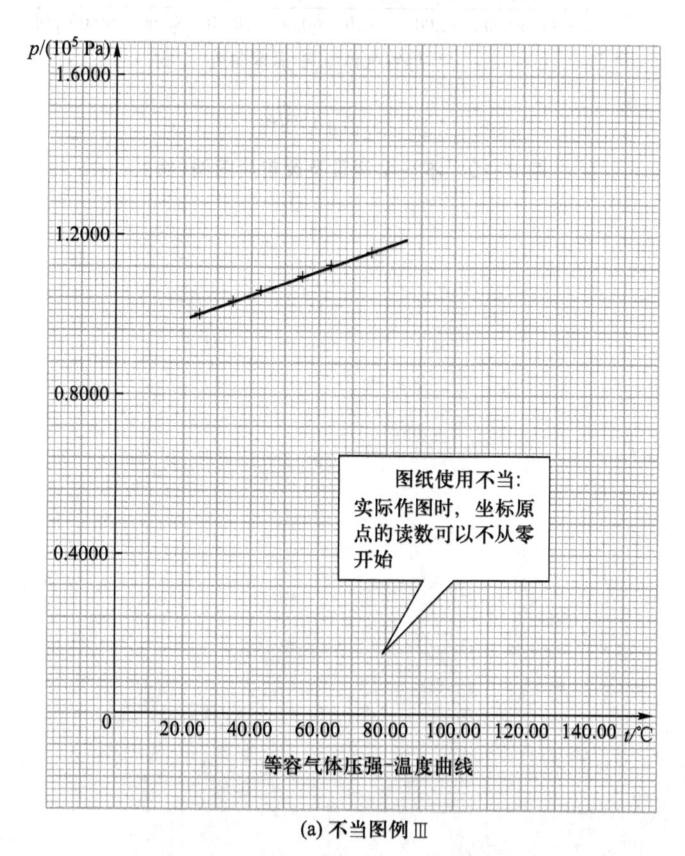

(a) 不当图例Ⅲ

图 2-10 不当图例Ⅲ及改正后图例

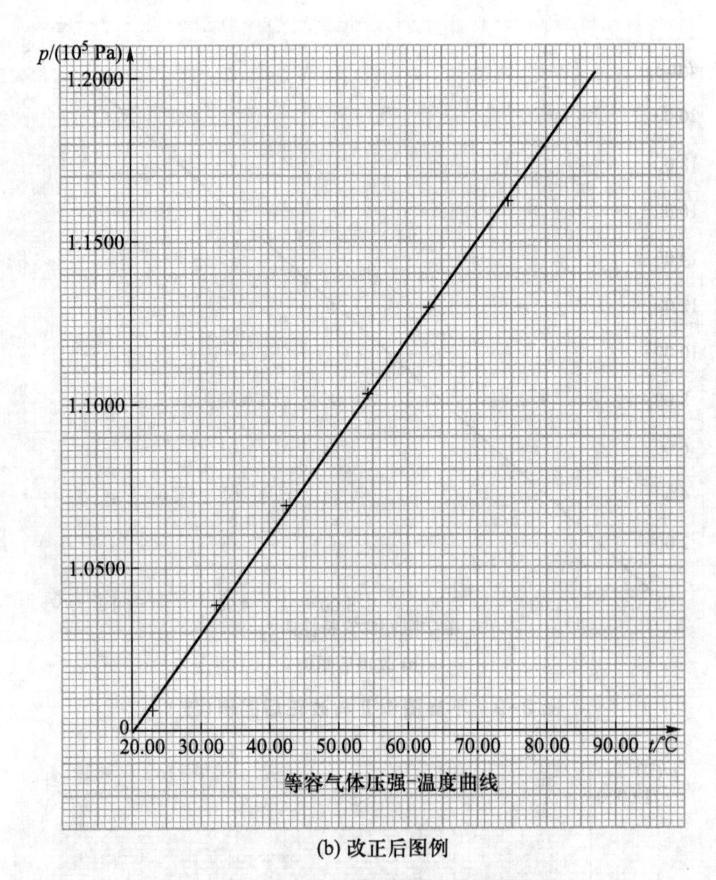

(b) 改正后图例

图 2-10　不当图例Ⅲ及改正后图例(续)

第三章　基础实验

实验一　力学基本测量仪器

一、实验目的

游标卡尺的原理

(1) 学习游标和测微螺旋的原理。

(2) 掌握游标卡尺、千分尺(又称螺旋测微器)及读数显微镜的使用方法。

(3) 学习并掌握多次测量不确定度的估算方法。

二、实验仪器

游标卡尺的使用方法

游标卡尺、千分尺、读数显微镜、物理天平、待测物体等。

请参看本书的大学物理实验预备知识中的游标卡尺、千分尺(螺旋测微器)、物理天平及读数显微镜的使用方法及注意事项。

三、实验步骤

千分尺简介

1. 测金属圆筒的密度

用游标卡尺测量金属圆筒的外径 D、内径 d 及长度 L,要求在不同部位测 6 次。

用物理天平测金属圆筒的质量 m(1 次),将所测数据填入表 3-1。

2. 测金属丝的直径

千分尺操作

(1) 记录螺旋测微器的零点修正值 D_0。

(2) 用螺旋测微器测金属丝的直径。要求在不同部位测 6 次,将所测数据填入表 3-2。

3. 测钢板尺上某一刻线的宽度

用读数显微镜测钢板尺上某一刻线的宽度。要求对同一刻线测量 6 次,将所测数据填入表 3-3。

读数显微镜原理

四、数据处理

1. 测金属圆筒的密度

金属圆筒质量:$m=$　　　　　　　　$\times10^{-3}$ kg,$\Delta_m=\Delta_{仪}=0.05\times10^{-3}$ kg

$$\Delta_L=\sqrt{S_L^2+\Delta_{仪}^2}=\qquad\times10^{-3}\ \text{m}$$

读数显微镜操作

表 3-1

游标卡尺的 $\Delta_{仪}=0.02$ mm

i	$L/(10^{-3}$ m)	$D/(10^{-3}$ m)	$d/(10^{-3}$ m)
1			
2			
3			

续表

i	$L/(10^{-3}\ m)$	$D/(10^{-3}\ m)$	$d/(10^{-3}\ m)$
4			
5			
6			
平均值($\overline{L},\overline{D},\overline{d}$)			
$S(S_L,S_D,S_d)$			

$$\Delta_D=\sqrt{S_D^2+\Delta_{仪}^2}= \qquad \times10^{-3}\ m$$

$$\Delta_d=\sqrt{S_d^2+\Delta_{仪}^2}= \qquad \times10^{-3}\ m$$

$$L=\overline{L}\pm\Delta_L= \qquad \times10^{-3}\ m$$

$$D=\overline{D}\pm\Delta_D= \qquad \times10^{-3}\ m$$

$$d=\overline{d}\pm\Delta_d= \qquad \times10^{-3}\ m$$

金属圆筒平均密度 $\overline{\rho}=\dfrac{4m}{\pi(\overline{D}^2-\overline{d}^2)\overline{L}}=$ kg/m^3

相对不确定度 $E_\rho=\dfrac{\Delta_\rho}{\overline{\rho}}\times100\%=\sqrt{\left(\dfrac{\Delta_L}{\overline{L}}\right)^2+\left(\dfrac{2\overline{d}\Delta_d}{\overline{D}^2-\overline{d}^2}\right)^2+\left(\dfrac{2\overline{D}\Delta_D}{\overline{D}^2-\overline{d}^2}\right)^2+\left(\dfrac{\Delta_m}{m}\right)^2}\times100\%=$ %

不确定度 $\Delta_\rho=E_\rho\,\overline{\rho}=$ kg/m^3

金属圆筒密度 $\rho=\overline{\rho}\pm\Delta_\rho=$ kg/m^3

2. 测金属丝的直径

表 3-2

螺旋测微器零点修正值 $D_0=$ mm，$\Delta_{仪}=0.004$ mm，单位：mm

i	1	2	3	4	5	6	平均值$\overline{D}'$	S_D
D'								

$$\overline{D}=\overline{D}'-D_0= \qquad mm$$

$$\Delta_B=\sqrt{\Delta_{仪}^2+\Delta_{仪}^2}= \qquad mm$$

$$\Delta_D=\sqrt{S_D^2+\Delta_B^2}= \qquad mm$$

测量结果：$D=\overline{D}\pm\Delta_D=$ mm

相对不确定度：$E_D=\dfrac{\Delta_D}{\overline{D}}\times100\%=$ %

3. 测钢板尺上某一刻线的宽度

表 3-3

$\Delta_{仪}=0.004$ mm，单位：mm

i	显微镜读数		刻线宽度
	n_1	n_2	$a=\|n_2-n_1\|$
1			
2			
3			
4			
5			
6			
平均值 $\bar{a}$			
S_a			

$\Delta_B=\sqrt{\Delta_{仪}^2+\Delta_{仪}^2}=$ 　　　　mm

$\Delta_a=\sqrt{S_a^2+\Delta_B^2}=$ 　　　　mm

$a=\bar{a}\pm\Delta_a=$ 　　　　mm

$E_a=\frac{\Delta_a}{\bar{a}}\times100\%=$ 　　　　%

五、思考题

(1) 一游标卡尺的游标为 50 分度，其总长度为 49 mm，试计算此游标卡尺的精度，并说明应如何在游标卡尺上标值。

(2) 简述螺旋测微器的读数原理。

(3) 如何正确使用读数显微镜？应特别注意什么问题？

实验二　用气垫导轨验证牛顿第二定律

气垫技术在工业生产领域中已被广泛应用,如气垫船、空气轴承、气垫输送线等。在物理实验中,摩擦的存在使得实验误差很大,甚至使某些力学实验无法进行。气垫导轨是一种摩擦因数很小的实验装置。它利用从导轨表面小孔喷出的压缩空气,在滑块与导轨面之间形成很薄的空气膜(也就是所谓的气垫),将滑块从导轨面上托起,从而把滑块与导轨面之间的接触摩擦变成空气层间的内摩擦,而空气层间的内摩擦因数较之接触摩擦因数是非常小的,这样就极大地减少了力学实验中难以克服的摩擦力的影响,从而可以对一些力学现象和过程作较精密的定量研究。

一、实验目的

(1) 熟悉气垫导轨的结构、原理、调整及使用方法。

(2) 掌握用气垫导轨测物体运动速度和加速度的方法。

(3) 验证牛顿第二定律。

二、实验仪器

气垫导轨、气泵、滑块、智能计时仪、细线、砝码盘及砝码、物理天平(其使用方法请参看第五章第一节“物理天平”)、坐标纸(10 cm×10 cm 一张,自备)。

1. 气垫导轨(简称气轨)

(1) 气轨的结构。

气轨是一种力学实验装置。如图 3-1 所示,QG-5 型气垫导轨由一根长为 1~2 m 的截面为三角形的铝管制成。铝管一端堵死,另一端是进气口(和气源相连),向上的两个侧面分别开有两排小孔。当气源向导轨送进压缩气体时,气体从小孔喷出,使导轨上的滑块浮起,导轨面和滑块面间形成很薄的空气层(即气垫),这样可使滑块在导轨上作近似无摩擦的运动。在导轨的一端还安有一个小定滑轮。导轨安装在工字钢(或口字钢)架上。工字钢架底部的 3 个底脚螺钉(即支脚)可以调节导轨水平。

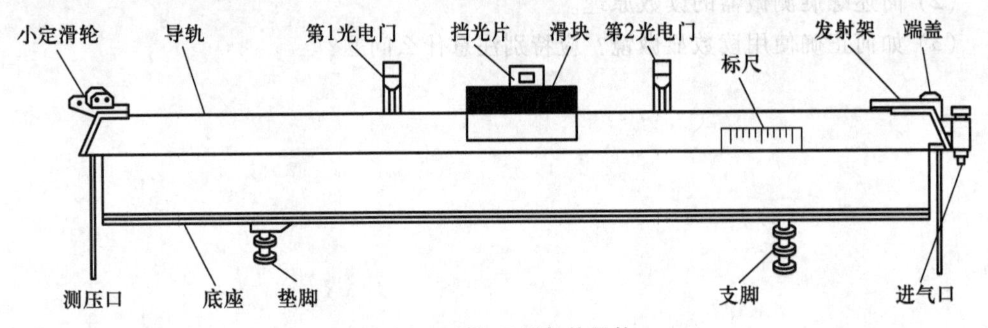

图 3-1　QG-5 型气垫导轨

(2) 滑块。

滑块用角铝制成,是气轨上被研究的运动物体。它的两端可装缓冲弹簧、尼龙搭扣或橡皮筋(套),上面可装挡光片。滑块两旁的螺钉还可安装加重块或骑码,以改变滑块的质量。使用滑块时，应轻拿轻放，不得磕碰，以防滑块变形。

（3）光电门。

光电门由光电管及聚光小灯泡组成。光电门装在气轨上，小灯泡的光线正好照射在光电管上，当滑块经过光电门时，其上的挡光片遮挡小灯泡照射到光电管上的光线，光电管产生的信号电压可控制计时仪。

（4）气轨测瞬时速度的原理。

物体作直线运动时的平均速度为

$$\overline{v}=\frac{\Delta x}{\Delta t} \tag{3-1}$$

式中，Δx 是物体在 Δt 时间内所经过的位移，时间间隔 Δt（或位移 Δx）越小，平均速度就越接近某点的实际速度，当取极限 $\Delta t\to 0$ 时，就得到物体在某点的瞬时速度：

$$v=\lim_{\Delta t\to 0}\frac{\Delta x}{\Delta t}=\lim_{\Delta t\to 0}\overline{v} \tag{3-2}$$

但在实验中，直接用式(3-2)测量某点的速度几乎是不可能的，因为当 Δt 趋于零时（Δx 也同时趋于零），在测量上有具体的困难。即使这样，在一定误差范围内，我们仍可取一很小的 Δt 及物体的位移 Δx，用平均速度$\frac{\Delta x}{\Delta t}$来近似地代替瞬时速度。

本实验是在气垫导轨上进行的，物体（滑块）在导轨上运动时，摩擦阻力接近零。

滑块上装有一挡光片，如图 3-2 所示。当滑块在导轨上运动时，挡光片 b_1边一进入光电门，便开始遮住小灯泡射入光电管的光线，计时仪立即开始计时，一直到挡光片另一边 b_2再进入光电门，计时停止。计时仪显示的数字即挡光片经过光电门所用的时间 Δt，应用公式$\frac{\Delta x}{\Delta t}$可计算出这段时间的平均速度，只要 Δx 取得较小，就可近似地认为这段时间的平均速度是该点的瞬时速度。

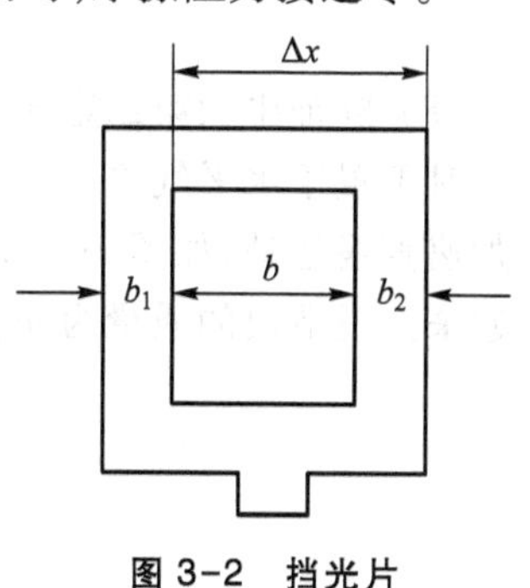

图 3-2　挡光片

（5）导轨的调平。

当导轨水平时，滑块在水平方向所受的合外力为零，此时滑块作匀速直线运动，即滑块在导轨上任意位置的速度都相同；反之，当导轨倾斜时，滑块在导轨上任意两点的速度都不同。根据这一点，我们可以检验和调整导轨的水平状态。

将两个光电门安装在导轨的两个不同位置 s_1 和 s_2 上，让装有挡光片的滑块在导轨上往复运动，若滑块经过两个光电门的时间相等，即 $\Delta t_1=\Delta t_2$，则说明滑块经过两个光电门的速度一致，导轨已达到水平；若 $\Delta t_1\neq\Delta t_2$，则时间较短的一端所处的位置较低。反复调节导轨的支脚，使 $\Delta t_1=\Delta t_2$（或相差小于千分之几秒），此时就可以认为导轨基本处于水平状态了。这时，可根据前面关于测平均速度的方法，由 Δx 及经过的时间 Δt，近似地算出滑块作匀速直线运动的瞬时速度$\frac{\Delta x}{\Delta t}$，式中，$\Delta x$ 是挡光片上 $b+b_1$（或 $b+b_2$）的宽度。

（6）使用气轨注意事项。

① 不要损伤气轨和滑块。在气源关闭时，不要在气轨上拉动滑块，以免损伤气轨和滑块的表面。不要磕碰气轨表面，也不要摔碰滑块。

② 注意保持导轨表面清洁。实验前用棉纱蘸少许酒精将气轨表面和滑块内表面擦洗干净。实验后盖好防尘罩。

③ 在滑块上加砝码和加重块时，务必对称放置，以保持滑块平衡，避免滑块和气轨互相摩擦。

（7）加速度的测量。

当导轨倾斜时，滑块在斜面上所受的合外力为一常量，因此滑块作匀加速直线运动，此时有

$$v_2=v_1+at \tag{3-3}$$

式中，v_2 是滑块在 s_2 处的速度，v_1 是滑块在 s_1 处的速度，t 为滑块经过 s_1 至 s_2 距离的时间。因为

$$v_1=\frac{\Delta x}{\Delta t_1},\quad v_2=\frac{\Delta x}{\Delta t_2}$$

所以将 $a=\frac{v_2-v_1}{t}$ 整理后可得滑块的加速度：

$$a=\frac{(\Delta t_1-\Delta t_2)\Delta x}{\Delta t_1\Delta t_2 t} \tag{3-4}$$

（8）验证牛顿第二定律。

对于置于水平气垫导轨上的滑块，在沿着导轨的恒力作用下，其运动可视为无摩擦的匀加速直线运动，如图 3-3 所示，绕过气垫导轨一端的小定滑轮的细线将滑块与砝码盘连接起来。设滑块的质量为 m_0，砝码盘连同砝码的质量为 m，则系统的加速度为

$$a=\frac{m}{m_0+m}g \tag{3-5}$$

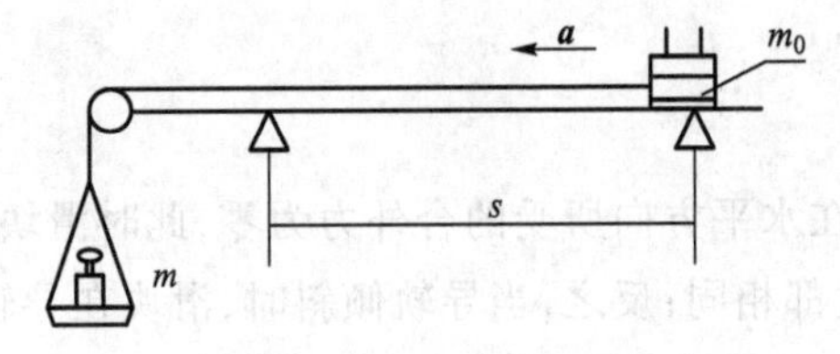

图 3-3　验证牛顿第二定律

在 m 取不同值 $m_i(i=1,2,3,\cdots,n)$ 的情况下，可测得系统相应的加速度 a_i，于是可得一组 $\left(\frac{m_i}{m_0+m_i},a_i\right)$，并可作 $a-\frac{m}{m_0+m}$ 图。如果所得图线为一直线，则说明系统的加速度与其所受合外力成正比，而与系统的总质量成反比，由此可验证牛顿第二定律。

2. 智能计时仪简介

智能计时仪是多用途光控智能测时仪表，计时准确、性能可靠，用于气垫导轨尤为方便。其前、后面板分别如图 3-4 和图 3-5 所示。

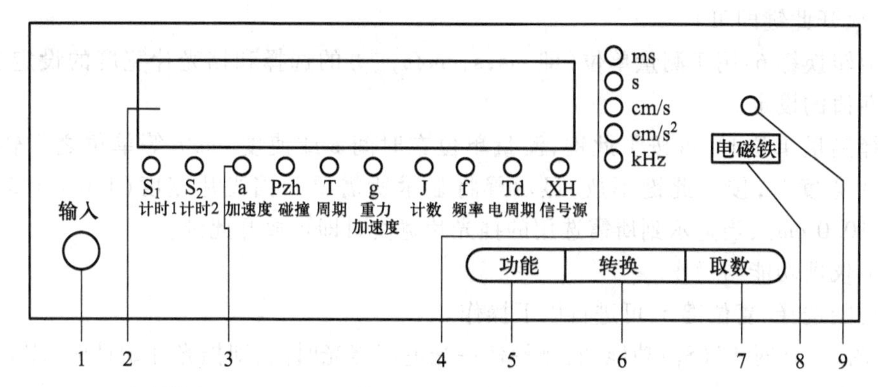

1—测频输入口；2—LED显示屏；3—功能转换指示灯；4—测量单位指示灯；
5—功能选择/复位键；6—数值转换键；7—取数键；
8—电磁铁键；9—电磁铁开关指示灯

图 3-4　智能计时仪的前面板

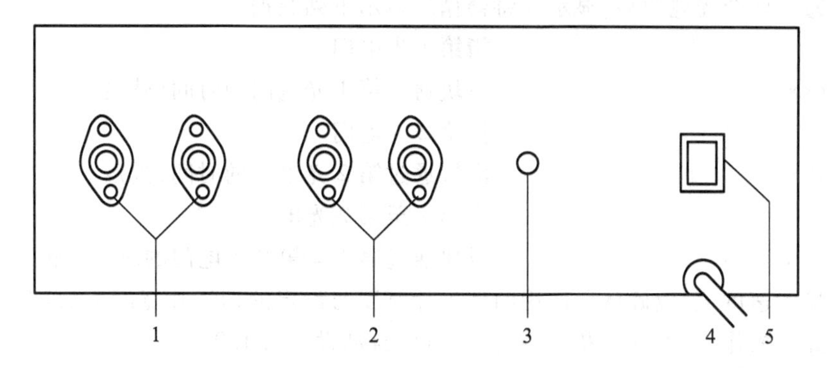

1—P_1光电门插口（外侧口兼电磁铁插口）；2—P_2光电门插口；
3—频标输出插口；4—电源线；5—电源开关

图 3-5　智能计时仪的后面板

(1) 计时仪的数据采集。

置于气垫导轨上的光电门中装有由红外线发射管和光电三极管组成的光电开关，每当光电开关的光路被遮断时，它便向计时仪输出一个计时控制脉冲。当滑块先后两次通过光电门时，其上的两个挡光片 4 次遮断光路，计时仪将依次记录并存储挡光片通过第 1 光电门的时间（即第 1 次与第 2 次遮光的时间间隔 Δt_1），挡光片通过第 1、第 2 光电门所用时间（即第 1 次与第 3 次遮光的时间间隔 t），第 3 次与第 4 次遮光的时间间隔（即挡光片通过第 2 光电门的时间 Δt_2），以及按式(3-4)计算得到的滑块运动的加速度 a 的值。为配合气垫导轨实验，本仪器把 4 次遮光记为一次测量，共可连续记录并存储 20 次测量所得数据。

(2) 按键的功能。

功能选择/复位键 5：用于 10 种功能的选择，即 S_1，S_2，a，… 的选择及取消显示屏数据并使其复位。若按下此键前，光电门遮过光，则按此键起清屏作用，功能复位；在光电门没遮过光时，按此键后仪器将选择新的功能；按下此键不放，可循环选择功能（当所需的功能灯亮时,放开此键即可)。

数值转换键 6:用于测量单位(即 ms,s,cm/s,…)的选择和挡光片宽度的设定及简谐运动周期值的设定。

选择测量单位时,可按下此键,测量单位在时间 s 或速度 cm/s 等单位之间转换;设定挡光片宽度时,按住此键不放,显示屏将显示所需要的挡光片宽度(1.0 cm、3.0 cm、5.0 cm、10.0 cm),当显示到所需选用的挡光片宽度时即可放开此键。

(3) 仪器功能与操作。

按功能选择/复位键 5,可进行以下操作。

① 调到"计时 1"(S_1)功能挡:测量任一光电门挡光时间,即挡光开始计时,露光截止,可连续测量。

② 调到"计时 2"(S_2)功能挡:测量任一光电门两次挡光时间间隔,即第 1 次挡光计时,第 2 次挡光截止。

③ 调到"加速度"(a)挡:

滑块通过两个光电门后,显示屏将会循环显示下列数据:

1	指第 1 光电门
××××××	滑块通过第 1 光电门的时间(速度)
2	指第 2 光电门
××××××	滑块通过第 2 光电门的时间(速度)
1-2	指第 1 至第 2 光电门
××××××	滑块通过第 1 至第 2 光电门的时间(加速度)

如要显示速度值,应确认所使用的挡光片宽度与设定的挡光片宽度一致(仅显示时间时可忽略此项操作)。每次开机时,挡光片宽度自动设定为 1.0 cm。

三、实验步骤

1. 调节气垫导轨水平

(1) 接通气源及智能计时仪电源。

(2) 调节导轨的支脚螺钉,使滑块能够静止,或虽有运动但其方向并不确定。

(3) 将计时仪调到 S_2 挡,给滑块一初速度,记录滑块通过两个光电门所用的时间。若通过两个电光门的时间基本一致,即 $\Delta t_1=\Delta t_2$,则说明导轨已调至水平。

2. 验证牛顿第二定律

(1) 将导轨调成水平状态。

(2) 按图 3-3 所示用细线通过小定滑轮连接滑块与砝码盘。

(3) 取砝码盘连同砝码的质量为 $m=10.00$ g。

(4) 在气轨的标尺上测量出挡光片的宽度 Δx,按住计时仪的数值转换键 6,将 Δx 的值设入计时仪中。

(5) 将滑块移至导轨的右端,然后将计时仪调整到 a 挡(加速度),按数值转换键 6 将测量单位调整到 ms 挡,使滑块在砝码的作用下运动。

在滑块通过两个光电门后,用手轻轻止住滑块(防止拉断细线)。从计时仪上记下

Δt_1、Δt_2、t 值，按下数值转换键 6，使测量单位转到“cm/s^2”挡，此时屏幕显示的测量值即加速度值。重复本步骤两次。

（6）依次使 m = 10.00 g、15.00 g、20.00 g、25.00 g、30.00 g，重复步骤（5）。

（7）用物理天平称量滑块质量 m_0。

四、数据处理

将数据记入表 3-4。

表 3-4

Δx =　　　　cm，m_0 =　　　　kg

$m/(10^{-3}\ \text{kg})$	$\frac{m}{m_0+m}$	测次	$\Delta t_1/(10^{-3}\ \text{s})$	$\Delta t_2/(10^{-3}\ \text{s})$	$t/(10^{-3}\ \text{s})$	$a\left[=\frac{(\Delta t_1-\Delta t_2)\Delta x}{\Delta t_1 \Delta t_2 t}\right]/(\text{cm}\cdot\text{s}^{-2})$	$\overline{a}/(\text{cm}\cdot\text{s}^{-2})$
		1					
		2					
		3					
		1					
		2					
		3					
		1					
		2					
		3					
		1					
		2					
		3					
		1					
		2					
		3					

作 $a-\frac{m}{m_0+m}$ 图，并说明验证结果。

五、思考题

（1）为什么气轨调平时滑块的速度要接近实验时的速度？

（2）$a-\frac{m}{m_0+m}$ 图线的斜率代表什么？

实验三　用扭摆法测物体转动惯量

转动惯量简介

转动惯量是刚体转动时惯性大小的量度,是表明刚体特性的一个物理量。刚体转动惯量除了与物体的质量有关外,还与转轴的位置、质量分布(即形状、大小及密度分布)有关。如果刚体形状简单且质量分布均匀,那么可以直接计算出它绕特定转轴的转动惯量。对于形状复杂、质量分布不均匀的刚体(如电动机转子、枪炮弹丸等),计算将变得极为复杂,人们通常采用实验方法来测定其转动惯量。

转动惯量的测量,一般都是使刚体以一定的形式运动,通过表征这种运动的物理量与转动惯量的关系,进行间接测量。本实验所采用的扭摆法,就是使物体作扭转摆动,先测定转动周期及其他参量,然后通过计算得出物体的转动惯量。

一、实验目的

(1) 用扭摆法测定几种不同形状物体的转动惯量和弹簧的扭转常量,并与理论值比较。

(2) 验证转动惯量平行轴定理。

二、实验仪器

转动惯量测试仪(含主机、光电传感器两部分)、扭摆、金属载物盘、空心金属圆筒、实心塑料圆柱 2 个、金属细杆、金属滑块一对。

三、实验原理

转动惯量实验仪器

1. 扭摆构造

扭摆的构造如图 3-6 所示,在轴 1 上可以安装各种待测物体;薄片状螺旋弹簧 2 垂直于轴 1 安装,用以产生回复力矩;3 为水平仪,用来调节系统水平。

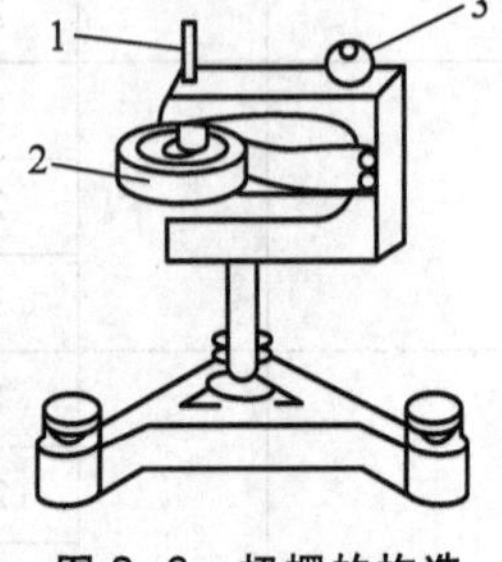

图 3-6　扭摆的构造

2. 转动惯量、扭转常量和周期的关系

装在轴 1 上的待测物体转过一定角度 θ 后,在弹簧的回复力矩 M 的作用下,就开始绕轴 1 作往返扭转运动。根据胡克定律,弹簧扭转而产生的回复力矩 M 与所转过的角度 θ 成正比,即

$$M=-K\theta \tag{3-6}$$

实验原理

式中,K 为弹簧的扭转常量。根据转动定律,有

$$M=I\alpha \tag{3-7}$$

式中,I 为转动惯量,α 为角加速度。由式(3-7)得

$$\alpha=\frac{M}{I} \tag{3-8}$$

令 $\omega^2=\dfrac{K}{I}$,忽略轴承的摩擦力矩,由式(3-6)、式(3-8)得

$$\alpha=\frac{d^2\theta}{dt^2}=-\frac{K}{I}\theta=-\omega^2\theta \tag{3-9}$$

上述方程表示扭摆运动具有角简谐振动的特性，角加速度与角位移成正比，且方向相反，此方程解为

$$\theta=A\cos(\omega t+\varphi) \tag{3-10}$$

式中，A 为简谐振动的角振幅，φ 为初相位，ω 为角速度，且有

$$T=\frac{2\pi}{\omega}=2\pi\sqrt{\frac{I}{K}} \tag{3-11}$$

由式(3-11)可知，在已经通过实验测得物体的摆动周期 T 的情况下，只要已知 I 和 K 中任何一个，即可算出另一个物理量。

本实验先用几何形状规则、密度均匀的物体来标定弹簧的扭转常量 K，即先由它的质量和几何尺度算出转动惯量 I，再结合测出的周期 T 算出扭转常量 K，然后通过标定的 K 值，计算形状不规则、密度不均匀的物体的转动惯量。

四、实验步骤

1. 熟悉仪器，准备实验

（1）熟悉扭摆构造、使用方法，以及转动惯量测试仪的使用方法（参阅本实验附注：转动惯量测试仪简介）。

（2）调节扭摆基座底脚螺钉，使水平仪气泡居中。

2. 测定扭转常量 K 以及各种被测物体的转动惯量

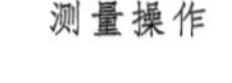

测量操作

（1）装上金属载物盘，并调节光电探头位置，使载物盘上挡光杆处于其缺口中央且能遮住发射、接收红外线的小孔。测出载物盘的摆动周期 T_0。

（2）把短塑料圆柱、长塑料圆柱和金属圆筒依次安装在载物盘上，分别测出摆动周期 T_1、T_2、T_3，并把所有数据填入表 3-5。

表 3-5

次数	$10T_0$/s	$10T_1$/s	$10T_2$/s	$10T_3$/s	$10T_4$/s
1					
2					
3					
$10\overline{T}$					
平均周期 $\overline{T}$					

(3) 测出各被测物体的质量和几何尺寸，将数据填入表 3-6。

表 3-6

序号	物体	质量 m/kg	几何尺寸/(10^{-2} m)	理论值 I'/(10^{-4} kg·m^2)	周期 $\overline{T}$/s	实验值 I/(10^{-4} kg·m^2)	相对误差
0	金属载物盘	—	—				—
1	短塑料圆柱		D_1=				—
2	长塑料圆柱		D_2=				
3	金属圆筒		$D_{内}$=				
			$D_{外}$=				
4	金属细杆		L_4=				

注：金属细杆的转动惯量实测值为 $I_4-I_{夹具}$，$I_{夹具}=0.232\times10^{-4}$ kg·m^2。

$K=$　　　　　　N·m

3. 验证转动惯量与质量分布的关系

(1) 装上金属细杆，使金属细杆中心与转轴重合。测出摆动周期 T_4，并将其填入表 3-5 中。

(2) 将滑块对称放置在金属细杆两边凹槽内，如图 3-7 所示。分别测出滑块质心离转轴 5.00 cm、10.00 cm、15.00 cm、20.00 cm 及 25.00 cm 时的摆动周期 T，根据 $I=\frac{1}{4\pi^2}T^2K$，计算出滑块在各位置时的转动惯量，分析转动惯量与质量分布的关系。

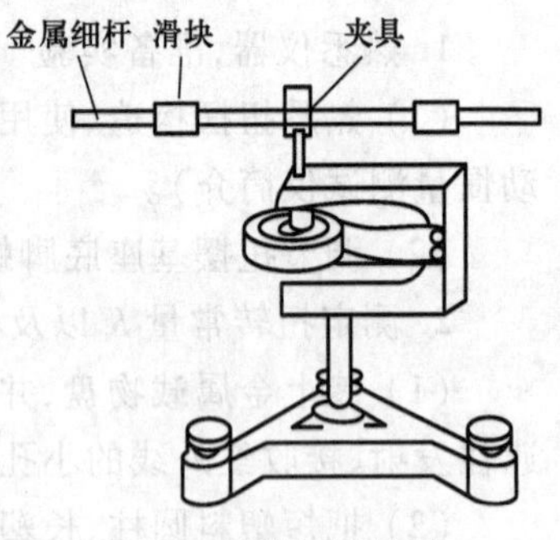

图 3-7　验证转动惯量与质量分布的关系

五、数据处理

计算扭转常量 K 及各物体的转动惯量 I。

表 3-6 中计算公式如下：

$$K=4\pi^2\frac{I_1'}{\overline{T}_1^2-\overline{T}_0^2},\qquad I_0=\frac{1}{4\pi^2}\overline{T}_0^2K$$

$$I_1'=\frac{1}{8}m_1D_1^2,\qquad I_1=\frac{1}{4\pi^2}\overline{T}_1^2K-I_0$$

$$I_2'=\frac{1}{8}m_2D_2^2,\qquad I_2=\frac{1}{4\pi^2}\overline{T}_2^2K-I_0$$

$$I_3'=\frac{1}{8}m_3(D_{内}^2+D_{外}^2),\qquad I_3=\frac{1}{4\pi^2}\bar{T}_3^2K-I_0$$

$$I_4'=\frac{1}{12}m_4L_4^2,\qquad I_4=\frac{1}{4\pi^2}\bar{T}_4^2K$$

六、注意事项

（1）弹簧的扭转常量 K 值不是固定的，而是与摆角有关的。为了不引入系统误差，实验过程中摆角应大致保持在90°左右。

（2）光电探头应放在挡光杆的平衡位置处，挡光杆不能与之接触，以避免增大摩擦力矩。

（3）基座应保持水平。

（4）安装待测物体时，其支架应全部套入扭摆主轴，并在主轴豁口处旋紧固定螺钉，否则既不安全，又会造成很大误差。

（5）为提高测量精度，应先让扭摆自由摆动，然后按“执行”键进行计时。

（6）使用过程中若系统死机，可按“复位”键或关闭电源后重新启动，但以前数据将丢失。

七、思考题

（1）在测定摆动周期时，光电探头应放置在挡光杆平衡位置处，这是为什么？

（2）在实验中，为什么称金属细杆质量时，须取下夹具？

八、附注：转动惯量测试仪简介

1. 仪器简介

转动惯量测试仪由主机和光电传感器两部分组成。

主机采用单片机作为控制系统，可以用来测量物体转动和摆动的周期及旋转体的转速，能实现记录、存储、计算平均值等功能。

光电传感器主要由红外发射管和接收管组成，可将光信号转换成脉冲电信号，送入主机工作。为确保计时准确，光电探头不能放置在强光下，以免过强光线对光电探头产生影响。

2. 按键的使用

TH-2 型转动惯量测试仪面板如图 3-8 所示。

（1）“复位”键。

按下此键后，仪器恢复为开机时的默认状态。默认状态为“摆动”指示灯亮，参量显示为“P_1”，数据显示为“……”。

（2）“功能”键。

可以选择摆动、转动两种功能。开机时或复位后的默认值为“摆动”。若按下“功能”键，则显示“n=N-1”，表示主机处于转动计时状态；再次按下“功能”键，则显示“2n=N-1”，表示主机处于摆动计时状态，依此类推。

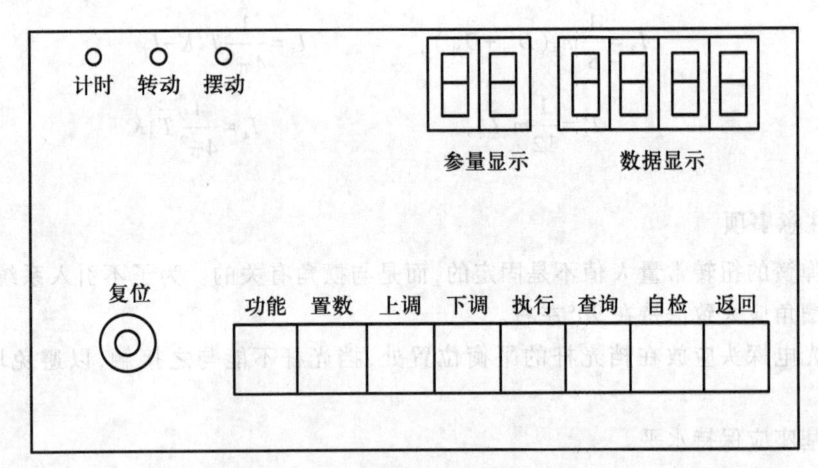

图 3-8 TH-2型转动惯量测试仪面板

(3)“置数”“上调”“下调”键。

此三键配合使用可以预置周期数。按下“置数”键,显示“n=10”,表示当前周期数为默认值10;再按“上调”或“下调”键,周期数依次加1或减1;最后按一下“置数”键确认,显示“F_1end”或“F_2end”,表示摆动或转动置数完毕。

注意:

① 周期数只能在1~20之间设置。

② 一旦周期数预置完毕,除复位、关机和再次置数外,其他操作均不改变预置的周期数。

(4)“执行”键。

让刚体自由转动或摆动,按下“执行”键,此时显示“Px0.00”,主机处于等待状态,表示即将执行第x次测量。挡光杆第1次挡光,主机接收第1个脉冲信号,计时指示灯点亮,计时开始。挡光杆第N次挡光,主机接收到第N个脉冲信号,计时器记录n个周期的总时间。

重复以上操作,可进行多次测量。本机最多可重复测量5次(P_1~P_5)。

另外,“执行”键还具有修改功能。例如要修改第3组数据,可按“执行”键直至出现“P3.00”,再重新测量。

(5)“查询”键。

可以查询每次测量值(C_1~C_5)和平均周期C_A,若显示“NO”则表示没有数据。

(6)“自检”键。

按此键后,仪器依次显示“n=N-1”“2n=N-1”“SCGOOD”,表示单片机正常工作,并自动复位到“P_1……”。

(7)“返回”键。

可清除所有数据,返回到初始状态“P_1……”,但预置周期数不变,功能不变。

3. 显示信息说明

显示信息说明如表3-7所示。

表 3-7

显示值	信息说明
P_1……	初始状态
n=N-1	转动计时的脉冲数 N 与周期数 n 的关系
2n=N-1	摆动计时的脉冲数 N 与周期数 n 的关系
n=10	默认周期数
F_1end	摆动周期预置确定
F_2end	转动周期预置确定
Px0.00	执行第 x 次测量(x 为 1~5)
Cx×.×××	查询第 x 次测量结果(x 为 1~5)
SCGOOD	自检正常

实验四　用拉伸法测定杨氏模量

固体在外力作用下发生的形态变化，称为“形变”。当外力在一定限度内时，外力作用停止后，形变完全消失，这种形变称为“弹性形变”。当外力过大时，形变不能全部消失，留有剩余的形变，这种形变称为“塑性形变”。逐渐增加外力到开始出现剩余形变，此时我们就称达到了物体的弹性限度。

虚拟仿真

最简单的形变是棒状物体受力的伸缩。棒的伸长量 Δl 与原长 l 的比 $\Delta l/l$ 称为“应变”。如对于截面积为 S 的棒，拉力由 F 增加到 F'，棒伸长了 Δl，按胡克定律，在弹性限度内，应变 $\Delta l/l$ 与棒的单位面积上所受的附加作用力 $(F'-F)/S$ 成正比，即

$$\frac{F'-F}{S}=E\frac{\Delta l}{l} \tag{3-12}$$

测量架

比例系数 E 称为杨氏模量（又称弹性模量）。在国际单位制中，E 的单位是 $\mathrm{N/m^2}$。

杨氏模量是描述固体材料抵抗形变能力的重要物理量，是选择机械构件材料的依据，是工程技术中的常用参量。

一、实验目的

尺读望远镜

（1）用金属丝的伸长测杨氏模量。

（2）用光杠杆测量微小长度的变化。

（3）用逐差法处理数据。

二、实验仪器

杨氏模量测定仪、尺读望远镜、光杠杆、钢卷尺。

仪器装置如图 3-9 所示。金属（钢）丝 L 的上端固定于 A 夹，下端与挂钩连接，挂钩上挂有砝码盘。金属丝穿过并固定于 B 夹。B 在平台 C 的孔中能上下移动。光杠杆 M 的两个前足放在平台 C 上，一个后足放在 B 夹上。光杠杆前安有望远镜 R 和标尺 S。

实验原理

当砝码盘上的砝码增加或减少时，金属丝就伸长或缩短，夹在金属丝上的钢夹 B 就随之下降或上升，光杠杆 M 的后足跟随着钢夹 B 的升降而升降。于是光杠杆 M 的平面镜产生偏转，从望远镜 R 中可观察到标尺刻度的变化。根据光杠杆原理，可算出钢丝的伸长（或缩短）量 Δl。

三、实验原理

在式（3-12）中，截面积为

$$S=\frac{1}{4}\pi d^2 \tag{3-13}$$

d 为钢丝直径，则

$$E=\frac{4l(F'-F)}{\pi d^2}\frac{1}{\Delta l} \tag{3-14}$$

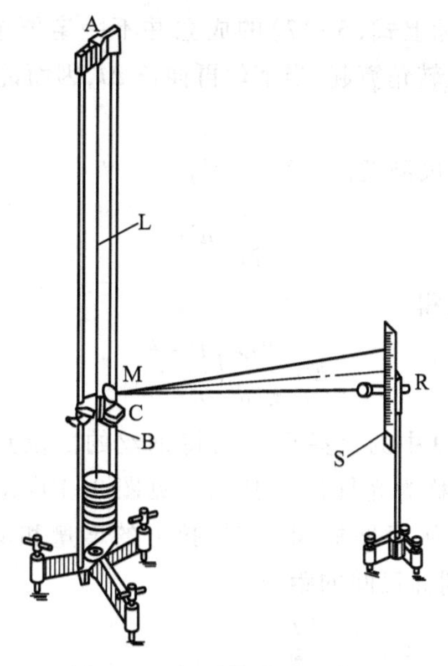

图 3-9　杨氏模量测量装置

一般情况下，在弹性限度内，Δl 是很小的，测定微小长度变化量 Δl 是本实验的关键。

如图 3-10 所示，假定在初始状态下，反射镜 M 的法线 ON_0 调节成水平，从望远镜中可看到标尺刻度为 n_0。在钢丝被拉长 Δl 后，反射镜 M 偏转一个角度 α。此时镜面法线为 ON'，从望远镜中能看到标尺刻度为 n，则与之相应的光线 ON 将与水平方向成 2α 角。当然，实际上 α 和 2α 都是很小的角，于是

$$\alpha \approx \tan\ \alpha = \frac{\Delta l}{b} \tag{3-15}$$

$$2\alpha \approx \tan\ 2\alpha = \frac{n-n_0}{L} \tag{3-16}$$

可推导得

$$\Delta l = \frac{b}{2L}(n-n_0) \tag{3-17}$$

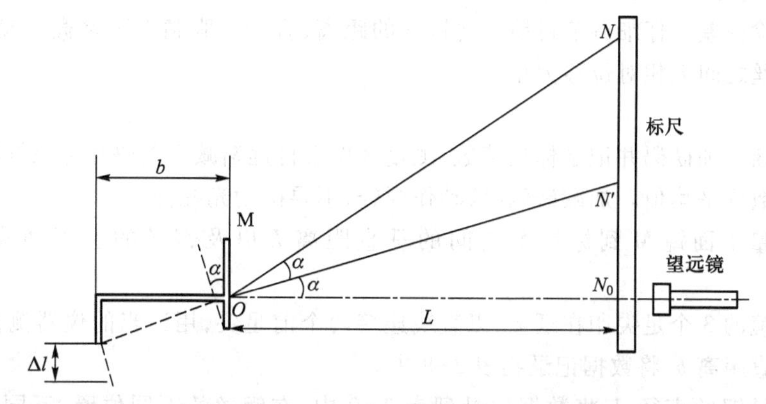

图 3-10　用光杠杆测微小长度变化量

光杠杆原理

由于 α 角很小，所以实际上式(3-17)的成立并不一定要求起始点的平面镜法线是水平的。也就是说，镜面从任意转角算起，当钢丝再伸长 Δl，因而镜面再偏转 α 角时，式(3-17)都是近似成立的。

如果我们从中看到的标尺刻度由 n 变到 n'，则

$$\Delta l=\frac{b}{2L}(n'-n) \tag{3-18}$$

将式(3-18)代入式(3-14)，得

$$E=\frac{8Ll}{\pi bd^2}\left(\frac{F'-F}{n'-n}\right) \tag{3-19}$$

式中，l 为钢丝长度，指图 3-9 中的上夹头 A 夹持钢丝的部位到下夹头 B 夹持钢丝的部位间的距离；b 是转镜装置(也称为光杠杆)的臂长(见图 3-10)；d 是钢丝直径；$F'-F$ 和 $n'-n$ 分别为当给钢丝所加的拉力从 F 增加到 F' 时，拉力的增量和从望远镜中观察到的标尺刻度的相应变化量；L 为镜面到标尺间的距离。

四、实验步骤

测量操作

1. 调整仪器

(1) 调节实验装置的底座螺钉，使装置竖直，从而使钢丝保持竖直，并保证望远镜与反光镜的距离为 120 cm 左右。

(2) 将光杠杆的两个前足放在平台 C 的沟槽内，后足放在 B 夹上，如图 3-11 所示。注意一定要稳定，使镜面 M 与平台大致垂直。

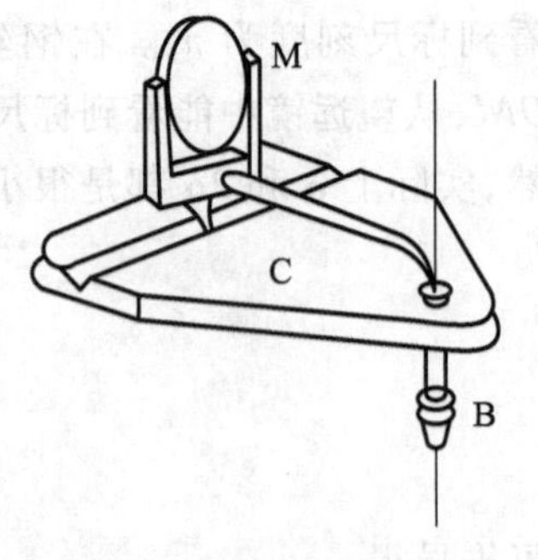

图 3-11 光杠杆

(3) 调节望远镜成水平状态，并对准镜面 M，调节目镜，使从目镜中能清楚地看到十字叉丝。

从望远镜的外侧沿镜筒方向看镜面中是否有标尺像，若没有，则移动装有望远镜与标尺的三脚架，直到能看到镜面中有标尺像为止。再从望远镜中观察，调节目镜和物镜间的距离，直到能看清标尺的刻线与读数为止。

注意消除视差。仔细调节目镜和物镜间的距离，直到当眼睛上下略微移动时，标尺刻度的像和叉丝之间无相对位移为止。

2. 测量

(1) 逐渐增加砝码并记录标尺读数，测量 8 次后再逐渐减少砝码并记录标尺读数。计算两组对应数据平均值。加减砝码时，动作要轻，不要碰动光杠杆。

(2) 测量平面镜 M 到标尺 S 之间的垂直距离 L 以及钢丝的上下两夹之间的距离 l。

将平面镜的 3 个足尖印在纸上，以直线连接两个前足尖，用适当的仪器测量后足尖到此连线的垂直距离 b，将数据记录到表 3-8 中。

(3) 测量钢丝直径 d，将数据记录到表 3-9 中，在钢丝的不同位置、不同角度测量 6 次，求出 d 的平均值及不确定度 Δ_d。

表 3-8

测量次数	砝码总质量 m_i/kg（不计预加砝码）	望远镜内标尺刻度 n_i/cm		
		增重时	减重时	平均值$\bar{n}_i$
1	1			
2	2			
3	3			
4	4			
5	5			
6	6			
7	7			
8	8			

$L=$　　　　cm

$l=$　　　　cm

$b=$　　　　cm

表 3-9

螺旋测微器零点修正值 $d_0=$　　　　mm，$\Delta_{仪}=0.004$ mm

次数	1	2	3	4	5	6	平均值$\bar{d'}$	S
d'/mm								

$\bar{d}=\bar{d'}-d_0=$　　　　mm

$\Delta_B=\sqrt{\Delta_{仪}^2+\Delta_{仪}^2}=$　　　　mm

$\Delta_d=\sqrt{S^2+\Delta_B^2}=$　　　　mm

$d=\bar{d}\pm\Delta_d=$　　　　mm

测量钢丝直径

3. 处理数据

本实验用逐差法处理数据，求出待测钢丝的杨氏模量。

根据表 3-8 的数据完成表 3-10。

表 3-10

$\Delta_{仪}=0.05$ cm

$(F'-F)$/N	$(\bar{n}'-\bar{n})$/cm		$\overline{\bar{n}'-\bar{n}}$/cm	$S_{\bar{n}'-\bar{n}}$/cm
4×9.8	$\bar{n}_5-\bar{n}_1$			
	$\bar{n}_6-\bar{n}_2$			
	$\bar{n}_7-\bar{n}_3$			
	$\bar{n}_8-\bar{n}_4$			

$$\Delta_{\overline{n'}-\overline{n}}=\sqrt{(1.59S_{\overline{n'}-\overline{n}})^2+\Delta_B^2}= \qquad \text{cm}$$

其中 $\Delta_B=\sqrt{\Delta_{仪}^2+\Delta_{仪}^2}=$ 　　　　cm

用所测得的数据求出杨氏模量：

$$E=\frac{8Ll}{\pi bd^2}\left(\frac{\overline{F'-F}}{\overline{n'}-\overline{n}}\right)= \qquad \text{N/mm}^2$$

E 的不确定度用下式计算：

$$\frac{\Delta_E}{E}=\sqrt{\left(\frac{\Delta_L}{L}\right)^2+\left(\frac{\Delta_l}{l}\right)^2+\left(\frac{\Delta_b}{b}\right)^2+\left(\frac{2\Delta_d}{\overline{d}}\right)^2+\left(\frac{\Delta_{\overline{n'}-\overline{n}}}{\overline{n'}-\overline{n}}\right)^2}= \qquad \%$$

其中，Δ_L、Δ_l、Δ_b 采用仪器误差，均为 0.05 cm。

$$\Delta_E=E\frac{\Delta_E}{E}= \qquad \text{N/mm}^2$$

$$E\pm\Delta_E= \qquad \text{N/mm}^2$$

五、思考题

（1）材料相同，但粗细、长度不同的两根钢丝，它们的杨氏模量是否相同？

（2）本实验所用的光杠杆和望远镜能分辨的最小长度变化量是多少？怎样提高光杠杆测量微小长度变化量的灵敏度？

（3）试求出本实验所用金属丝的弹性系数。

（4）本实验的各个长度测量为什么使用不同的测量仪器？

（5）在本实验中，哪一个量的测量对实验结果的影响最大？怎样改进？

（6）用逐差法处理数据的优点是什么？应注意什么问题？

实验五　线胀系数的测量

绝大多数物质都具有“热胀冷缩”的特性，这是物体内部分子热运动加剧或减弱造成的。材料的线膨胀是指材料受热膨胀时，在一维方向上的伸长。线胀系数是选用材料的一项重要指标，在工程结构的设计中，在机械设备及仪器的制造中，在材料的加工中，都应予以考虑。否则，线膨胀将影响结构的稳定性和仪表的精度，甚至会造成工程结构的毁损、仪表的失灵等。

线胀系数测量仪

尺读望远镜

一、实验目的

（1）了解用光杠杆法测线胀系数的原理。

（2）熟悉调整光杠杆和尺读望远镜的基本方法。

（3）学会测量线胀系数的一种方法。

二、实验仪器

固体线胀系数测定仪、尺读望远镜、光杠杆、钢卷尺、温度计、坐标纸（15 cm×10 cm 一张，自备）。

1. 固体线胀系数测定仪

本实验所用固体线胀系数测定仪如图 3-12 所示。待测铜管置于加热器的中心孔内，下端与孔底面接触，使铜管只能向上膨胀。光杠杆两前足置于平台的槽内，后足置于铜管上端的金属环上（环与管端固定在一起）。加热器底座上有加热电源开关、电源指示灯及调压旋钮，调压范围为 95～220 V（顺时针调节为增加），测温范围为 10～100 ℃。

2. 尺读望远镜

尺读望远镜的结构如图 3-13 所示。

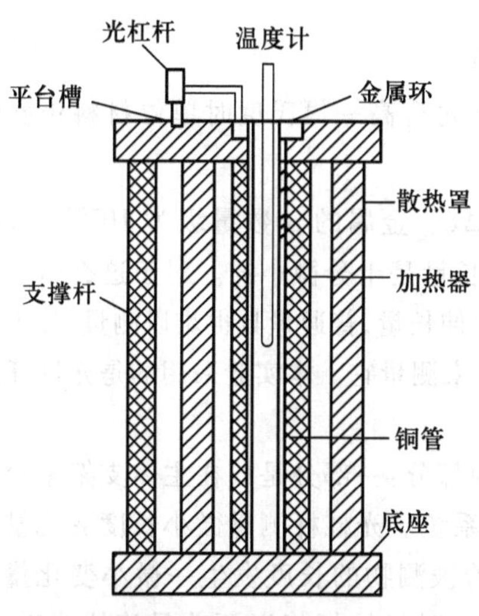

图 3-12　固体线胀系数测定仪

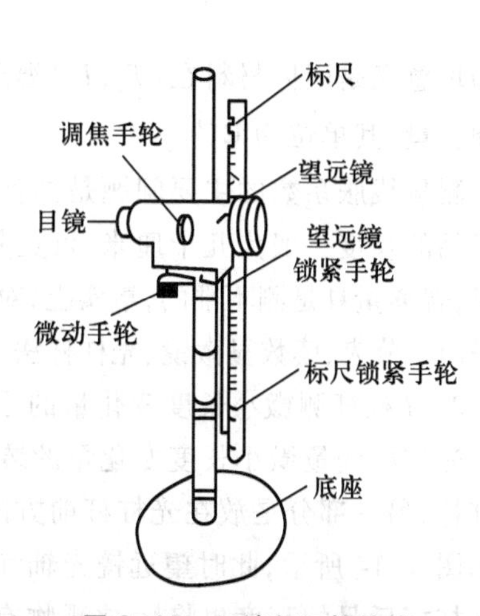

图 3-13　尺读望远镜结构

仪器的调整:将光杠杆按前述要求放置在固体线胀系数测定仪的平台上,使小平面镜与平台大致垂直;调整望远镜与光杠杆距离在 120 cm 左右;调节望远镜镜筒呈水平且与平面镜等高,使望远镜的光轴与平面镜垂直,同时与标尺垂直;调整望远镜及标尺的高度,沿镜筒的轴线方向通过准星观察平面镜内是否有标尺的像,若看不到标尺的像,则应左右移动底座,或松开望远镜锁紧手轮,调整望远镜高度及微动手轮,直至看到标尺的像为止;旋转目镜,使分划板十字叉丝最为清晰;调节调焦手轮,使观察到的光杠杆反射镜内标尺像最为清晰;继续调节微动手轮和底座,使十字叉丝对准标尺的某一刻线。

三、实验原理

1. 线胀系数

实验原理

固体受热后其长度的增加称为线膨胀。经验表明,在一定的温度范围内,原长为 L 的物体,受热后其伸长量 ΔL 与其温度的增加量 ΔT 近似成正比,与原长 L 亦成正比,即

$$\Delta L=\alpha L\Delta T \tag{3-20}$$

式中,比例系数 α 称为固体的线胀系数。大量实验表明,不同材料的线胀系数不同,塑料的线胀系数最大,金属次之,锻钢、熔凝石英的线胀系数很小。线胀系数很小的材料在精密测量仪器的制造中有较多的应用。

实验还发现,同一材料在不同温度区域,其线胀系数不一定相同。某些合金在金相组织发生变化的温度附近,同时会出现线胀量的突变。因此测定线胀系数也是了解材料特性的一种手段。但是,在温度变化不大的范围内,线胀系数可认为是一常量。

为测量线胀系数,我们将材料制成均匀条状或杆状。由式(3-20)可知,若温度为 T_1 时材料的长度为 L,温度为 T_2 时材料伸长了 ΔL,则该材料在(T_1,T_2)温度区间内的线胀系数为

$$\alpha=\frac{\Delta L}{L(T_2-T_1)} \tag{3-21}$$

其物理意义是固体材料在(T_1,T_2)温度区间内,温度每升高一摄氏度时单位材料长度的相对伸长量,其单位为$℃^{-1}$。

测量线胀系数的主要问题是如何测量伸长量 ΔL。金属的 α 数量级为 $10^{-5}℃^{-1}$,而实验样品的长度一般为几十厘米,可见其受热后的伸长量是十分微小的。对于这么微小的伸长量,普通量具是测不准的,事实上,对金属受热后的伸长量,普通量具也难以测量,故人们通常采用千分表、读数显微镜、光杠杆法、光学干涉法等来测量它。本实验采用的是光杠杆法。

2. 光杠杆测微小长度变化量的原理

光杠杆原理

光杠杆测量微小长度变化量的装置主要包括两部分:一部分是放在主体支架平台上的光杠杆,另一部分是放在光杠杆前方的尺读望远镜系统。光杠杆测量微小长度变化量的原理如图 3-14 所示,此时望远镜光轴和标尺垂直。若被测物的长度发生一微小变化量 ΔL,则光杠杆后足的高度也将随被测物有 ΔL 的变化,这时光杠杆将以两前足连线为轴,以 b 为半径转过一角度 θ,平面镜也将随之转过 θ 角,在 θ 角较小(即 $\Delta L\ll b$)时,有

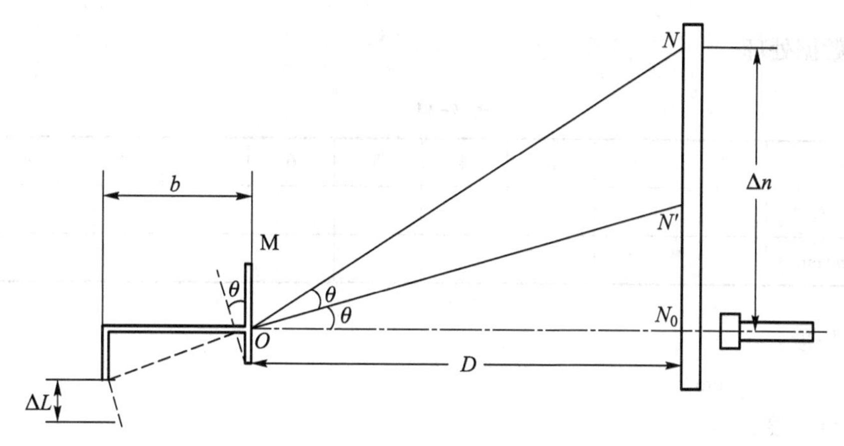

图 3-14　光杠杆测微小长度变化量原理

$$\theta \approx \frac{\Delta L}{b} \tag{3-22}$$

根据光的反射定律，平面镜的反射光线将偏转 2θ 角。若在被测物长度没有变化之前，望远镜中的标尺读数为 n_1，变化后的读数为 n_2，令 $\Delta n = |n_2 - n_1|$，则当 $\Delta n \ll D$ 时，有

$$2\theta \approx \frac{\Delta n}{D} \tag{3-23}$$

式中，D 为平面镜与标尺间的距离，将式(3-23)代入式(3-22)可得

$$\Delta L \approx \frac{b}{2D}\Delta n \tag{3-24}$$

由此可见，光杠杆的作用在于将微小长度变化量 ΔL 放大为较大的位移量 Δn，于是便可通过对 b、D 及 Δn 这些易于测准的量的测量来求得 ΔL 的值。

四、实验步骤

（1）从加热器中取出铜管，用钢卷尺测量其长度 L，然后把铜管慢慢放入孔中，直到铜管的一端接触底面。调节温度计的锁紧螺钉（注意不要过紧，以免夹碎玻璃），使温度计下端长度为 150~200 mm，将温度计小心放入铜管内。

测量操作

（2）调整光杠杆的长度 b，放置好光杠杆，调整好尺读望远镜及平面镜，具体方法参考尺读望远镜的介绍。

（3）将固体线胀系数测定仪的调压旋钮逆时针调节到底，打开电源开关，当温度上升至高于室温 10 ℃时，记录第一组数据并将数据填入表 3-11。温度每上升 5℃记一次望远镜的读数 n 及相应温度 T（根据温度上升快慢，可适当设节调压旋钮），共测 10 组。

（4）用钢卷尺测量标尺至平面镜的距离 D。

（5）用钢卷尺测量光杠杆的长度 b，其方法如下：将光杠杆的三个足尖印在平放的纸上，得到三点。将两前足尖印用直线连接，过后足尖印向两前足尖连线作垂线得一垂足，用米尺测量垂足至后足尖印的距离，此即 b 值。

五、数据处理

表 3-11

测量次数	1	2	3	4	5	6	7	8	9	10
铜管温度 T/℃										
望远镜读数 n/cm										

铜管长度：

$L=$ 　　　　cm

光杠杆长度：

$b=$ 　　　　cm

平面镜与标尺的距离：

$D=$ 　　　　cm

根据表 3-11 作 $n-T$ 图线，并由图线求解 α 的值：

$$\alpha=\left|\frac{\Delta n}{\Delta T}\right|\frac{b}{2LD}=k\frac{b}{2LD}= \qquad ℃^{-1}$$

其中，$\left|\frac{\Delta n}{\Delta T}\right|$ 为 $n-T$ 图线斜率 k。

六、注意事项

（1）光杠杆、望远镜、标尺调整好后，在整个实验过程中都要防止其发生变动。

（2）观测标尺时，眼睛应正对望远镜，不得忽高忽低，以免引起视差。

（3）尺读望远镜和光杠杆一旦调整好后，在以后的操作过程中不能挤压实验台。

（4）平面镜与标尺的距离 D 在 120 cm 左右时，观察效果较好。

（5）第一组数据在高于室温 10 ℃时读取较为理想。

七、思考题

（1）两根材料相同，粗细、长度不同的金属棒，在同样的温度变化范围内，它们的线胀系数是否相同？线胀量是否相同？为什么？

（2）在本实验过程中，应注意哪些操作要点？

实验六　数字示波器的调节与使用

一、实验目的

（1）了解数字示波器及数字信号源面板上部分按钮的功能。

（2）学会调节信号源输出指定信号，并学会用示波器测量信号的峰-峰值电压和频率。

（3）观察李萨如图形，并学会用李萨如图形测量未知信号的频率。

二、实验仪器

GDS-1102A-U 数字示波器、AFG-2125 任意波形信号发生器。

三、实验原理

数字示波器与模拟示波器的关系类似数码相机与传统胶片相机的关系。数字示波器利用数字电子技术将待测电压波形转换成数字信息，再对其进行显示、存储与分析等操作。由于在触发设置、波形测量与数据图像存储等方面都更方便、更灵活，所以在实际应用中数字示波器已经逐步取代了模拟示波器。本实验使用的是 GDS-1102A-U 数字示波器（图 3-15 和图 3-16），其包含两个通道，带宽为 100 MHz；以及 AFG-2125 任意波形信号发生器（图 3-17 和图 3-18）。面板中各标志的图示及作用如表3-12至表 3-15 所示。

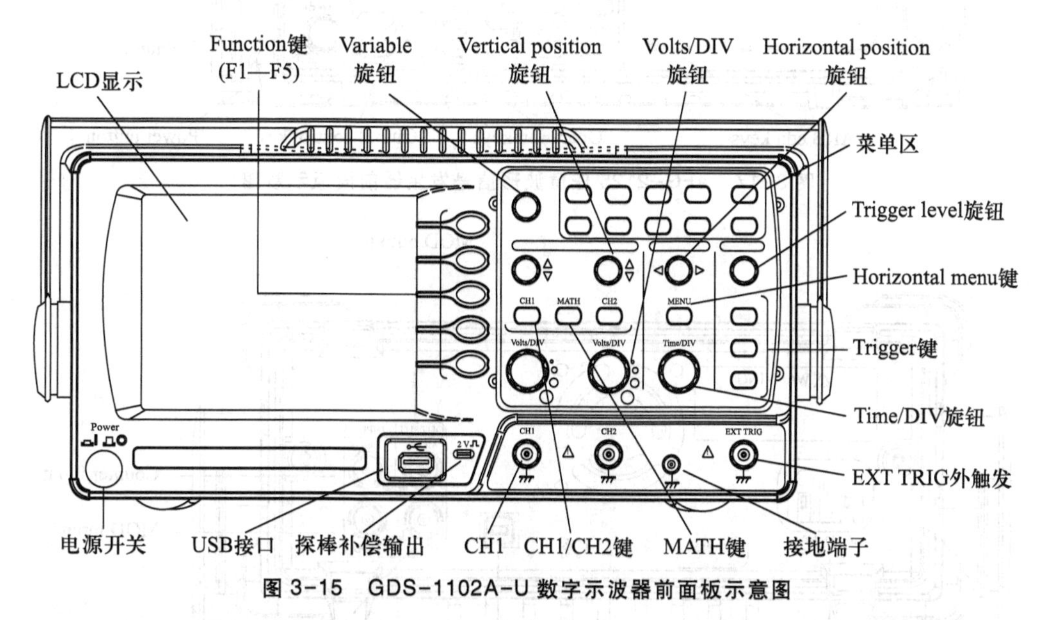

图 3-15　GDS-1102A-U 数字示波器前面板示意图

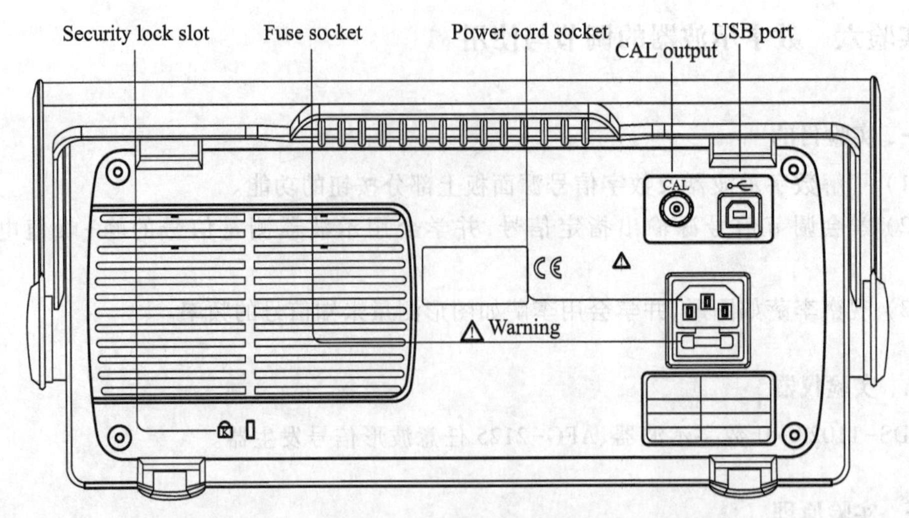

图 3-16　GDS-1102A-U 数字示波器后面板示意图

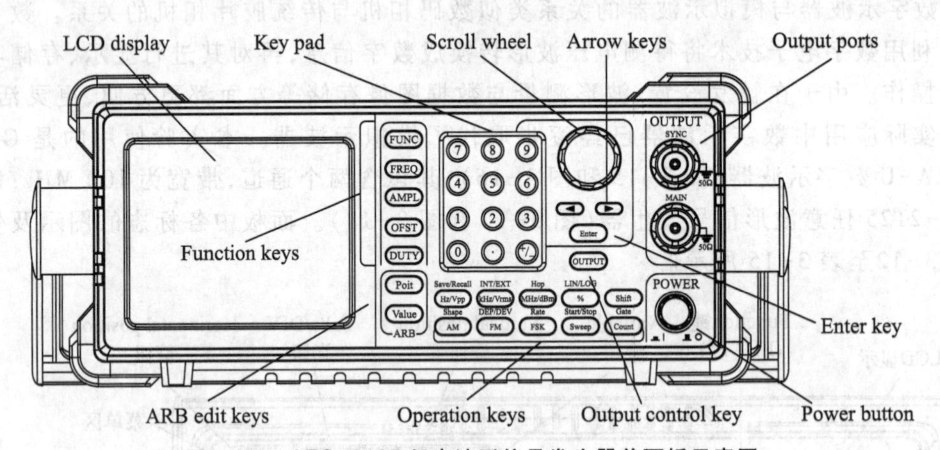

图 3-17　AFG-2125 任意波形信号发生器前面板示意图

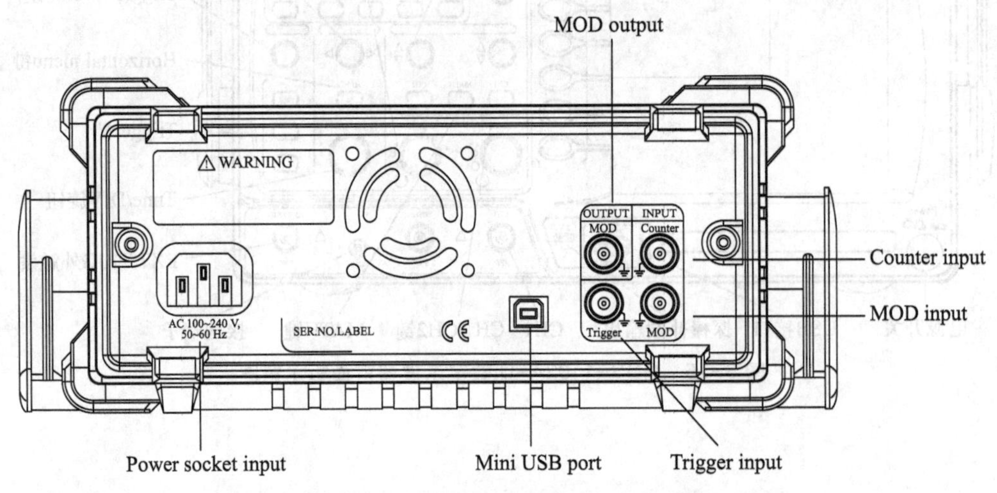

图 3-18　AFG-2125 任意波形信号发生器后面板示意图

表 3-12　示波器前面板标志的图示及作用

面板		图示及作用	
LCD 显示		TFT 彩色,320×234 分辨率,宽视角 LCD 显示	
Function 键： F1(顶)—F5(底)			打开 LCD 屏幕左侧的功能
Variable 旋钮		VARIABLE	增大或减小数值,移至下一个或上一个参量
菜单区	Acquire 键	Acquire	设置获取模式
	Display 键	Display	进行屏幕设置
	Cursor 键	Cursor	运行光标测量
	Utility 键	Utility	设置 Hardcopy 功能,显示系统状态,选择菜单语言,运行自我校准,设置探棒补偿信号,以及选择 USB host 类型
	Help 键	Help	显示帮助内容
	Autoset 键	Autoset	根据输入信号自动进行水平、垂直以及触发设置
	Measure 键	Measure	设置和运行自动测量
	Save/Recall 键	Save/Recall	存储和调取图像、波形或面板设置
	Hardcopy 键	Hardcopy	将图像、波形或面板设置存储至 USB,或从 PictBridge 兼容打印机直接打印屏幕图像
	Run/Stop 键	Run/Stop	运行或停止触发
Trigger level 旋钮		TRIGGER LEVEL	设置触发准位

续表

面板		图示及作用	
Trigger 键	Menu 键	Menu	触发设置
	Single 键	Single	选择单次触发模式
	Force 键	FORCE	无论此时触发条件如何,获取一次输入信号
Horizontal menu 键		MENU	设置水平视图
Horizontal position 旋钮			水平移动波形
Time/DIV 旋钮		Time/DIV	选择水平挡位
Vertical position 旋钮			垂直移动波形
CH1/CH2 键		CH1	设置垂直挡位和耦合模式
Volts/DIV 旋钮		Volts/DIV	选择垂直挡位
CH1		CH1	接收输入信号:1 MΩ×(1±2%)输入阻抗,BNC 端子
接地端子			连接 DUT 接地导线,常见接地
MATH 键		MATH	完成数学运算
USB 接口			用于传输波形数据、屏幕图像和面板设置
探棒补偿输出		≈2V	输出 $2V_{pp}$ 方波信号,用于补偿探棒或演示

续表

面板	图示及作用	
EXT TRIG 外触发	EXT TRIG 	接收外部触发信号
电源开关	Power 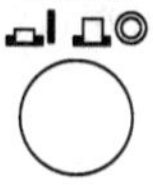	打开或关闭示波器

表 3-13　示波器后面板标志的图示及作用

面板	图示及作用	
Power cord socket Fuse socket		电源插座，接 100~240 V、50/60 Hz 的 AC 电源 AC 电源保险丝型号：T1 A/250 V
USB port		连接 B 类 USB 接口，用于示波器的远程控制或 PictBridge 兼容打印机
CAL output	CAL 	输出校准信号，用于精确校准垂直挡位
Security lock slot	 K	标准的安全锁槽，保证 GDS-1102A-U 的安全

表 3-14　信号发生器前面板标志的图示及作用

面板	图示及作用	
LCD display	3.5″，三色 LCD 显示	
Key pad	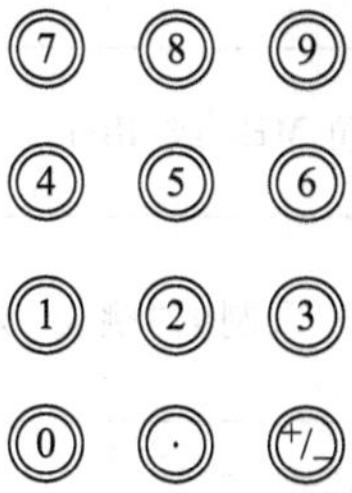 7 8 9 4 5 6 1 2 3 0 · +/_	用于输入数值和参量，常与方向键和可调旋钮一起使用
Scroll wheel	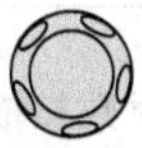	用于编辑数值和参量，步进 1 位，与方向键一起使用 减小 　增大

续表

面板	图示及作用	
Arrow keys	◀ ▶	编辑参量时，用于选择数位
Output ports	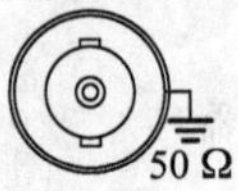 SYNC 50 Ω	SYNC 输出端口（50 Ω 阻抗）
	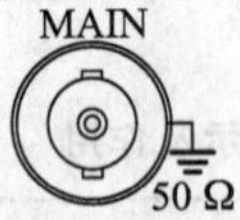 MAIN 50 Ω	主输出端口（50 Ω 阻抗）
Enter key	Enter	用于确认输入值
Power button	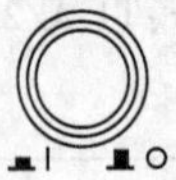 POWER	启动/关闭仪器电源
Output control key	OUTPUT	启动/关闭输出
Operation keys	Hz/Vpp	选择单位 Hz 或 V_{pp}
	Shift + Hz/Vpp (Save/Recall)	存储或调取波形
	kHz/Vrms	选择单位 kHz 或 *V*rms
	Shift + kHz/Vrms (INT/EXT)	设置调制和 FSK 功能的内部源或外部源
	MHz/dBm	选择单位 MHz 或 dBm
	Shift + MHz/dBm (Hop)	设置 FSK 调制的“跳变”频率
	%	选择单位%
	Shift + % (LIN/LOG)	设置线性或对数扫描

续表

面板	图示	作用
Operation keys	Shift	用于选择操作键的第二功能
	AM	用于启动/关闭 AM 调制
	Shift + Shape AM	选择调制波形
	FM	用于启动/关闭 FM 调制
	Shift + DEP/DEV FM	选择调制深度或频偏
	FSK	选择 FSK 调制
	Shift + Rate FSK	设置 AM,FM,FSK 调制率和扫描率
	Sweep	选择扫描功能
	Shift + Start/Stop Sweep	设置起始或停止频率
	Count	启动/关闭计频器
	Shift + Gate Count	设置计频器门限时间
ARB edit keys	Point Value ARB	任意波形编辑键 Point 键设置 ARB 的点数 Value 键设置所选点的幅值

续表

面板	图示	作用
Function keys	FUNC	用于选择输出波形类型:正弦波、方波、三角波、噪声波、ARB
	FREQ	设置波形频率
	AMPL	设置波形幅值
	OFST	设置波形的 DC 偏置
	DUTY	设置方波和三角波的占空比

表 3-15　信号发生器后面板标志的图示及作用

面板	图示	作用
MOD output	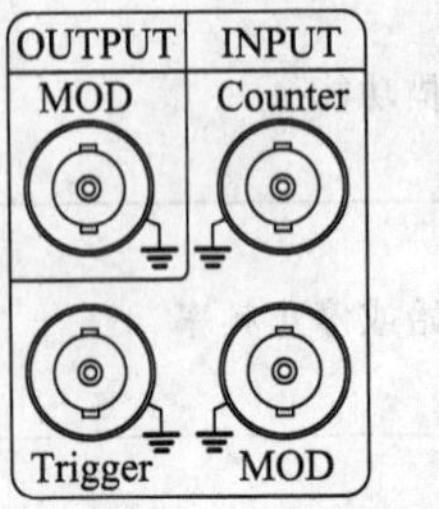 OUTPUT MOD / INPUT Counter / Trigger / MOD	调制输出端口
Counter input		计频器输入端口
MOD input		调制输入端口
Trigger input		触发输入端口
Mini USB port		与 PC 相连,用于远程控制
Power socket input	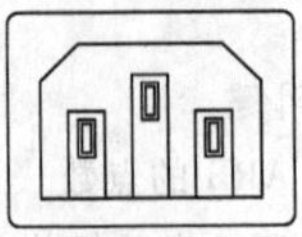 AC 100~240 V, 50~60 Hz	电源输入:100~240 V,AC,50~60 Hz

四、实验步骤

将示波器电源打开，在主显示区(图 3-19)中，横轴表示时间，纵轴表示电压或者电流。主显示区的右侧代表功能，对应功能键 F1、F2、F3、F4、F5。主显示区下端①代表 1 通道，⎓代表直流耦合，~代表交流耦合；②代表 2 通道；M 代表时间轴挡位。

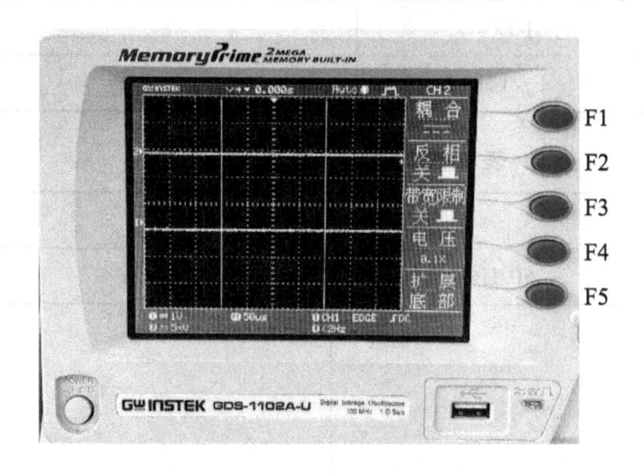

图 3-19　GDS-1102A-U 数字示波器主显示区

(1) 还原出厂设置，按“Save/Recall+F1”；设置中文语言，按“Utility+Language”。

(2) 调节 AFG-2125 任意波形信号发生器，输出 6.66 kHz、6.66 V 电压峰-峰值、0 直流偏置的正弦信号。

(3) 调节触发区域 Trigger menu，选择合适的信源，将信号稳定，调节垂直挡位旋钮 Volts/DIV，调节垂直移动波形 Vertical position 旋钮，调节主时基旋钮，使波形美观合理地显示在屏幕中央(也可按下 AUTOSET 根据输入信号自动进行水平、垂直以及触发设置)。

(4) 按下光标键 Cursor，调整光标进行纵向电压测量，按 F2 调整 Y1 位置，转动 Variable 将 Y1 位置调整到交流信号波峰平均值位置。按 F3 调整 Y2 位置，转动 Variable 将 Y2 位置调整到交流信号波谷平均值位置。读出电压挡位值，测量峰-峰位置高度，并将数据填入表 3-16 中。

(5) 按下光标键 Cursor，调整光标进行横向周期测量，按 F2 调整 X1 位置，转动 Variable 将 X1 位置调整到交流信号波峰平均值位置。按 F3 调整 X2 位置，转动 Variable 将 X2 位置调整到交流信号相邻波峰的平均值位置。读出时间挡位值，测量一个周期 X1、X2 长度值，并将数据填入表 3-17 中。

(6) 观察李萨如图形并将其描绘于表 3-18 中。

表 3-16　测交流信号电压

信号发生器 V_{pp}/V		
示波器 y 轴示值	挡位(V/cm)	
	高度 h/cm	
	峰-峰电压值	

表 3-17　测交流信号频率

信号发生器频率/kHz		
示波器 x 轴示值	挡位（s/cm）	
	长度 l/cm	
	周期 T/s	
	频率 f/kHz	

表 3-18　描绘李萨如图形

图形	x 轴		
y 轴	50 Hz	100 Hz	150 Hz
50 Hz			
100 Hz			
150 Hz			

实验七　线性电阻和非线性电阻的电流-电压特性

一、实验目的

稳压电源

(1) 熟悉电流表、电压表、滑动变阻器的使用方法。

(2) 测绘电阻的电流-电压特性曲线,并学会用图解法表示实验结果。

(3) 测绘电流-电压特性曲线,了解晶体二极管的单向导电性。

二、实验仪器

电流表、电压表、滑动变阻器、直流电源、开关、金属膜电阻、晶体二极管、导线、坐标纸(10 cm×10 cm 一张,20 cm×10 cm 一张,自备)。

三、实验原理

C65 电表

实验原理

1. 线性电阻

加在一个组件两端的电压 U 与流过组件的电流 I 的比值 R 称为该组件的电阻,即 $R=U/I$。若流过组件的电流与所加电压成正比(即其电流-电压图线为一条直线),则该组件称为线性组件,所呈现的电阻称为线性电阻。一般的金属导体就是线性电阻。在一定温度下,这类电阻的阻值只取决于材料的性质及其几何形状,而与外加电压的大小无关。其电流-电压特性如图 3-20 所示,当电压反向时,电流也反向,图线(直线)斜率的倒数即电阻值。

图 3-20　线性电阻 I-U 特性

2. 非线性电阻

若通过组件的电流与外加电压不成比例(即电流-电压图线不是直线),则这类组件称为非线性组件,其所呈现的电阻称为非线性电阻。常用的半导体器件、热敏电阻、光敏电阻等,都是非线性组件。

晶体二极管(又称半导体二极管)的电阻值不仅与外加电压大小有关,而且与所加电压的方向有关,其电流-电压特性如图 3-21 所示,表现出明显的单向导电性。

半导体的导电性能介于导体和绝缘体之间。如果在纯净的半导体材料中掺入微量的杂质,则其导电能力就会有上万倍的增加。若掺入杂质的半导体中有大量的带负电的自由电子产生,则称这类半导体为电子型半导体或 N 型半导体;若掺入杂质的半导体中有大量的空穴产生,则称这类半导体为空穴型半导体或 P 型半导体。2AP 系列晶体二极管是由 P 型锗和 N 型锗结合而成的 PN 结型晶体二极管,其结构和表示符号如图 3-22 所示。它有正、负两个电极,正极由 P 型半导体引出,负极由 N 型半导体引出。

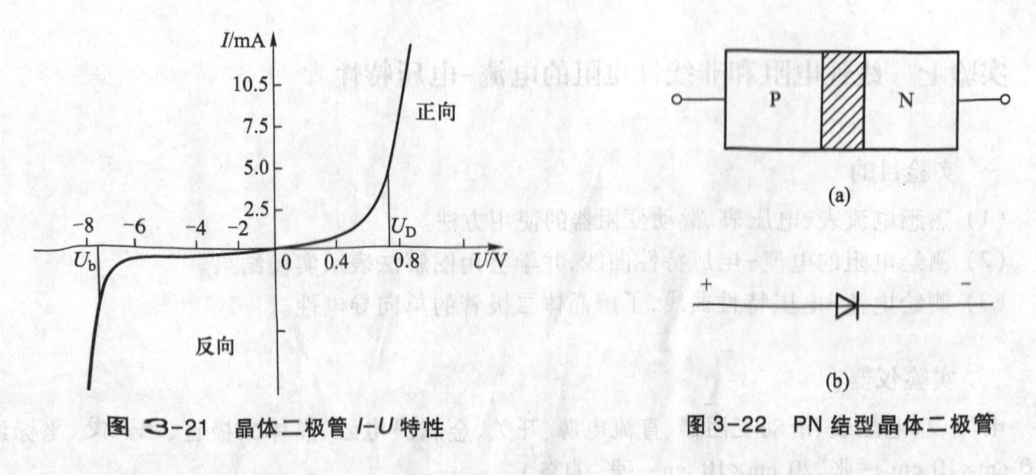

图 3-21 晶体二极管 $I-U$ 特性

图 3-22 PN 结型晶体二极管

PN 结的形成和导电情况如图 3-23 所示。

图 3-23(a)表示:由于P区的空穴浓度大于N区的空穴浓度,空穴便由P区向N区扩散;同理,N区的自由电子将向P区扩散。扩散的结果是,在P区中由于空穴的减少而出现一层带负电的粒子(以⊖表示)区;在N区中由于自由电子的减少而出现一层带正电的粒子(以⊕表示)区。于是,在P区与N区的交界处就形成了带负、正电荷的薄层区,我们称之为PN结。两带电层形成的电场(内电场)将对载流子(空穴和电子)的扩散起阻挡作用,因此,此带电层又称为阻挡层。当扩散作用和内电场的阻挡作用相等,即载流子的迁移达到动态平衡时,二极管中不再有迁移电流,阻挡层的厚度也不再变化。

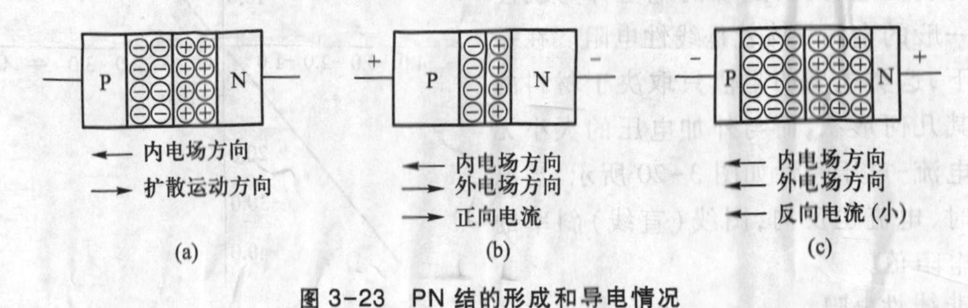

图 3-23 PN 结的形成和导电情况

图 3-23(b)表示:当PN结加上正向电压(正极接高电位,负极接低电位)时,外电场与内电场方向相反,削弱了PN结的阻挡作用,使阻挡层变薄,因而载流子能顺利地通过阻挡层形成较大的电流。随着正向电压的增加,电流也将增加,但电流的大小并不和所加电压成正比。这表明PN结具有较小的正向电阻。

图 3-23(c)表示:当PN结加上反向电压时,外电场与内电场方向相同,PN结的阻挡作用加强,阻挡层变厚,因而只有极少数载流子能通过PN结,形成很小的反向电流。这表明PN结具有很大的反向电阻。

晶体二极管的电流-电压特性图线可以参考图 3-21。可见,晶体二极管的电流和电压不是线性关系,即对于不同的外加电压具有不同的电阻值。

3. 电表的连接和接入误差

在测量二极管的电流和其两端电压的电路中,电表有两种接法:一种是电流表外接,电压表内接,如图 3-24 所示;另一种是电流表内接,电压表外接,如图 3-25 所示。

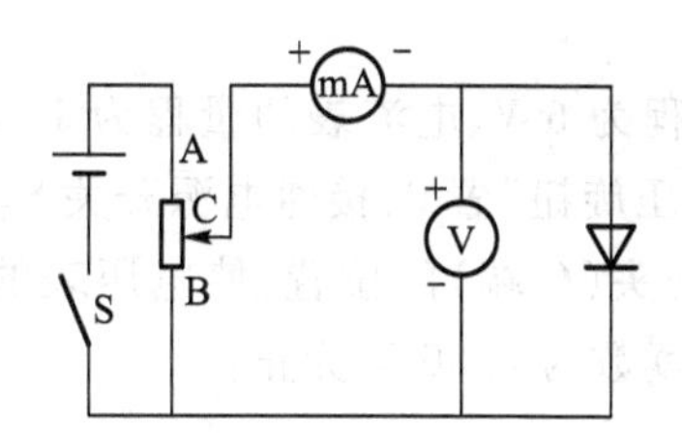

图 3-24　测晶体二极管正向 $I-U$ 特性电路

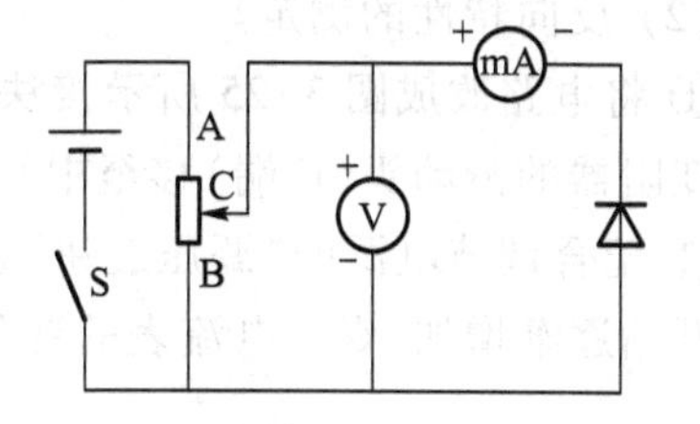

图 3-25　测晶体二极管反向 $I-U$ 特性电路

按图 3-24 的接法，电压表所测得的电压是二极管两端的电压，但电流表所测得的电流不只是流过二极管的电流，而是流过二极管与电压表的电流之和，因而产生了电流的测量误差。但当电压表内阻远大于二极管的正向电阻时，这种接法误差很小，对测量结果产生的影响可以忽略。

按图 3-25 的接法，电流表所测得的电流是流过二极管的电流，但电压表所测得的电压却不是二极管两端的电压，而是二极管与电流表上的电压之和，因而产生了电压的测量误差。但当电流表的内阻远小于二极管的反向电阻时，这种误差也会很小，对测量结果产生的影响可以忽略。

这种由于电表的接入而引起的测量误差属于系统误差，可以在计算测量结果时将电表的内阻考虑在内而加以修正。但在一般情况下，可通过选取合适的电表和连接方法，使误差减小到可以忽略的程度。通常，在待测器件阻值较小时采用图 3-24 所示接法，而在待测器件的阻值较大时采用图 3-25 所示接法。

四、实验步骤

1. 测金属膜电阻（线性电阻）的电流-电压特性并求其阻值

（1）按图 3-26 所示连接电路。R 为金属膜电阻，其标称值为 3.3 kΩ，电压表的量程取 3 V，电流表的量程取 1 mA。

测量金属膜电阻

（2）将稳压电源的“调压旋钮”置 0，将滑动变阻器（C 端）的滑动头移到中间，接通电源开关 S。

（3）配合调节电源的“调压旋钮”及滑动变阻器滑动头的位置，使电压表的读数依次为 0.00 V，0.30 V，…，2.10 V，并将电流表的相应读数记入表 3-19。

2. 测晶体二极管的电流-电压特性

（1）正向特性的测定。

测量二极管正向特性

① 按图 3-24 所示连接电路。将稳压电源的“调压旋钮”置 0，将滑动变阻器的滑动头（C 端）移至中间，取电压表的量程为 1.2 V、电流表的量程为 10 mA，接通开关 S。

② 配合调节电源的“调压旋钮”及滑动变阻器滑动头的位置，使电压表的读数依次为 0.000 V，0.050 V，0.100 V，…并将电流表的相应读数记入表 3-20。

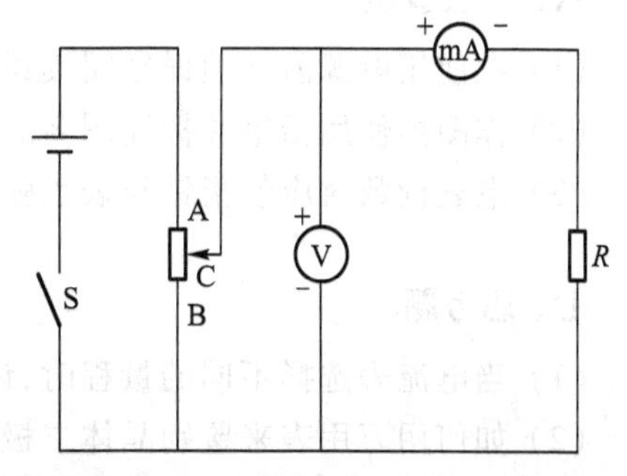

图 3-26　测金属膜电阻的 $I-U$ 特性电路

测量二极管反向特性

(2) 反向特性的测定。

① 将电路改成图 3-25 所示接法。取电压表的量程为 6 V、电流表的量程为 1 mA，将滑动变阻器的滑动头(C 端)移至中间，稳压电源的“调压旋钮”置 0，接通电源开关 S。

② 配合调节电源的“调压旋钮”及滑动变阻器滑动头(C 端)的位置，使电压表的读数从 0 开始逐渐增加，观察电流表的变化，直到电压表的读数为 4.50 V 为止。

五、数据处理

1. 测金属膜电阻的电流-电压特性并求其阻值

表 3-19

测量次数	1	2	3	4	5	6	7	8
U/V	0.00	0.30	0.60	0.90	1.20	1.50	1.80	2.10
I/mA								

作 I-U 图，并由图线求电阻的阻值。

2. 测晶体二极管的电流-电压特性

(1) 正向特性。

表 3-20

测量次数	1	2	3	4	5	6	7	8
U/V	0.000	0.050	0.100	0.150	0.200	0.250	0.300	0.350
I/mA								
测量次数	9	10	11	12	13	14	15	
U/V	0.400	0.450	0.500	0.550	0.600	0.650	0.700	
I/mA								

作 I-U 图。

(2) 写出测量晶体二极管反向特性的现象，从而得出结论。

六、注意事项

(1) 在使用电源前必须详细阅读说明书。

(2) 作图需使用铅笔并标注图名。

(3) 电表读数时应使指针与表盘弧形镜面中反射的像重合，以保证读数的准确性。

七、思考题

(1) 当电流表选择不同的量程时，读出的数据应该保留到小数点后几位？

(2) 如何用万用表来鉴别晶体二极管的正、负极？

(3) 非线性组件的电阻能否用电桥来测量？为什么？

八、附注:HY3002-2 型直流稳压电源使用方法简介

1. 仪器简介

HY3002-2 型直流稳压电源面板如图 3-27 所示。

稳压电源

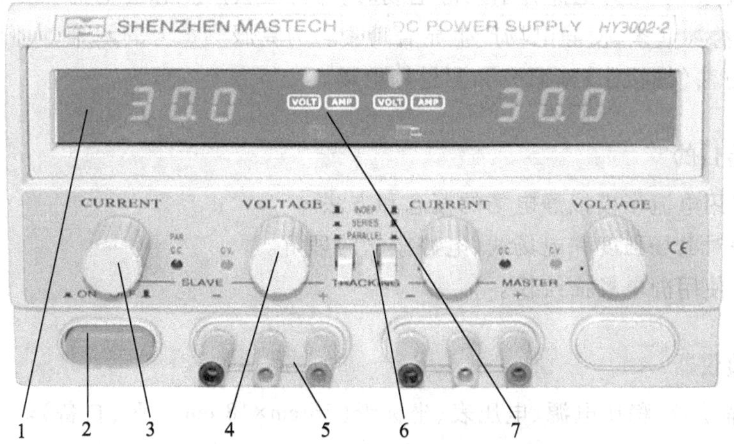

1—显示器（两侧相同）；2—电源开关；3—调流旋钮（CURRENT，两侧相同）；4—调压旋钮（VOLTAGE，两侧相同）；5—输出接线柱（“+”为正极，“−”为负极，“GND”为接地，两侧相同）；6—功能按键；7—V/A选择开关（两侧相同）

图 3-27　HY3002-2 型直流稳压电源面板

2. 使用方法

（1）电源开关打开前必须确保如下状态（否则可能会烧毁仪器）。

① 调流旋钮（CURRENT）顺时针旋转到底，使“C.V.”指示灯亮起（开机后）。

② 调压旋钮（VOLTAGE）逆时针旋转到底，使电压输出为零（开机后）。

③ 功能按键处于 INDEP 状态（两按键同时弹起状态）。

④ V/A 选择开关处于“VOLT”状态。

（2）连接导线至输出接线柱，只连接正、负极接线柱。

（3）打开电源，并按实验要求调节输出电压（显示器显示电压）。调节时要缓慢增加电压，并同时注意电表是否有异常，如电表出现异常应立即关闭电源，防止损坏电表等设备，并检查电路。

（4）更改电路后，必须严格按步骤重新操作。

实验八　用模拟法测绘静电场

对于带电导体在空间形成的静电场，除极简单情况外，一般不能求出其数学表达式，因此人们常用实验手段来研究或测绘静电场。但是，直接测量静电场也会遇到很大困难，不仅因为设备复杂，还因为把探针引入静电场时，探针上会产生感应电荷，这些电荷又产生电场，与原电场叠加起来，使静电场产生显著畸变。为克服测量上的困难，人们通常采用一种间接的测量方法(模拟法)来研究和测量静电场。

一、实验目的

静电场描绘仪

(1)学习用电流场模拟静电场的概念和方法。

(2)加深对电场强度和电场线、电势概念的理解。

(3)学会使用静电场描绘仪。

二、实验仪器

稳压电源

静电场描绘仪、稳压电源、电压表、坐标纸(26 cm×18 cm 一张，自备)。

三、实验原理

1. 模拟法

C65 电表

模拟法是指不直接研究自然现象或过程本身，而利用与这些自然现象或过程相似的模型来进行研究的一种方法。模拟可分为物理模拟和数学模拟。物理模拟是指保持同一物理本质的模拟。数学模拟是指两个不同物理本质的自然现象或过程可用同样的数学方程加以描述，因而可用其中的一个来模拟另外的一个。本实验采用的是数学模拟。

2. 用恒定电流场模拟静电场

实验原理

恒定电流场和静电场本来是两种不同的场，但这两种场有相似的性质，它们都是有源场和保守场，都可以引入电势 V。对静电场和恒定电流场来说，我们可以用两组对应的物理量来描述它们，这两组对应的物理量所遵循的物理规律如表 3-21 所示。

表 3-21　物理规律

静电场	恒定电流场
均匀电介质中两导体平板上各带电荷±Q	两电极间的均匀电介质中流过电流 I
电势分布 V	电势分布 V
电场强度 $\boldsymbol{E}$	电场强度 $\boldsymbol{E}$
电介质介电常量 ε	导电介质电导率 σ
电位移矢量 $\boldsymbol{D}=\varepsilon\boldsymbol{E}$	电流密度矢量 $\boldsymbol{J}=\sigma\boldsymbol{E}$
电介质内无自由电荷时，	导电介质内无电流时，
$\oint\boldsymbol{D}\cdot\mathrm{d}\boldsymbol{S}=0$	$\oint\boldsymbol{J}\cdot\mathrm{d}\boldsymbol{S}=0$
$\dfrac{\partial^2 V}{\partial x^2}+\dfrac{\partial^2 V}{\partial y^2}+\dfrac{\partial^2 V}{\partial z^2}=0$	$\dfrac{\partial^2 V}{\partial x^2}+\dfrac{\partial^2 V}{\partial y^2}+\dfrac{\partial^2 V}{\partial z^2}=0$

由表 3-21 可知，这两种场所遵循的物理规律是相同的。两种场的电势分布都满足拉普拉斯方程。那么，在相同的边界条件下，它们的解也应该相同（最多相差一个常量），这正是我们用恒定电流场来模拟静电场的基础。

为了在实验中实现模拟，恒定电流场和被模拟的静电场的边界条件应该相同或相似，这就要求在模拟实验中，用形状和所放位置均相同的良导体电极来模拟产生静电场的带电导体，如图 3-28 所示。

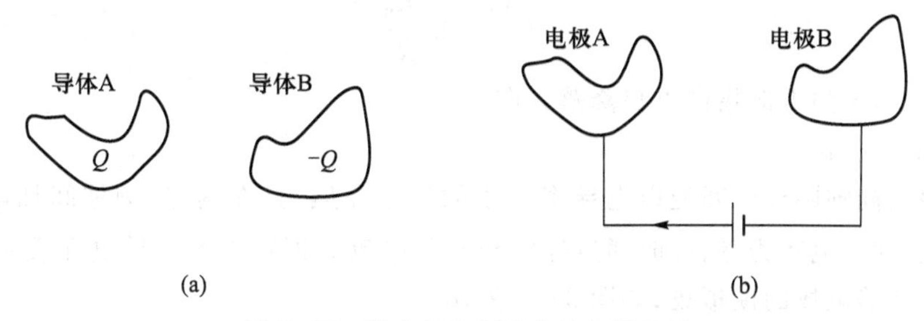

图 3-28　静电场和恒定电流场的比较

因为静电场中带电导体上的电荷量是恒定的，所以相应的模拟电流场的两电极间的电压也应该是恒定的。用电流场中的导电介质（不良导体）来模拟静电场中的电介质，如果模拟的是真空（空气）中的静电场，则电流场中的导电介质必须是均匀介质，即电导率必须处处相等。由于静电场中带电导体表面是等电势的，导体表面附近的场强（或电场线）与表面垂直，所以要求电流场中电极（良导体）表面也是等电势的，这只有在电极（良导体）的电导率远大于导电介质（不良导体）的电导率时才能保证，所以导电介质的电导率不宜过大。

3. 无限长带电同轴圆柱导体的电场分布

如图 3-29(a) 所示，真空中有一圆柱 A 和圆柱壳 B 同轴放置（均匀导体），分别带有等量异号电荷。由静电学可知，在 A、B 间产生的静电场中，等势面是一系列同轴圆柱面，电场线则是一些沿径向分布的直线。图 3-29(b) 是在垂直于轴线的任一截面 S 内的圆形等势线与径向电场线的分布示意图。由理论计算可知，在距离轴线垂直距离为 r 的一点处的电势是

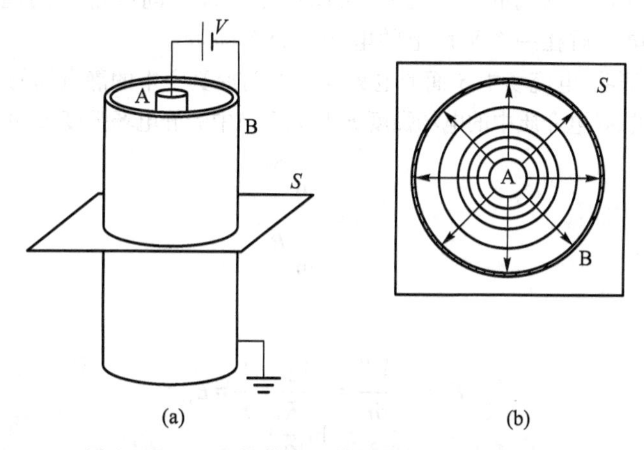

图 3-29　无限长带电同轴圆柱导体的电场分布

$$V_r=V_0\frac{\ln\frac{R_B}{r}}{\ln\frac{R_B}{R_A}} \tag{3-25}$$

其中，V_0为导体 A 的电势，导体 B 的电势为零（接地），距中心 r 处的场强为

$$E_r=-\frac{\mathrm{d}V_r}{\mathrm{d}r}=\frac{V_0}{\ln\frac{R_B}{R_A}}\frac{1}{r} \tag{3-26}$$

式中，负号表示场强方向指向电势降落方向。

4. 模拟场分布

在无限长同轴圆柱中间充以电导率很小的导电介质，且在内、外圆柱间加电压 V_0，让外圆柱接地，使其电势为零，此时通过导电介质的电流为恒定电流。导电介质中的电流场即可作为上述静电场的模拟场，如图 3-30 所示。

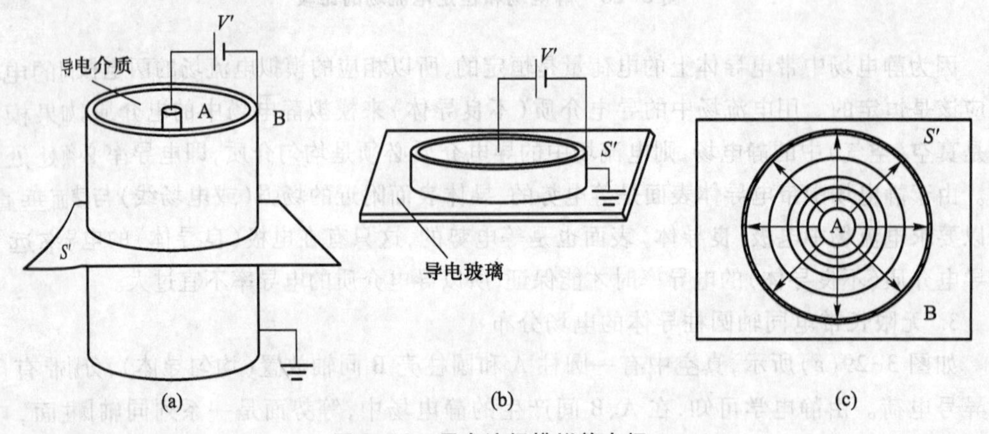

图 3-30　用电流场模拟静电场

由于无限长带电同轴圆柱的电场线在垂直于圆柱的平面内，模拟电流场的电场线也在同一平面内，且其分布与轴线的位置无关，所以可把三维空间的电场问题简化为二维平面问题，即只研究导电介质在一个平面上的电场线分布即可。

理论计算可以证明，电流场中 S'面的电势分布 V'与原真空中的静电场的电场线平面 S 的电势分布是完全相同的，导电介质中的电场强度 E'与原真空中的静电场强度 E_r也是完全相同的，即

$$V'_r=V_0\frac{\ln\frac{R_B}{r}}{\ln\frac{R_B}{R_A}} \tag{3-27}$$

所以

$$E'_r=-\frac{\mathrm{d}V'_r}{\mathrm{d}r}=\frac{V_0}{\ln\frac{R_B}{R_A}}\frac{1}{r}=E_r \tag{3-28}$$

四、实验步骤

静电场描绘仪如图 3-31 所示。

仪器主要由上层板、下层板和上、下针移动座三部分构成。上、下层板用四根柱支承，下层板上装有产生辐射状静电场的圆柱电极、圆筒电极和导电纸。测量带异号电荷量的两个点电荷的电场分布时换用两个圆柱电极，这两个电极被安装在下层板上两相距为 100 mm 的孔内。上、下针移动座可在下层板上移动到不同测量位置。上层板上装有压紧坐标纸的压板，上针可在坐标纸上重复下针所在点的相应位置。

（1）采用同轴圆筒电极，按图 3-32 所示连接好线路。

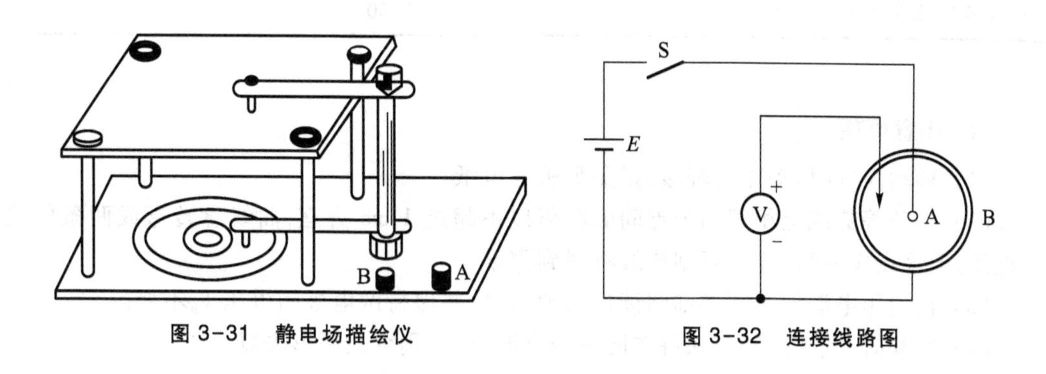

图 3-31　静电场描绘仪　　　图 3-32　连接线路图

（2）调节好探针，保持下针与导电纸接触良好，上针与坐标纸有 1~2 mm 的距离。接通电源，调节电源的输出电压为 6 V，并将电压表量程选择在 6 V 位置。

（3）移动探针，使电压表读数为 1 V，按下上针，在坐标纸上扎孔标记，找出一系列电势为 1 V 的点，点的多少以能够描绘出等势线为准。

（4）继续移动探针，使电压表读数分别为 2 V、3 V、4 V、5 V，找出相应的一系列等势点。用铅笔将不同电势的等势点用不同的记号标明。

（5）用圆规作图，使同一电势的等势点尽可能多地落在同一圆上，少部分不能落在圆上的点内外均匀分布，个别偏差较大的点可以去掉。标明电极位置，再利用电场线和等势线垂直的关系，画出相应的电场线。测出每一等势线的半径并将数据记入表 3-22 中，按公式（3-29）计算出相应半径电势的理论值，并与实验值比较。

五、数据处理

$$V_{r理}=\frac{V_0}{\ln\dfrac{R_B}{R_A}}\ln\frac{R_B}{r} \qquad (3-29)$$

表 3-22　同轴圆柱导体的电场分布

$V_0 = 6.00\ V$

$V_{r实}$/V	1	2	3	4	5
r/cm					
$\ln(R_B/r)$					
$V_{r理}$/V					
$(\|V_{r理}-V_{r实}\|/V_{r理})\times 100\%$					
电极 A 半径 R_A/cm	0.75				
电极 B 半径 R_B/cm	7.50				

六、注意事项

（1）移动探针时，动作要轻缓，以免划破导电纸。

（2）一条等势线上相邻两个点间的距离以不超过 1 cm 为宜，曲线急转弯或两条曲线靠近处，记录点应取得密些，否则连线将遇到困难。

（3）在使用电源前必须详细阅读使用说明书，并保持两电极间电压 V_0 不变。

（4）实验时上、下探针应保持在同一竖直线上，否则会使图形失真。

（5）记录纸应保持平整，测量时不能移动。

七、思考题

(1) 为什么可用恒定电流场模拟静电场？模拟的条件是什么？

(2) 能否根据所描绘的等势线计算其中某点的电场强度？为什么？

(3) 若将实验使用的电源电压加倍或减半，实验测得的等势线和电场线形状是否变化？

实验九　电位差计

补偿法是电磁测量的一种基本方法。电位差计就是利用补偿原理将未知电动势与已知电动势相比较来精确测量电动势或电位差的仪器。由于被测的未知电动势回路中无电流，测量的结果仅仅依赖于精确度极高的标准电池、标准电阻以及高灵敏度的检流计，所以电位差计不仅测量精确度高，而且测量结果稳定可靠。由于它不从被测对象中取用电流，所以测量时它不会使被测对象改变原来的数值。电位差计的用途非常广泛，不仅可以测量电动势、电压、电流、电阻，检验功率计等，而且可以校准各种精密电表，同时它在非电学量（如温度、压力、位移等）的电测法中也有重要地位。

一、实验目的

（1）学习和掌握电位差计的工作原理和使用方法。

（2）学习用电位差计测量电池的电动势和内阻。

（3）了解热电偶的原理和使用方法，用电位差计测热电偶的温差电动势。

二、实验仪器

UJ25 型直流电位差计、AZ19 型直流检流计、标准电池、待测电池、已知电阻等。

箱式电位差计的类型很多。本实验使用的 UJ25 型直流电位差计的面板如图 3-33 所示。这是一种测量低电动势的电位差计。它的测量上限为 1.911 110 V，最小分度值为 1 μV。当被测电压超过这一上限时，可配用分压箱来扩大测量范围，其测量上限可扩大到 600 V。

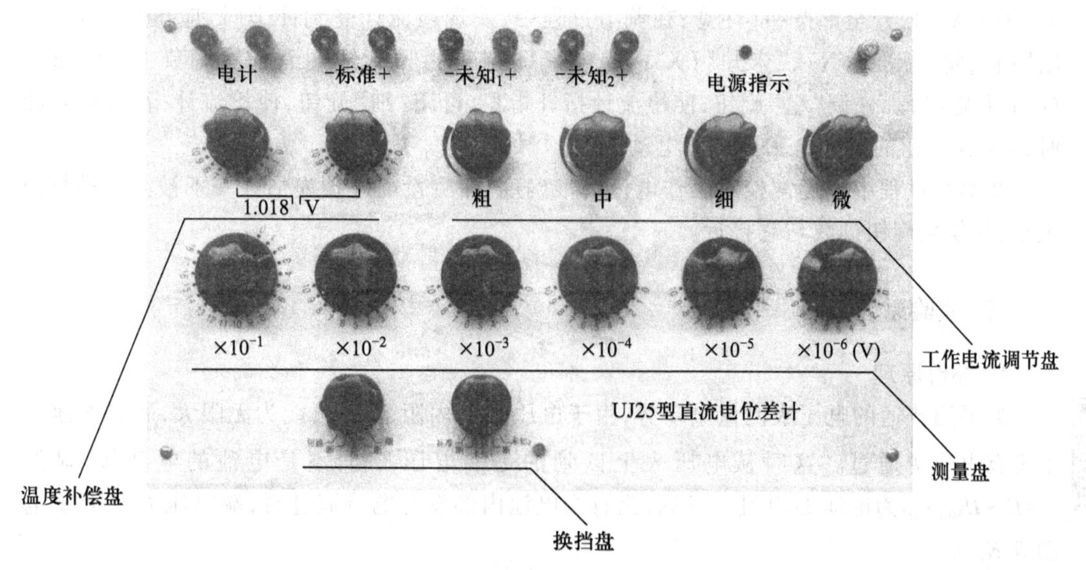

图 3-33　UJ25 型直流电位差计面板示意图

在电位差计的面板上有 8 个接线端钮。“电计”两端钮用来接入检流计（平衡指示仪），“标准”两端钮用来接入标准电池，“未知$_1$”“未知$_2$”两端钮用来接入被测电动势。

面板的左下方有“粗”“细”“断”“短路”旋钮，该旋钮用于将检流计（平衡指示仪）接通或短路。若将该旋钮调到“粗”挡，则检流计回路中将串入一个 500 kΩ 限流电阻用以限制经过检流计的电流。

在上述旋钮的右侧，有一个标有“标准”（N）、“未知”（X_1、X_2）、“断”的旋钮，其功能是转换检流计的工作状态。

面板右上方有“微”“细”“中”“粗”四个调节工作电流的旋钮。其左侧是标准电池电动势温度补偿的两个旋钮。

面板中间有 6 个大旋钮，被测电动势的数值即由这 6 个旋钮读数的总和来表示。

使用方法如下所述。

在使用电位差计前，先将“标准”（N）、“未知”（X_1、X_2）、“断”旋钮调到“断”挡，将“粗”“细”“断”“短路”旋钮调到“断”挡，然后将检流计、被测电动势和标准电池按正、负极性接在相应的端钮上（接检流计时没有极性要求）。

在调节工作电流前，应先考虑标准电池电动势受温度的影响，在某一温度下标准电池电动势可按下式计算（计算结果化整位数到 0.000 01 V）：

$$E_t = E_{20} - 0.000\ 040\ 6(t-20) - 0.000\ 000\ 95(t-20)^2$$

式中，E_t为在温度 t 下标准电池的电动势。

按上式计算的数值，在标准电池温度补偿盘上加以调整，调整后不变动。

将“标准”（N）、“未知”（X_1、X_2）、“断”旋钮调到“标准”挡，将“粗”“细”“断”“短路”旋钮调到“粗”挡，调节“粗”“中”旋钮，使检流计指针指零。然后将“粗”“细”“断”“短路”旋钮调到“细”挡，调节“细”“微”旋钮，使检流计指针指零。此时的工作电流即可认为是 0.000 1 A。松开全部按钮（注意：在调节过程中，发现检流计受到冲击时，应迅速调到“短路”挡），将“标准”（N）、“未知”（X_1、X_2）、“断”旋钮调到“未知”挡，依次调节十进测量盘（6 个大旋钮）。先调“粗”旋钮，使检流计指针指零，再调“细”旋钮，使检流计指针指零，此时，6 个大旋钮的读数总和即被测电动势值。

在测量过程中应经常校对工作电流的准确度；在测量前应预先估计一下被测电动势的大小，并使大旋钮读数与它接近。

三、实验原理

1. 补偿原理

实验原理

如果用普通的电压表测量电动势，由于电压表的内阻 R_g 不可能为无限大，所以电池内部将有电流 I 通过。这时从电压表上读到的是端电压 U 而不是电池的电动势，显然 $U=E_x-IR_0$，R_0 为电池的内阻。可见，只有当电池内部没有电流流过时，端电压 U 才等于电动势 E_x。

如图 3-34 所示，将一个电动势为 E_x 的电池与一个电动势为 E_0 的可调电源通过一个检流计正极对正极、负极对负极连接在一起，调节 E_0 的大小，使 $E_0=E_x$，则回路中就没有电流通过（此时检流计指针指零），这时我们称电路处于补偿状态。如果 E_0 的值可以精确知道，则可以利用这种互相补偿电位差的方法确定被测电池的电动势。

2. 直流电位差计的工作原理

电位差计是利用补偿原理制成的仪器，其原理电路如图 3-35 所示。其中，E_N是标准电池，它的电动势是已经准确知道的，E_x是被测电动势，G 是检流计，R_N是标准电池的补偿电阻，R_x是被测电动势的补偿电阻，R 是调节工作电流的滑动变阻器，E 是电源，S_1是转换开关。我们可以通过测量未知电池电动势的两个操作过程来了解电位差计的工作原理。

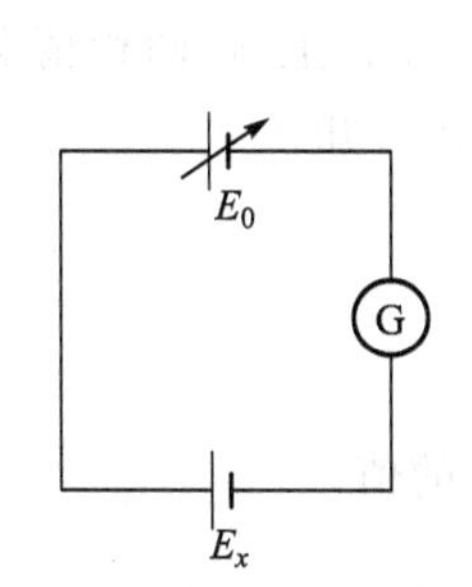

图 3-34　补偿原理电路

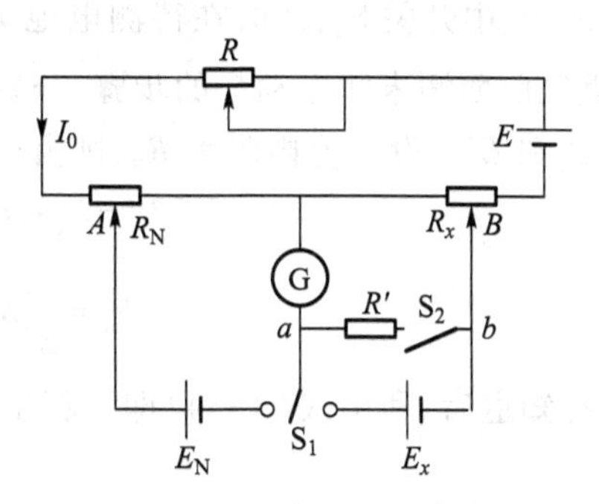

图 3-35　电位差计电路

（1）校准工作电流。

将图 3-35 中开关 S_1 合向标准电池 E_N一侧，取 R_N为一预定值，调节滑动变阻器 R 使得检流计 G 的指针指向零，此时电位差计的工作电流就被“校准”到规定值，用 I_0表示，则

$$I_0=\frac{E_N}{R_N} \tag{3-30}$$

这一步骤的目的是使工作电流回路内的 R_x中流过一个已知的“标准”电流 I_0。

（2）测量未知电动势。

将开关 S_1 合向未知电动势 E_x一侧，保持工作电流 I_0不变，调节 R_x的阻值，使其两端的电位差与 E_x值完全补偿而达到平衡，即检流计中的指针指零，此时有

$$E_x=I_0R_x \tag{3-31}$$

由式(3-30)、式(3-31)可得

$$E_x=\frac{R_x}{R_N}E_N \tag{3-32}$$

这样，未知电动势就可由式(3-32)求得。

为了测量方便，工艺上可将 $E_x=I_0R_x$值直接标在 R_x处，因此，不用计算便可直接读出未知电动势的测量值。

（3）电位差计的特点。

① 精确度高。由式(3-32)可知，E_x的精确度取决于标准电池和电阻的精确度，以及判断电位差计是否达到平衡的检流计的灵敏度。前两者可以很精确，只要检流计有足够高的灵敏度，电位差计的精确度就很高。

② 内阻大。用电压表测电位差时，电压表总要从被测回路中分出一小部分电流来，这

就改变了被测回路的参量，影响测量结果。电压表的内阻越小，这种影响就越显著。在用电位差计测电位差时，由于采用补偿原理，所以当电位差计达到平衡时，补偿电路的电流为零；或者说它的“内阻”很大，故不影响被测回路原有状态及电压参量。同时由于检流计中没有电流通过，也使得 E_x、E_N 的内阻以及这些回路的导线电阻、接触电阻等都不产生附加压降，因此不影响测量结果。

3. 测量电池内阻

合上图 3-35 中开关 S_2，此时在待测电池 E_x 两端连上一个已知阻值（由实验室给出）的电阻 R'，重复前面测未知电动势的步骤，分别测出打开 S_2 和合上 S_2 两种情况下 a、b 点间的电位差 E_x 和 E'。设电池内阻为 R_0，则由全电路欧姆定律可知

$$E'=E_x-IR_0=IR' \tag{3-33}$$

所以

$$R_0=\frac{E_x}{E'}R'-R' \tag{3-34}$$

当 E_x、E'、R' 都知道后，利用式(3-34)即可算出电池内阻 R_0 的值。

四、实验步骤

1. 准备工作

实验操作

(1) 开机。

(2) 校表。打开检流计，调到“300 μV”挡，调节“调零”钮，使指针指零。

(3) 修正 E_N，查看室温 t，计算修正值 E_t，根据 E_t 在电位差计上调节温度补偿。

2. 调整工作电流

(1) 粗调：将电位差计的两个旋钮均调至“断”挡，打开电位差计，再将两旋钮分别调至“标准”和“粗”挡，调节“粗”“中”旋钮至检流计指针指零。

(2) 细调：将检流计调至“300 μV”挡，电位差计两旋钮调至“标准”和“细”挡，调节“细”“微”旋钮至检流计指零，此时工作电流已调整好，将电位差计的两旋钮调至“断”挡。

3. 测量待测电动势 E_x

(1) 粗调：根据被测电动势 E_x 的范围，调节测量盘“$\times10^{-1}$”旋钮至相应位置，调节两旋钮至“未知$_1$”和“粗”挡，调节测量盘的前几位旋钮至检流计指针指零。

(2) 细调：将两旋钮调至“未知$_1$”和“细”挡，调节测量盘的后几位旋钮至检流计指针指零，记下此时测量盘的读数，即 E_x，将两旋钮调至“断”挡。

4. 测量待测电动势 E_x 的内阻 R_0

(1) 重新调整工作电流，重复步骤 2。

(2) 在“未知$_1$”处，并联一已知电阻 R'，根据 R' 的端电压 E' 的大约范围调节测量盘，步骤同 3。

(3) 测出 E' 后，根据式(3-34)算出内阻 R_0 的值。

五、注意事项

(1) 电位差计在使用前，旋钮应置于“断”挡，按钮全部松开，并注意电源的极性，不要

接错。

（2）标准电池不能当成电源用，不能用电压表测量其电压，更不可短路；使用时，不能摇晃，不能颠倒；和电位差计连接时，极性不能接错。

（3）在实验中，每次测量都要经过“校准”和“测量”两个步骤，且两个步骤的时间间隔不要太长。

实验十　惠斯通电桥

桥式电路在电磁测量技术中应用广泛，利用桥式电路制成的电桥是一种用比较法进行测量的仪器，它具有较高的灵敏度和准确度，可用来测量电阻、电容、电感、频率、温度、压力等许多物理量。在现代工业生产的自动控制装置中，桥式电路的应用越来越广泛。

一、实验目的

（1）了解惠斯通电桥的构造和测量原理。

（2）自组惠斯通电桥测量电阻。

（3）掌握惠斯通电桥的调节和使用方法。

二、实验仪器

QJ23a 型直流电阻电桥、导线、电阻箱、检流计、直流稳压电源、开关、滑动变阻器、电阻等。

三、实验原理

实验原理

1．惠斯通电桥的原理

电桥随用途不同可分为不同种类，它们各有特点，但其测量原理相同。惠斯通电桥是一种最基本的电桥，它通常用来测量阻值在 $1\sim10^6\ \Omega$ 范围内的电阻，同时具有操作简便、测量精度较高、对电源稳定性要求不高、携带方便等优点。

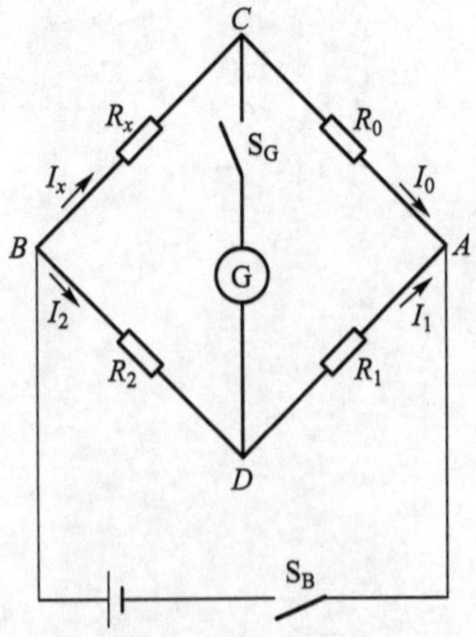

图 3-36　惠斯通电桥电路原理

图 3-36 是惠斯通电桥电路原理图。四个电阻 R_0、R_1、R_2及 R_x组成一个闭合的四边形回路 $ADBCA$，每一边的电阻称为电桥的一个臂。C 和 D 之间连接检流计 G 构成桥，用以比较“桥”两端的电位，当 C 和 D 两点的电位相等时，检流计 G 的指针指零，电桥达到了平衡状态。此时有

$$U_{BC}=U_{BD}，\quad 即\quad I_xR_x=I_2R_2$$

$$U_{CA}=U_{DA}，\quad 即\quad I_0R_0=I_1R_1$$

又因平衡状态时 $I_0=I_x$，$I_1=I_2$，所以以上两式相除，得

$$\frac{R_x}{R_0}=\frac{R_2}{R_1} \tag{3-35}$$

式(3-35)表明：当电桥达到平衡时，电桥相邻臂电阻之比相等。若桥臂电阻 R_1、R_2及 R_0已知，则被测电阻 R_x可由下式求出：

$$R_x=\frac{R_2}{R_1}R_0 \tag{3-36}$$

令$\frac{R_2}{R_1}=N$,则

$$R_x=NR_0 \tag{3-37}$$

通常取N为10的整数次方,例如取N等于0.01,0.1,1,10,100等,这样就可以很方便地计算出R_x。

由式(3-37)可知,R_x的有效数字位数由N和R_0的有效数字位数来决定。如果R_1和R_2的精度足够高,使N具有足够多的有效数字位数,则N可视为常数。因此,R_x的有效数字位数由R_0来决定。

桥臂R_0一般采用一个位数有限的电阻箱,例如有×1 000,×100,×10,×1四挡。这样,只有恰当地选取N值,才能使桥臂电阻R_0的四挡都工作(即×1 000挡不为0),以保证R_x具有四位有效数字。

2. 影响测量准确度的因素

(1) 电桥灵敏度引进的误差。

式(3-36)是在电桥平衡的条件下推导出来的,实验中是看检流计指针有无偏转来判断电桥是否平衡的,受检流计的灵敏度及人眼的分辨能力(0.1格)所限,当检流计指针偏转角$\Delta\alpha<0.1$格时,人们误认为$I_g=0$,这种由于对电桥平衡判断不准而引起的测量误差,称为电桥灵敏度误差。例如实验中指针式检流计的电流常量$C_I=10^{-6}$ A/格(即检流计中通过1 μA的电流时,指针偏转一个小格)。假设$N=1$时电桥平衡,则有$R_x=R_0$,若将R_0改变一个量ΔR_0时,电桥失去平衡,即$I_g\neq0$,但是如果$I<10^{-7}$ μA,$\Delta\alpha<0.1$格,人眼就难以察觉这个变化,仍误认为电桥是平衡的,因而得出$R_x=R_0+\Delta R_0$(ΔR_0即灵敏度误差),电桥平衡。由于R_0的改变量ΔR_0所引起的检流计指针偏转角($\Delta\alpha$)越大,电桥的灵敏度越高,对电桥平衡的判断就越准,所以我们引进电桥灵敏度的概念,它定义为

$$S=\frac{\Delta\alpha}{\Delta R_x/R_x} \tag{3-38}$$

式中,R_x为被测电阻,ΔR_x为电桥平衡后,被测电阻的改变量(由于R_x不可变,又因$R_x=NR_0$,故实验中可以用改变R_0来代替改变R_x,即$\Delta R_x=N\Delta R_0$。$\Delta\alpha$是电桥偏离平衡所引起的检流计指针偏转角,因此实验中可根据式(3-38)测出S值。

下面我们讨论电桥灵敏度与电桥各参量的关系,根据定义,有

$$S=\frac{\Delta\alpha}{\Delta R_x/R_x}=\frac{S_i\Delta I_g}{\Delta R_x/R_x}=S_iR_x\frac{\partial I_g}{\partial R_x}\quad\text{(平衡附近)}$$

根据基尔霍夫定律可以推出电桥的灵敏度:

$$S=\frac{S_iE}{R_1+R_2+R_0+R_x+R_g\left[2+\left(\frac{R_1}{R_x}+\frac{R_0}{R_2}\right)\right]} \tag{3-39}$$

式中,S_i是检流计灵敏度,E是电源电压,R_g是检流计内阻。由式(3-39)可知,提高电源电

压，选择灵敏度高、内阻小的检流计可以提高电桥灵敏度；适当减小桥臂电阻($R_1+R_2+R_0+R_x$)，尽量把桥臂配置成均压状态(即四臂电压相等)，使式中$\left(\dfrac{R_1}{R_x}+\dfrac{R_0}{R_2}\right)$值最小，均可提高电桥灵敏度。

(2) 桥臂电阻不准确引进的误差。

既然电桥是用已知电阻和未知电阻通过桥路进行比较的方法来测量的，那么R_1、R_2、R_0电阻本身的不准确要给R_x的测量结果带来误差，另外接线电阻与接触电阻(一般为$10^{-3}\sim10^{-2}\ \Omega$)的存在，也要给测量结果带来误差[因为式(3-36)中并不包括这些电阻]，这就使得电桥在结构上所能保证的准确度受到限制。因此不必过分追求电桥的高灵敏度，实验中应适当选择S_i、E，以使电桥灵敏度与电桥结构所能保证的准确度相适应。

3. 箱式惠斯通电桥

箱式惠斯通电桥是直流电桥的一种，它把整个仪器都装入箱内，便于使用。箱式惠斯通电桥的电路原理如图 3-37 所示，面板外观如图 3-38 所示。

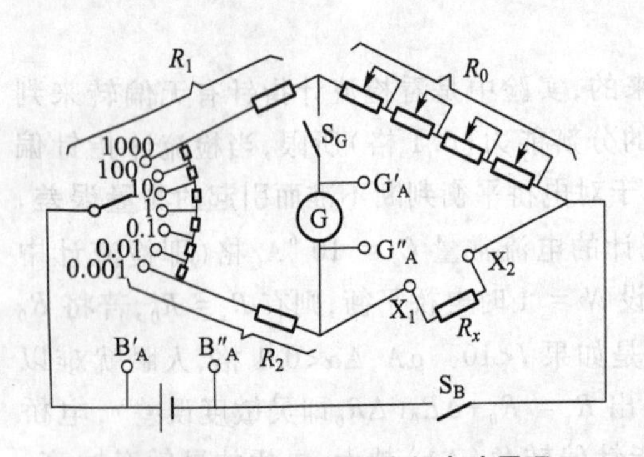

图 3-37 箱式惠斯通电桥电路原理

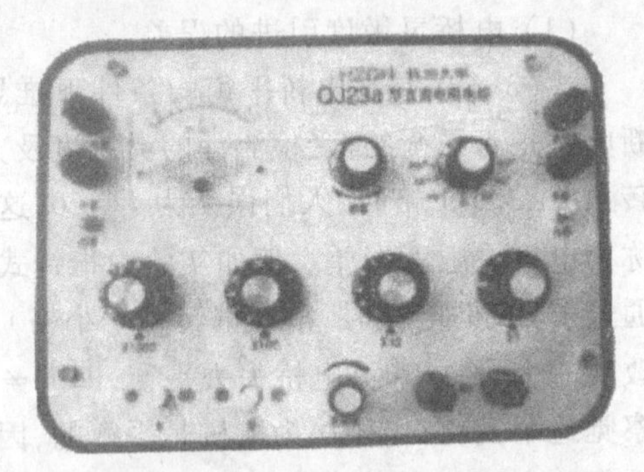

图 3-38 箱式惠斯通电桥面板外观

箱式惠斯通电桥的电路原理与图 3-36 比较，是将R_x与R_1互换位置。为了便于测量，在箱式惠斯通电桥中将比值称为倍率(即R_2/R_1)，共有 1 000，100，10，1，0.1，0.01，0.001 七个挡位，可通过旋转旋钮来选择N值。测量时，根据被测电阻值选取N值，并保证R_0的阻值可读取四位有效数字。桥臂电阻R_0称为读数电阻，由四个旋钮控制的电阻箱组成，分别为千位(× 1 000)、百位(× 100)、十位(× 10)、个位(× 1)。

使用方法：

(1) 将被测电阻接到“R_x”的两个接线柱上。

(2) 将检流计“G”转换开关拨向“内接”，“B”转换开关拨向“内接”，按下“G”按钮，将检流计指针调至零位，然后放开“G”按钮。

(3) 估计被测电阻值，选择适当的量程倍率N，将测量盘的四个旋钮调至被测电阻值的大致范围，并保证读数有四位有效数字。

(4) 将“灵敏度”旋钮逆时针调至灵敏度最低状态，先按下“B”按钮，再按下“G”按钮，调节测量盘(读数电阻R_0)的四个旋钮，使检流计指针逐渐接近零位，再顺时针微调“灵敏度”旋钮(即放大灵敏度)，此时检流计指针又偏离零位，继续调节测量盘的四个旋钮，再次使检流计指针接近零位，如此反复操作，直到灵敏度最大时，检流计指针回到零位，此时电桥达到平衡状态。求出被测电阻（R_x = 量程倍率 N× 测量盘读数）。例如：被测电阻为几十欧，应选取倍率 N 为 0.01，若检流计指针指零时，测量盘上四个旋钮的值为 2 312，则被测电阻 R_x = 2 312× 0.01 Ω = 23.12 Ω。若不适当地选取倍率 N 为 1，则所得被测电阻 R_x = 0 023× 1 Ω = 23 Ω，有效数字不足四位。注意：调节电桥时，“G”按钮只能短暂使用，只在判断检流计指针是否指零时才按下，然后立即放开。

（5）电桥使用完毕后，应放开“B”和“G”按钮，检流计“G”和电源转换开关“B”均拨向“外接”。

（6）在测量电感电路（如电机、变压器）的电阻时，为保护检流计，应先按“B”、再按“G”，断开时先放“G”、再放“B”。

四、实验步骤

1. 自组惠斯通电桥测量电阻

按图 3-39 所示连成桥路。其中 R_0 为电阻箱，R_1、R_2 根据实验原理和要求自己选择，S_G 为检流计开关，S_B 为电源开关。

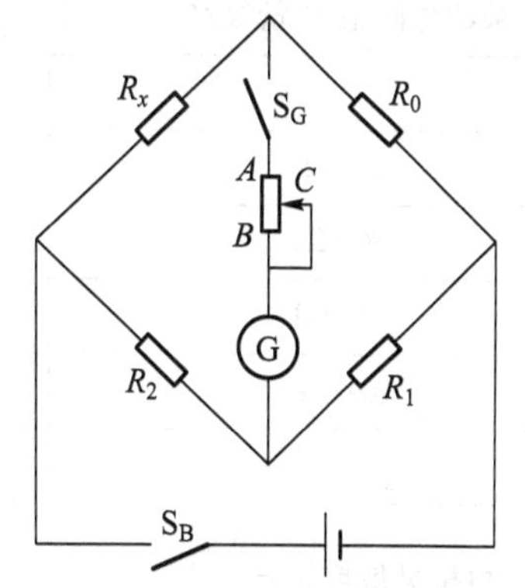

图 3-39 自组惠斯通电桥电路

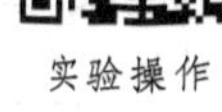

（1）将被测电阻接到 R_x 上。

（2）根据被测电阻量级，选择合适的 N，确定两组电阻作为桥臂电阻 R_1 和 R_2，并将数据填入表 3-23。

（3）断开开关 S_B 和 S_G，将直流稳压电源打开，将输入电压调至 8 V。

（4）将滑动变阻器滑动端 C 调至 A 处，以将桥路“灵敏度”降至最低。先接通开关 S_B，再接通开关 S_G。调节电阻箱上× 1、× 10、× 100 三个旋钮（其他旋钮指零不动），使检流计指针逐渐接近零位。再使 C 向 B 处滑动，当检流计指针偏离零位时，继续调节上述三个旋钮，使检流计指针接近零位，直至 C 调至 B 处，即“灵敏度”最高时，检流计指针指零，此时电桥达到平衡状态。记下 R_0 阻值，将数据填入表 3-23。

2. 用箱式惠斯通电桥测量电阻

（1）按照箱式惠斯通电桥使用方法测量被测电阻，并将数据填入表 3-24。

（2）测电桥灵敏度：当电桥平衡后，改变 R_0 值（即 ΔR_0），使检流计指针有个微小偏转量 $\Delta\alpha$，根据公式 $S=\dfrac{\Delta\alpha}{\Delta R_0/R_0}$ 算出 S 值，则电桥灵敏度误差为 $\dfrac{\Delta R'_x}{R'_x}=\dfrac{0.1}{S}$。

（3）测桥臂误差：$\dfrac{\Delta R''_x}{R''_x}=\sqrt{\left(\dfrac{\Delta R_1}{R_1}\right)^2+\left(\dfrac{\Delta R_2}{R_2}\right)^2+\left(\dfrac{\Delta R_0}{R_0}\right)^2}$。

（4）计算并完成表 3-24 内容。

五、数据处理

表 3-23

被测电阻值 R_x 量级/Ω	10^2		10^3		10^4	
N						
桥臂阻值 R_1/Ω						
桥臂阻值 R_2/Ω						
桥臂阻值 R_0/Ω						
平均值 $\bar{R}_0$/Ω						
R_x/Ω						

表 3-24

被测电阻值 R_x 量级/Ω	10^2	10^3	10^4
N			
R_0/Ω			
R_x/Ω			
ΔR_0/Ω			
$\Delta\alpha$/格			
S			
电桥灵敏度误差 $\frac{\Delta R'_x}{R'_x}$			
桥臂误差 $\frac{\Delta R''_x}{R''_x}$			
$\Delta R_x=\sqrt{\left(\frac{\Delta R'_x}{R'_x}\right)^2+\left(\frac{\Delta R''_x}{R''_x}\right)^2}R_x$			
$R_x \pm \Delta R_x$			

注：$\frac{\Delta R_1}{R_1}=0.1\%$，$\frac{\Delta R_2}{R_2}=0.1\%$。

六、思考题

(1) 测电阻时，发现检流计的指针：① 总是偏向某一边；② 总是不偏转。试分别指出其故障出在何处。

(2) 测电阻时，若倍率选择得不好，对测量结果有何影响？

(3) 能否用惠斯通电桥测电流表或电压表内阻？测量时要特别注意什么问题？

实验十一 用霍尔效应法测定螺线管轴向磁感应强度分布

一、实验目的

(1) 掌握测试霍尔器件工作特性的方法。

(2) 学习用霍尔效应测量磁场的原理和方法。

(3) 学习用霍尔器件测绘长直螺线管的轴向磁场分布。

二、实验仪器

TH-S 型螺线管磁场测定实验组合仪,坐标纸(10 cm×10 cm 两张,20 cm×10 cm 一张,自备)等。

实验仪器

TH-S 型螺线管磁场测定实验组合仪由实验仪和测试仪两部分组成。

1. 实验仪

实验仪如图 3-40 所示。

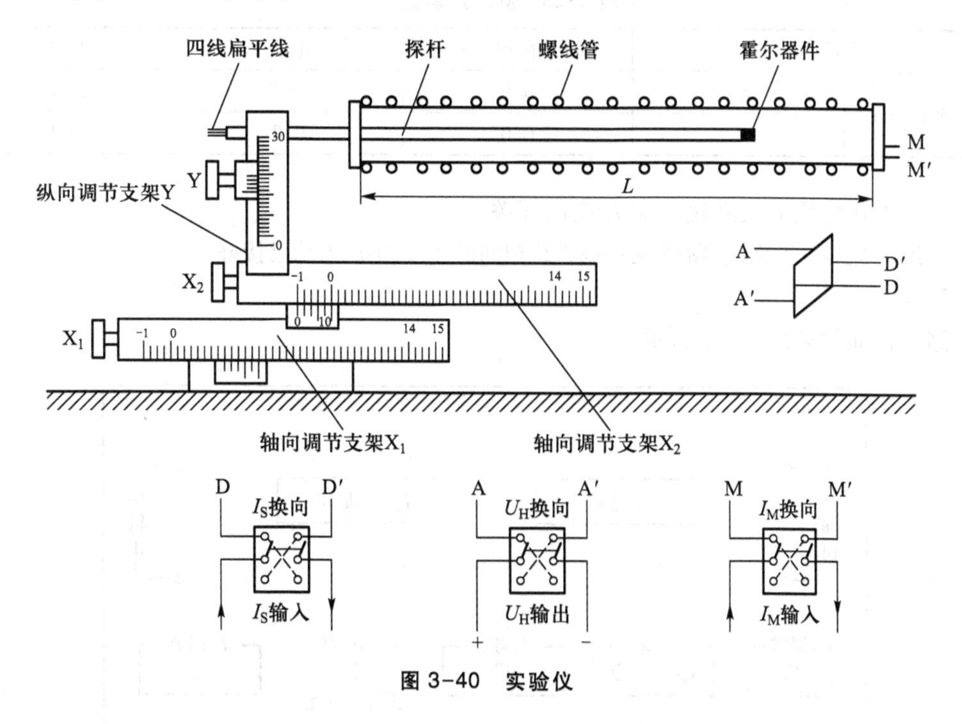

图 3-40 实验仪

(1) 螺线管。

长度为 $L=28$ cm;单位长度的线圈匝数 N 标注在实验仪上。

(2) 霍尔器件和调节机构。

霍尔器件如图 3-41 所示,它有两对电极,A、A′电极用来测量霍尔电压 U_H,D、D′电极为工作电流电极,两对电极用四线扁平线

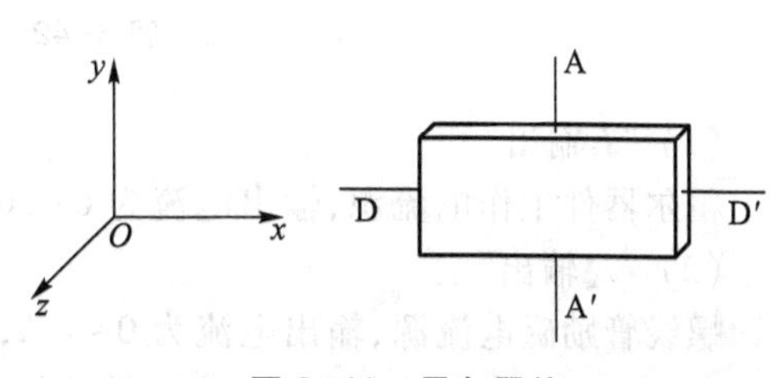

图 3-41 霍尔器件

经探杆引出，分别接到实验仪的 I_S 换向开关和 U_H 输出开关处。

霍尔器件的灵敏度 K_H 与载流子浓度成反比，因半导体材料的载流子浓度随温度变化而变化，故 K_H 与温度有关，实验仪给出了该霍尔器件在 15 ℃时的 K_H 值。

探杆固定在二维（x、y 方向）调节支架上，其中 y 方向调节支架通过旋钮 Y 调节探杆中心轴线与螺线管内孔轴线位置，应使之重合，x 方向调节支架通过旋钮 X_1、X_2 调节探杆的轴向位置。二维支架上设有 X_1、X_2 及 Y 测距尺，用来指示探杆的轴向及纵向位置。

仪器出厂前探杆中心轴线与螺线管内孔轴线已按要求进行了调整，因此，实验中 Y 旋钮无需调节。

如操作者想使霍尔探头从螺线管的右端移至左端，为调节顺手，应先调节 X_1 旋钮，使调节支架 X_1 的测距尺读数 x_1 从 0.0 cm→14.0 cm，再调节 X_2 旋钮，使调节支架 X_2 的测距尺读数 x_2 从 0.0 cm→14.0 cm；反之，要使探头从螺线管左端移至右端，应先调节 X_2，读数从 14.0 cm→0.0 cm，再调节 X_1，读数从 14.0 cm→0.0 cm。

霍尔探头位于螺线管的右端、中心及左端，测距尺读数如表 3-25 所示。

表 3-25　测距尺读数

位置		右端	中心	左端
测距尺读数/cm	x_1	0.0	14.0	14.0
	x_2	0.0	0.0	14.0

（3）工作电流 I_S 及励磁电流 I_M 换向开关。

三组开关与对应霍尔器件及螺线管线包间的连线，出厂前均已接好。

2. 测试仪

测试仪面板如图 3-42 所示。

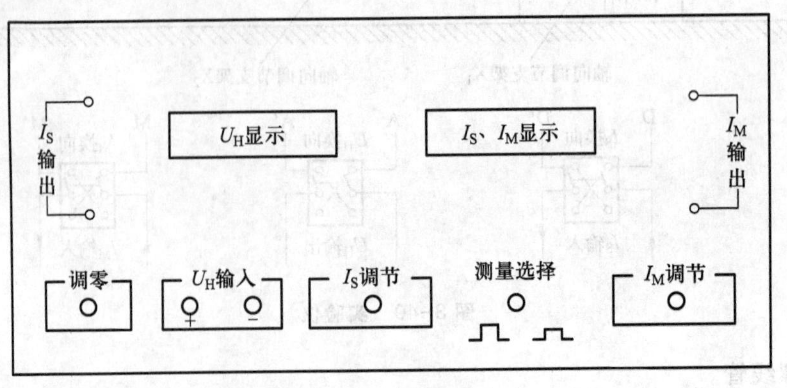

图 3-42　测试仪面板

（1）“I_S输出”。

霍尔器件工作电流源，输出电流为 0~10 mA，通过“I_S调节”旋钮连续调节。

（2）“I_M输出”。

螺线管励磁电流源，输出电流为 0~1 A，通过“I_M调节”旋钮连续调节。

上述两组恒流源读数可通过“测量选择”按键共享一个 3 位半数字电流表显示，按下

测 I_M，弹起测 I_S。

（3）直流数字电压表。

3 位半直流数字电压表，供测量霍尔电压用。电压表零位通过面板左下方"调零"旋钮进行校正。

3. 使用说明

（1）测试仪的电源为市电 50 Hz/220 V。电源进线为单相三线。

（2）电源插座和电源开关均安装在机箱背面，熔断器（保险丝）置于电源插座内，其规格为 0.5 A。

（3）霍尔器件各电极及线包引线与对应的双刀开关之间的连线，出厂前均已接好。

（4）测试仪面板上的"I_S输出""I_M输出"和"U_H输入"三对接线柱应分别与实验仪上的三对相应的接线柱正确连接。

（5）仪器开机前应将"I_S调节""I_M调节"旋钮逆时针方向旋到底，使其输出电流趋于最小，然后再开机。

（6）调节实验仪上 X_1及 X_2旋钮，使测距尺读数均为零，此时霍尔探头位于螺线管右端。实验时，若要使探头移至左端，应先调节 X_1旋钮，使其由 0.0 cm→14.0 cm，再调节 X_2旋钮，使其由 0.0 cm→14.0 cm；如要使探头右移，则应先调节 X_2旋钮，再调节 X_1旋钮。

注意：严禁鲁莽操作，以免损坏设备。

（7）仪器接通电源后，预热数分钟后即可进行实验。

（8）"I_S调节"和"I_M调节"分别用来控制样品工作电流 I_S和励磁电流 I_M的大小。其电流随旋钮顺时针方向转动而增加，调节的精度分别可达 10 μA 和 1 mA。I_S和 I_M的读数可通过"测量选择"按键来实现，按下测 I_M，弹起测 I_S。

（9）关机前，应将"I_S调节"和"I_M调节"旋钮逆时针方向旋到底，使其输出电流趋于最小，然后切断电源。

4. 仪器检验步骤

（1）霍尔片性脆易碎，电极甚细易断，实验中调节探头轴向位置时，要缓慢、细心转动有关旋钮，探头不得调出螺线管，严禁用手或其他物件去触探头，以防止损坏霍尔器件。

（2）将测试仪的"I_S调节"和"I_M调节"旋钮均置零位（即逆时针旋转到底）。

（3）将测试仪的"I_S输出"接实验仪的"I_S输入"，"I_M输出"接"I_M输入"，并将 I_S及 I_M换向开关掷向任意一侧。

注意：绝不允许将"I_M输出"接到"I_S输入"或"U_H输出"，否则一旦通电，霍尔器件将损坏。

（4）实验仪的"U_H输出"接测试仪的"U_H输入"，"U_H输出"开关应始终保持闭合状态。

（5）调节 X_1及 X_2旋钮，使霍尔器件离螺线管端口约 10 cm。

（6）接通电源，预热数分钟后，电流表显示".000"（按下"测量选择"键时）或"0.00"（弹起"测量选择"键时），电压表显示"0.00"（若不为零，可通过面板左下方"调零"旋钮进行校正）。

（7）置"测量选择"于"I_S"挡（弹起）。此时电流表所显示的 I_S值随"I_S调节"旋钮顺时针转动而增大，其变化范围为 0~10 mA。此时电压表所示 U_H读数为"不等势"电压值，它

随着 I_S 增大而增大，I_S 换向，U_H 改号（此乃副效应所致，可通过“对称测量法”予以消除），说明“I_S 输出”和“I_S 输入”正常。

（8）取 $I_S=2\ \mathrm{mA}$。置“测量选择”于 I_M 挡（按下），顺时针转动“I_M 调节”旋钮，I_M 变化范围应为 0~1 A。此时 U_H 值亦随 I_M 增大而增大，当 I_M 换向时，U_H 亦改号（其绝对值随 I_M 流向不同而异，此乃副效应所致，可通过“对称测量法”予以消除），说明“I_M 输出”和“I_M 输入”正常。

（9）调节 X_1 及 X_2 旋钮，使霍尔探头从螺线管一端移至另一端，观察电压表所示 U_H 值，U_H 值应随探头的轴向移动而有所变化，且接近螺线管端口处 U_H 值将急剧减小。至此，说明仪器全部正常。

（10）本仪器数码显示稳定可靠，但若电源线不接地则可能出现数字跳动现象，当 U_H 读数跳动范围在 $|0.03|$ 以内时，可以随机记一读数，这对实验结果的影响十分微小，误差可忽略。若“U_H 输入”开路或输入电压 >19.99 mV，则电压表出现溢出现象。

注意： 有时 I_S 调节电位器或 I_M 调节电位器起点不为零，将出现电流表指示末位数不为零的现象，这亦属正常。

三、实验原理

1. 霍尔效应法测量磁场原理

把一半导体薄片放在磁场中，并使片面垂直于磁场方向，如在薄片纵向端面间通以电流，那么，在薄片横向端面间就产生一电势差，这种现象称为霍尔效应，所产生的电势差称为霍尔电压，用以产生霍尔效应的半导体片称为霍尔组件。

霍尔效应是由于运动的电荷在磁场中受到洛伦兹力的作用而产生的，如图 3-43 所示，当电子以速率 v 沿 x 轴的反方向从霍尔组件的 N 端面向 M 端面运动时，电子所受到的沿 z 轴方向、磁感应强度大小为 B 的磁场的作用力为

实验原理

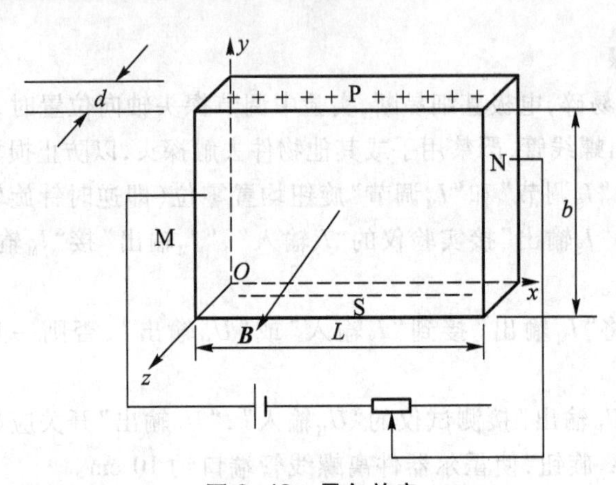

图 3-43 霍尔效应

$$F_B=-evB \tag{3-40}$$

式中，e 为电子电荷量的绝对值。F_B 为电子受到的洛伦兹力，它使电子发生偏移，从而在霍尔组件的 P 端面聚积起正电荷，在 S 端面聚积起负电荷，于是在 P、S 端面间就形成一个电场 E_H，我们称之为霍尔电场。霍尔电场又将产生阻碍电子偏移的电场力 F_E，当电子所受

到的电场力与磁场力达到动态平衡时，有

$$F_E = F_B \quad 或 \quad eE_H = evB \tag{3-41}$$

其中，v 为电子的漂移速率。这时，电子将沿 x 轴负方向运动，但此时在 P 端面和 S 端面间已形成一个电势差 U_H，这就是霍尔电压。

设霍尔组件的宽度为 b、厚度为 d、电子浓度为 n，则通过霍尔组件的电流为

$$I = -nevbd \tag{3-42}$$

由式(3-41)和式(3-42)可得

$$U_H = E_H b = -\frac{1}{ne}\frac{IB}{d} = R_H \frac{IB}{d} \tag{3-43}$$

即霍尔电压与 IB 成正比，与厚度 d 及电子浓度 n 成反比，故人们采用半导体材料作霍尔组件，并将其切割得很薄（厚度约为 0.2 mm）。比例系数 $R_H = -\frac{1}{ne}$ 称为霍尔系数，若令 $-\frac{1}{ned} = K_H$，则

$$U_H = K_H IB \tag{3-44}$$

式中，K_H 为霍尔组件的灵敏度，其值已标在仪器上，它表示该器件在单位工作电流和单位磁感应强度下输出的霍尔电压，若取 I 的单位为 mA、B 的单位为 kGs、U_H 的单位为 mV，则 K_H 的单位为 mV/(mA · kGs)。由式(3-44)可知，若 K_H 为已知，用仪器分别测出通过霍尔组件的工作电流 I 及霍尔电压 U_H，就可以算出磁感应强度的大小 B，这就是利用霍尔效应测量磁场的原理。[注：在 SI 中，B 的单位是 T(特斯拉)，此实验中 B 采用 Gs(高斯)为单位，是因仪器标称 K_H 值所致，1 T = 10^4 Gs。]

2. 实验中产生的附加电压及其消除方法

当对霍尔组件 P、S 两端的电压进行测量时，实际测得的不只是 U_H，还包括其他因素带来的附加电压。下面讨论产生附加电压的原因及在实验中消除这些附加电压的方法。

(1) 由于霍尔组件材料本身的不均匀性，以及电压输出端 P、S 两极引线不可能绝对对称地焊接在霍尔组件的两侧，所以当有电流 I 流过霍尔组件时，P、S 两极将处在不同的等势面上，即使不加磁场，P、S 两极间也存在电势差 U_0，U_0 称为不等位电压，其正负只与电流 I 的方向有关。

(2) 从宏观上看，当载流子所受的磁场力 F_B 与霍尔电场力 F_E 达到动态平衡时，载流子将以一定的速率 v 沿 x 轴运动，而从微观来看，载流子的运动速率不会完全相同。对于速率大于 v 的载流子，有 $F'_B > F_E$；对于速率小于 v 的载流子，有 $F''_B < F_E$，它们将分别聚积在霍尔组件的 P 端面与 S 端面。但快速载流子的能量大，使得聚集快速载流子的端面温度高，相反的一面温度低，于是在 P、S 之间将产生温差电压 U_t，它不仅随 I 的换向而换向，也随 B 的换向而换向。

(3) 由于工作电流引线的焊点 M、N 处的电阻不会绝对相等，所以当电流 I 通过时会在 M、N 处产生不同的焦耳热，并因温差而产生电流，在磁场的作用下，在 P、S 之间将产生类似于霍尔电压 U_H 的电压 U_P，显然 U_P 随 B 的换向而换向，而与 I 的换向无关。

(4) 热扩散电流中的载流子速率不同，又将在 P、S 之间引起附加的温差电压 U_S，U_S 随

B 的换向而换向，而与 I 的换向无关。

综上所述，在通过霍尔组件的工作电流及外加磁场均确定的情况下，在 P、S 两端测得的电压 U 除霍尔电压 U_H 外，还包括 U_0、U_t、U_P 及 U_S，即

$$U=U_H+U_0+U_t+U_P+U_S \tag{3-45}$$

因附加电压均与工作电流或磁场方向有关，故可改变工作电流方向或磁场方向进行多次测量来消除附加电压，具体方法如下。

第一次测量时 U_H、U_0、U_t、U_P 及 U_S 均取正值，即取 $+I$、$+B$，则

$$U_1=U_H+U_0+U_t+U_P+U_S \tag{3-46}$$

第二次测量时 I 不变，B 换向，即取 $+I$、$-B$，则

$$U_2=-U_H+U_0-U_t-U_P-U_S \tag{3-47}$$

第三次测量取 $-I$、$-B$，则

$$U_3=U_H-U_0+U_t-U_P-U_S \tag{3-48}$$

第四次测量取 $-I$、$+B$，则

$$U_4=-U_H-U_0-U_t+U_P+U_S \tag{3-49}$$

由以上四式可得

$$U_H=\frac{1}{4}(U_1-U_2+U_3-U_4)-U_t \tag{3-50}$$

在通常情况下，$U_t \ll U_H$，故可将式（3-50）改写成

$$U_H=\frac{1}{4}(U_1-U_2+U_3-U_4) \tag{3-51}$$

3. 载流长直螺线管内的磁感应强度

螺线管是由绕在圆柱上的导线构成的，密绕的螺线管可以看成一系列有共同轴线的圆形线圈的并排组合，因此一个载流长直螺线管轴线上某点磁感应强度，可以从对各圆形电流在轴线上该点所产生的磁感应强度进行积分而得到。对于一有限长的螺线管，在距离其两端等远的中心点，磁感应强度最大，且有

$$B_0=\mu_0 N I_M \tag{3-52}$$

其中，μ_0 为真空磁导率，N 为螺线管单位长度的线圈匝数，I_M 为线圈的励磁电流。

由图 3-44 所示的长直螺线管的磁感线分布可知，其内腔中部磁感线是平行于轴线的直线，渐近两端口时，这些直线变为从两端口离散的曲线，这说明其内部的磁场是均匀的，仅在靠近两端口处，磁场才呈现明显的不均匀性。根据理论计算，长直螺线管一端的磁感应强度大小为内腔中部磁感应强度大小的 1/2。

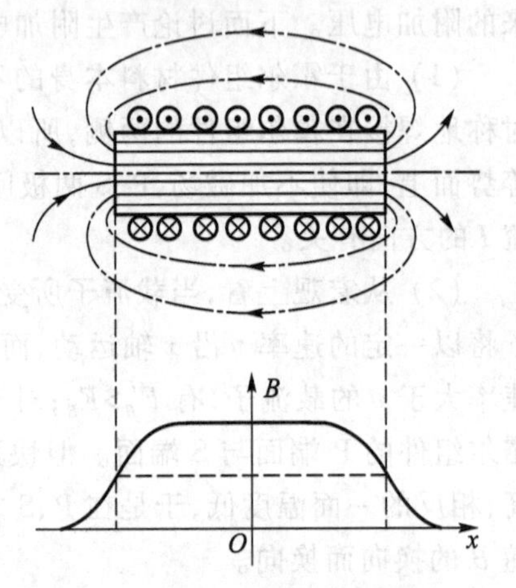

图 3-44　长直螺线管的磁感线分布

四、实验步骤

1. 霍尔器件输出特性测量

(1) 按图 3-45 所示连接测试仪和实验仪之间相对应的 I_S、U_H 和 I_M 各组连线,连接时,应注意每组连线连接在换向开关的中间的一组接线柱上,上方一组接线柱的线路出厂前已连好,切勿随意改动。连好线路并经教师检查后方可开启测试仪的电源。必须强调指出的是,绝不允许将测试仪的励磁电流"I_M输出"接到实验仪的"I_S输入"或"U_H输出",否则一旦通电,霍尔器件即遭到损坏。

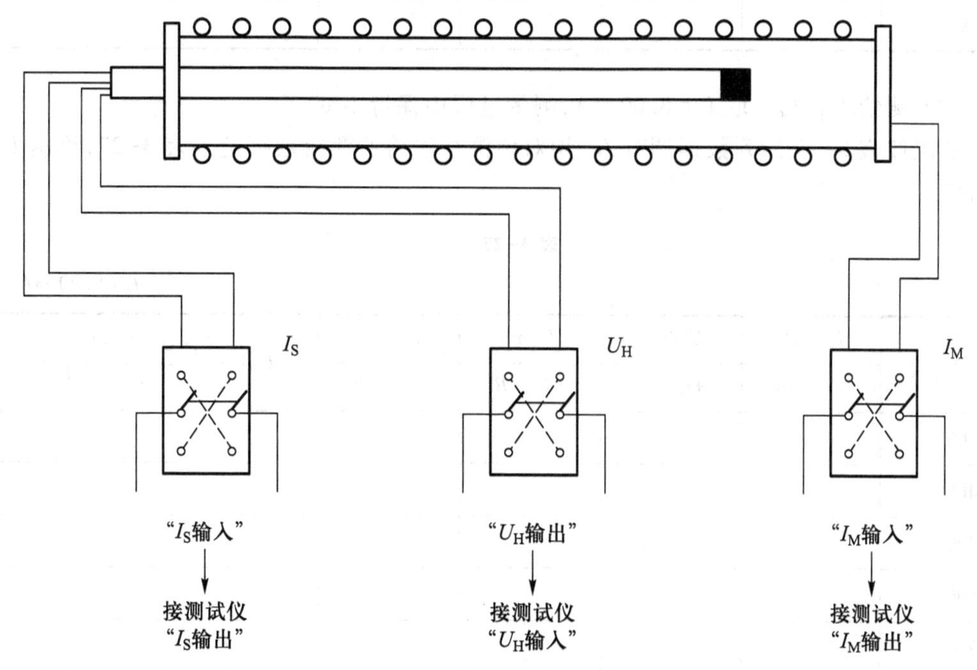

图 3-45　连接测试仪和实验仪

注意:图 3-45 中虚线所示的部分线路已由厂家连接好。

(2) 转动旋钮 X_1、X_2,慢慢将霍尔器件移到螺线管的中心位置。

(3) 测绘 U_H-I_S 曲线。取 I_M = 0.800 A,测量过程中保持不变。

依次按表 3-26 所列数据调节 I_S,用对称测量法测出相应的 U_1、U_2、U_3 和 U_4,将数据记入表3-26,绘制 U_H-I_S 曲线。

表 3-26

I_M = 0.800 A

I_S/mA	U_1/mV	U_2/mV	U_3/mV	U_4/mV	$U_H\left(=\frac{U_1-U_2+U_3-U_4}{4}\right)$/mV
	$+I_S$、$+B$	$+I_S$、$-B$	$-I_S$、$-B$	$-I_S$、$+B$	
4.00					
5.00					

续表

I_S/mA	U_1/mV	U_2/mV	U_3/mV	U_4/mV	$U_H\left(=\frac{U_1-U_2+U_3-U_4}{4}\right)$/mV
	$+I_S$、$+B$	$+I_S$、$-B$	$-I_S$、$-B$	$-I_S$、$+B$	
6.00					
7.00					
8.00					
9.00					
10.00					

（4）测绘 U_H-I_M。取 $I_S=8.00$ mA，测量过程中保持不变。

依次按表 3-27 所列数据调节 I_M，用对称测量法将所测得数据记入表 3-27，绘制 U_H-I_M 曲线。

表 3-27

$I_S=8.00$ mA

I_M/A	U_1/mV	U_2/mV	U_3/mV	U_4/mV	$U_H\left(=\frac{U_1-U_2+U_3-U_4}{4}\right)$/mV
	$+I_S$、$+B$	$+I_S$、$-B$	$-I_S$、$-B$	$-I_S$、$+B$	
0.300					
0.400					
0.500					
0.600					
0.700					
0.800					
0.900					
1.000					

2. 测绘螺线管轴线上磁感应强度的分布

取 $I_S=8.00$ mA，$I_M=0.800$ A，测量过程中保持不变。

（1）以相距螺线管两端口等远的中心位置为坐标原点，探头离中心位置 $x=14.0\text{ cm}-x_1-x_2$，调节旋钮 X_1、X_2，使测距尺读数 $x_1=x_2=0.0$ cm。

先调节 X_1 旋钮，保持 $x_2=0.0$ cm，使 x_1 分别为 0.0 cm、0.5 cm、1.0 cm、1.5 cm、2.0 cm、5.0 cm、8.0 cm、11.0 cm、14.0 cm，再调节 X_2 旋钮，保持 $x_1=14.0$ cm，使 x_2 分别为 3.0 cm、6.0 cm、9.0 cm、12.0 cm、12.5 cm、13.0 cm、13.5 cm、14.0 cm。按对称测量法测出各相应位置的 U_1、U_2、U_3、U_4 值，在标尺 x_1+x_2 的值超出 10 cm 以后，应当用手轻扶标尺下面，将其缓慢旋出，以免其上下颤动而损坏仪器。计算相对应的 U_H 及 B 值，将数据记入表 3-28。

表 3-28

$I_S = 8.00$ mA，$I_M = 0.800$ A，$K_H =$　　mV/(mA·kGs)，$N =$

x_1/cm	x_2/cm	x/cm	U_1/mV	U_2/mV	U_3/mV	U_4/mV	U_H/mV	$B\left(=\frac{U_H}{K_H I_S}\right)$/kGs
			$+I_S$、$+B$	$+I_S$、$-B$	$-I_S$、$-B$	$-I_S$、$+B$		
0.0	0.0							
0.5	0.0							
1.0	0.0							
1.5	0.0							
2.0	0.0							
5.0	0.0							
8.0	0.0							
11.0	0.0							
14.0	0.0							
14.0	3.0							
14.0	6.0							
14.0	9.0							
14.0	12.0							
14.0	12.5							
14.0	13.0							
14.0	13.5							
14.0	14.0							

（2）绘制 $B-x$ 曲线，验证螺线管端口处的磁感应强度大小为中心位置磁感应强度大小的 1/2（可不考虑温度对 U_H 值的影响）。

（3）将螺线管中心的 B 值与理论值进行比较，求出相对误差（需考虑温度对 U_H 值的影响）。

注意：

① 测绘 $B-x$ 曲线时，螺线管两端口附近磁感应强度变化小，应多测几点。

② K_H 值和螺线管单位长度线圈匝数 N 均标在实验仪上。

$B_{中} =$　　　　kGs

$B_{中理} = \mu_0 N I_M = (4\pi\times10^{-6}\ \text{N}\cdot\text{A}^{-2})\times(0.800\ \text{A})\times N =$　　　　kGs

$\Delta B = |B_{中} - B_{中理}| =$　　　　kGs

$E = \dfrac{\Delta B}{B_{中理}}\times100\% =$

实验十二 等厚干涉

一、实验目的

虚拟仿真

(1) 加深对光的等厚干涉原理的理解。

(2) 掌握用牛顿环测量球面的曲率半径的原理和方法。

(3) 掌握用劈尖干涉法测量细丝直径的方法。

(4) 学会使用读数显微镜。

二、实验仪器

读数显微镜原理

读数显微镜操作

读数显微镜、牛顿环装置、劈尖装置、钠灯。

钠灯简介:钠灯由特种的抗钠玻璃吹成管胆,管内充有金属钠,外接玻璃外壳组成。钠灯点燃后在可见光范围内发出两条较强的谱线,其波长分别为 589.0 nm、589.6 nm。因两条谱线非常靠近,故人们常将钠灯作为一种比较好的单色光源使用。在光学实验中,我们通常取中心波长 589.3 nm 作为钠灯的光波波长。

注意:

(1) 点燃钠灯后,应预热 10 min,当钠黄光达到一定强度后方可使用。

(2) 钠灯点燃后,应将全部实验完成后再熄灭,否则将严重缩短钠灯的使用寿命。

(3) 钠灯使用完毕后,须待冷却后方可拿动,以避免金属钠流动,影响钠灯的性能。

(4) 钠蒸气活泼,使用时须注意,避免其与水、火接触,以免产生爆炸及引起火灾。

三、实验原理

实验原理

1. 等厚干涉

当用宽光源照射楔形平板时,设光源中心点 S_0 发出的一束入射光经平板平面反射后分离出的两束光相交于空间某一点 P,如图 3-46 所示,两束光在 P 点的干涉效应由两束光的光程差决定:

$$\Delta=n(|AB|+|BC|)-n'(|AP|-|CP|)$$

式中,n 为楔形平板的折射率,n'为周围介质的折射率。当平板的厚度很小,而且楔角不大,光线又接近垂直入射时,有

$$\Delta=2nh \tag{3-53}$$

式中,h 是楔形平板在 B 点的厚度。考虑到光束在上表面或下表面反射时半波损失所产生的附加光程差,将式(3-53)改写为

$$\Delta=2hn+\frac{\lambda}{2} \tag{3-54}$$

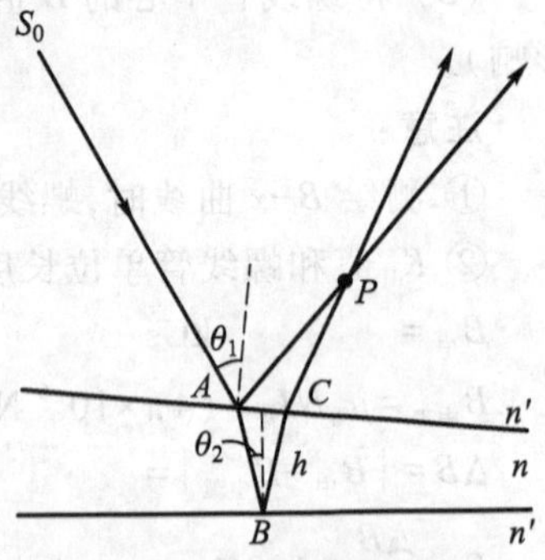

图 3-46 楔形平板在定域面上某点 P 产生的干涉

如果所研究的楔形平板的折射率是均匀的,则由式(3-54)可知,两束反射光在相遇点的光程差只依赖于反射光反射处平板的厚度 h。因此这种条纹称为等厚条纹,产生的干

涉称为等厚干涉。

当光程差 Δ 满足条件：

$$\Delta=2hn+\frac{\lambda}{2}=m\lambda,\quad m=0,1,2,\cdots \tag{3-55}$$

时，空间 P 点是光强极大点；而当光程差 Δ 满足条件：

$$\Delta=2hn+\frac{\lambda}{2}=(2m+1)\frac{\lambda}{2},\quad m=0,1,2,\cdots \tag{3-55'}$$

时，空间 P 点是光强极小点。

由式(3-55)、式(3-55′)可知，相邻两亮条纹或两暗条纹对应的光程差均为 λ。所以从一个条纹过渡到另一个条纹，平板的厚度改变 $\lambda/2n$，平板上相邻两亮条纹或暗条纹之间的距离（即条纹间距）为

$$l=\frac{\lambda}{2n\alpha} \tag{3-56}$$

其中，α 为楔形平板两表面的楔角。式(3-56)表明，在 n 一定时，条纹间距与楔角 α 成反比，这一结论也适用于其他形状的平板的等厚条纹。

2. 利用牛顿环测凸透镜的曲率半径

如图 3-47 所示，牛顿环装置是将一块曲率半径较大的平凸透镜的凸面放在一平板玻璃上构成的。平凸透镜的凸面和平板玻璃之间的空气层厚度从中心接触点到边缘逐渐增加。当一束单色平行光垂直照射到牛顿环装置上时，经空气层上、下两表面反射的两束光将在空气层上表面处产生干涉。

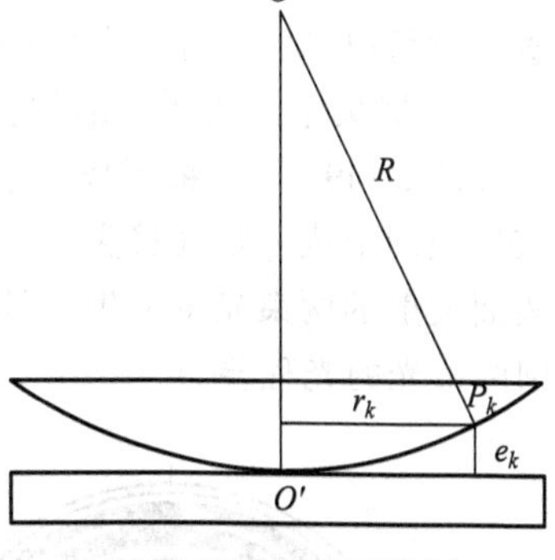

图 3-47　牛顿环装置

若以 e_k 表示干涉点 P_k 处空气层的厚度，以 r_k 表示 P_k 至通过 O' 点的玻璃平面的法线 OO' 的距离，以 R 表示透镜凸面的曲率半径，则有

$$R^2=(R-e_k)^2+r_k^2 \tag{3-57}$$

当 $R>>e_k$ 时，略去高阶小量 e_k^2，可由上式解得

$$e_k=\frac{r_k^2}{2R} \tag{3-58}$$

由于空气层下表面的反射光有半波损失，故两束相干光的光程差为

$$\Delta_k=2e_k+\frac{\lambda}{2}=\frac{r_k^2}{R}+\frac{\lambda}{2} \tag{3-59}$$

式中，λ 为单色光的波长。当 Δ_k 为半波长的奇数倍，即

$$\frac{r_k^2}{R}+\frac{\lambda}{2}=(2k+1)\frac{\lambda}{2} \tag{3-60}$$

时，P_k 应为暗点。可由上式解得

$$r_k=\sqrt{kR\lambda} \tag{3-61}$$

式中 $k=0,1,2,\cdots$，称为干涉级次。当干涉点 P'_k 处两干涉光的光程差为波长的整数倍时，P'_k 应为亮点。不难推得 P'_k 至 OO' 的距离为

$$r'_k=\sqrt{(2k-1)R\lambda/2},\quad k=1,2,3,\cdots \tag{3-61'}$$

由式(3-61)及式(3-61′)可知,所有同级次的暗点及亮点到 OO' 的距离分别相等,故干涉图样应是由圆心位于 OO' 上的明暗相间的环状条纹所组成的。若已知光波的波长 λ,测出 k 级暗环或明环的半径 r_k 或 r'_k,便可由式(3-61)或式(3-61′)求得平凸透镜的曲率半径 R。反之,若已知 R 便可求得光波的波长。

牛顿环干涉如图 3-48 所示。

由于透镜与平板玻璃接触点处不干净或玻璃的形变,透镜与平板玻璃之间不可能是理想的点接触,从而使干涉图样的中心处呈现一个不很规则的暗斑或明斑,这就给干涉环级次的确定造成困难。为避开这一难点,在实验数据处理时我们常采用逐差法。

由式(3-61),对 m 级暗环有

$$r_m^2 = mR\lambda \tag{3-62}$$

对 n 级暗环有

$$r_n^2 = nR\lambda \tag{3-63}$$

将以上两式相减后解得

$$R = \frac{r_m^2 - r_n^2}{(m-n)\lambda} = \frac{d_m^2 - d_n^2}{4(m-n)\lambda} \tag{3-64}$$

式中,d_m、d_n 分别为第 m 级暗环和第 n 级暗环的直径。对于明环,可由式(3-61′)推得同样的结果。

在利用式(3-64)计算透镜的曲率半径时,只要 d_m、d_n 分别是所"认定"的第 m 环、第 n 环直径就可以了,"认定"是否准确并不影响结果。

3. 用劈尖干涉法测量细丝直径

如图 3-49 所示,将两块光学玻璃板叠在一起,在一端插入一根细丝(或薄片等),则在两玻璃板间形成一空气劈尖。当用单色光垂直照射时,和牛顿环一样,在空气劈尖的上、下两表面反射的两束光将发生干涉。例如在空气劈尖上表面的 E 点,设该点空气膜厚度为 e,则两束光的光程差为

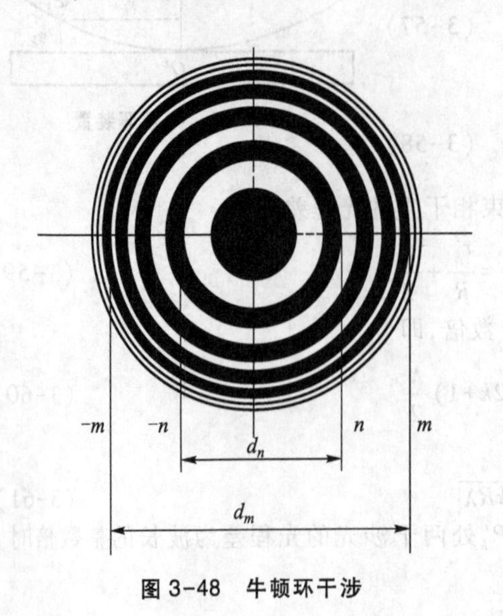

图 3-48　牛顿环干涉

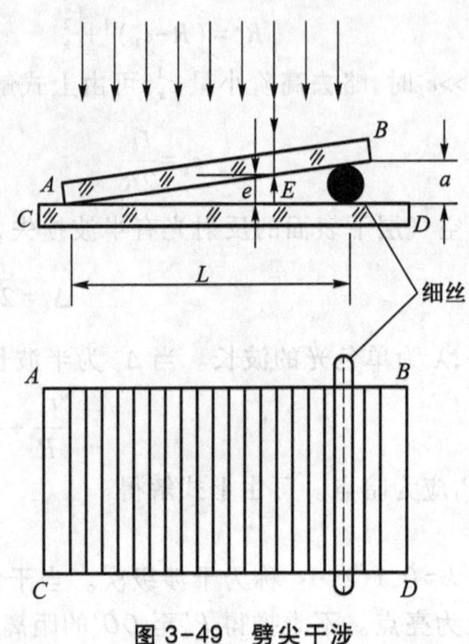

图 3-49　劈尖干涉

$$\Delta=2e+\frac{\lambda}{2}$$

当$\Delta=(2k+1)\frac{\lambda}{2}$时（其中$k=0,1,2,\cdots$），对应的两束光在$E$点干涉相消，出现暗纹，于是可解得

$$e=k\frac{\lambda}{2} \tag{3-65}$$

由式(3-65)可知，$k=0$时，$e=0$，即在两玻璃板交线处出现零级暗条纹；$k\neq0$时，由于空气劈尖厚度相等之处是一系列平行于两玻璃板交线的平行直线，所以干涉条纹是一组跟交线平行且间隔相等的平行条纹。如在细丝处呈现$k=N$级暗条纹，则待测细丝的直径d为

$$d=N\frac{\lambda}{2} \tag{3-66}$$

由式(3-66)可知，若直接数出从劈尖端头（交线）到细丝处的干涉条纹总数N，即可直接求出d，但这一般比较困难，因此，我们通常先测量单位长度的干涉条纹数目n，再测出劈尖交线到细丝处的总长度L，最后计算出n，即

$$N=Ln \tag{3-67}$$

考虑到相邻干涉条纹间隔较小，我们是通过测量100个干涉条纹的间隔来求n的。设100个干涉条纹的间隔为l，则

$$n=\frac{100}{l} \tag{3-68}$$

注意：测量l时，应选择条纹较直、均匀分布的一部分，以某一条条纹为第k条条纹，由读数显微镜读出其位置x_k，再读出第100条条纹的位置x_{k+100}，则

$$l=x_{k+100}-x_k$$

此时有

$$d=\frac{100L\lambda}{2(x_{k+100}-x_k)} \tag{3-69}$$

四、实验步骤

1. 用牛顿环测量透镜的曲率半径

实验装置如图3-50所示。

实验步骤

(1) 实验前应仔细阅读读数显微镜的使用说明。

(2) 按图3-50所示放置好实验装置。

(3) 打开钠灯电源。注意不要反复拨弄开关（钠灯点燃后如果中途熄灭，需待数分钟后再重新点燃）。

(4) 将读数显微镜镜筒移至标尺中部。转动显微镜的目镜视度调节螺旋G，使分划板叉丝最为清晰；转动目镜筒，使叉丝“一”线与丝杠垂直。

(5) 调节镜筒下方平板反光玻璃P的角度，使从目镜向下看时呈现一个较亮的均匀视场（注意：反光镜M的反射面应向后）。

（6）用显微镜观察干涉条纹：先将显微镜物镜筒降至最低（不可触及被测物），转动调焦轮 H，缓慢地自下而上调焦，使牛顿环清晰可见且无视差。

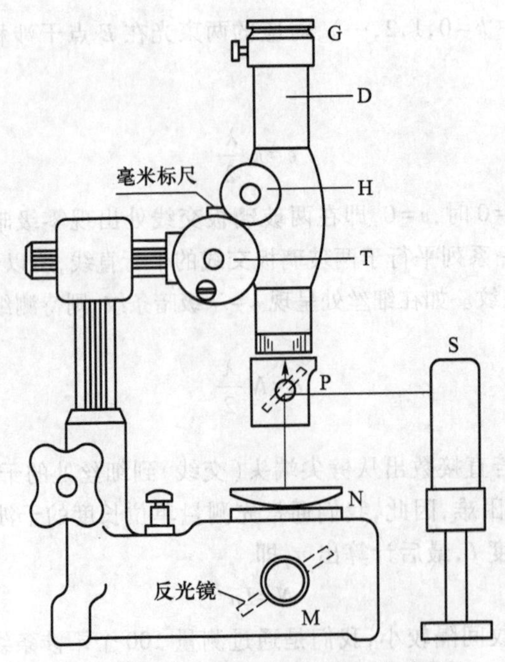

图 3-50　用牛顿环测量透镜的曲率半径

（7）移动牛顿环装置，使干涉图样中心位于叉丝交点处。

（8）转动鼓轮 T，向右（或左）移动镜筒，直至叉丝交点位于第 27 级暗环处。然后反向转动鼓轮，向左（或右）移动镜筒，依次使叉丝交点与第 22、21、20、…、17 级暗环的外沿相切，并记录显微镜各相应读数 $x_{m左}$。继续转动鼓轮，依次使叉丝交点与第 16、15、14、…、11 级暗环的外沿相切，并记录显微镜各相应读数 $x_{n左}$。再继续转动鼓轮，使叉丝交点跨过牛顿环中心，并依次与另一侧第 11、12、13、…、16 级及第 17、18、19、…、22 级暗环内沿相切，并记录各相应的读数 $x_{n右}$ 及 $x_{m右}$，将数据记入表 3-29。

注意：在测量过程中，为了避免回程误差，只能沿同一方向转动鼓轮，不可进进退退。

2. 用劈尖测微小线度

（1）从载物台上取下牛顿环装置，放上劈尖装置。

（2）转动调焦轮 H，使干涉条纹清晰且无视差。

（3）移动劈尖装置，使干涉条纹与丝杠垂直，并使劈尖装置位于镜筒的移动范围之内。

（4）转动鼓轮，使叉丝位于两板交线端的外侧，再反向转动鼓轮，使叉丝交点位于两板交线处，记下显微镜的读数 x_0。按此方向继续转动鼓轮，依次使叉丝交点位于第 10、20、30、…、100 级（以上级次以 k 表示）及第 110、120、130、…、200 级（以上级次以 $k+100$ 表示）暗条纹处，并记下显微镜的各相应读数。注意：在移动镜筒的过程中如遇到待测物的支点，则应在叉丝交点位于支点处时，记下显微镜的读数 x_d；如在第 200 级条纹内不见交点，则应继续转动鼓轮，直至测得 x_d。

五、数据处理

1. 利用牛顿环测量透镜的曲率半径

表 3-29

钠光波长 $\lambda=589.3\ \mathrm{nm}$，$\Delta_{仪}=0.005\ \mathrm{mm}$，单位：mm

环的级次	m	22	21	20	19	18	17
环的位置 x_m	左						
	右						
直径	$d_m=\lvert x_{m左}-x_{m右}\rvert$						
环的级次	n	16	15	14	13	12	11
环的位置 x_n	左						
	右						
直径	$d_n=\lvert x_{n左}-x_{n右}\rvert$						
$d_m^2-d_n^2$							
$\overline{d_m^2-d_n^2}$							
$S_{d_m^2-d_n^2}$							

部分数据处理公式如下：

$\Delta_{d_{mn}}=\sqrt{\Delta_{仪}^2+\Delta_{仪}^2}=\sqrt{0.005^2+0.005^2}\ \mathrm{mm}=$　　　　　　　　mm

$\Delta_{B(d_m^2-d_n^2)}=\sqrt{(2d_{16}\Delta_{d_{mn}})^2+(2d_{22}\Delta_{d_{mn}})^2}=$

$\Delta_{d_m^2-d_n^2}=\sqrt{S_{d_m^2-d_n^2}^2+\Delta_{B(d_m^2-d_n^2)}^2}=$

$\Delta_R=\Delta_{d_m^2-d_n^2}/[4(m-n)\lambda]=$

$$\bar{R}=\frac{\overline{d_m^2-d_n^2}}{4(m-n)\lambda}=$$

$R=\bar{R}\pm\Delta_R=$

$$E_R=\frac{\Delta_R}{\bar{R}}\times100\%=\qquad\qquad\%$$

2. 用劈尖测微小线度

根据有效数字运算规则计算出细丝的直径。

六、思考题

(1) 你所观察到的牛顿环中心是暗斑还是亮斑？试解释其形成原因。

(2) 为什么牛顿环相邻两环的间距随环直径的增大而变小？

(3) 随着劈尖角度的增大，干涉条纹的间距将怎样变化？

(4) 如图 3-51 所示，在测牛顿环直径时，若 d_m 及 d_n 并非第 m 环及第 n 环的直径，而是同一直线上相应环的弦长，在用式(3-64)计算透镜的曲率半径时会不会产生误差？

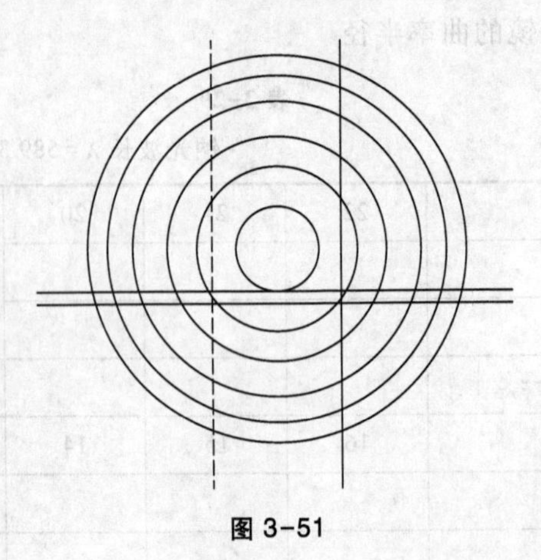

图 3-51

实验十三　分光计的调整和使用

分光计是一种能精确测定光线偏转角度的仪器,常用来测量棱镜顶角、折射率、光波波长、光栅常量、色散率和观测光谱等。由于分光计比较精密,调整部件较多,所以必须严格按一定规则去调整分光计,方能获得较高精度的测量结果。分光计的调整思想、方法与技巧,在光学仪器中具有代表性,学会这些有助于掌握更为复杂的光学仪器,如单色仪、分光镜、摄谱仪等的操作方法。

虚拟仿真

一、实验目的

(1) 了解分光计的结构和测量原理。

(2) 正确掌握分光计的调整方法。

(3) 学会测量三棱镜的顶角。

分光计简介

二、实验仪器

分光计、平面反射镜、玻璃三棱镜。

分光计是用来准确测量角度的光学仪器,它主要由平行光管、望远镜、载物台和读数装置组成,图 3-52 所示为 JJY-1 型分光计的构造,在三脚底座的中心有一竖轴,我们称之为分光计的中心轴,轴上装有可绕其转动的望远镜、载物台、度盘和游标盘。在一个底座的立柱上装有平行光管。现将它们的构造简单介绍如下。

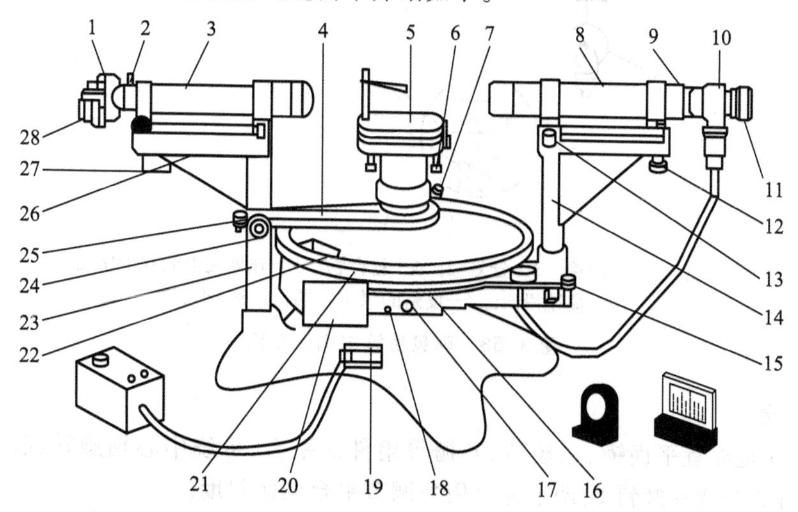

1—狭缝装置; 2—狭缝装置锁紧螺钉; 3—平行光管; 4—游标盘制动架; 5—载物台; 6—调平螺钉(3个); 7—载物台锁紧螺钉; 8—望远镜; 9—目镜筒锁紧螺钉; 10—阿贝目镜; 11—目镜视度调节手轮; 12—望远镜光轴仰角调节螺钉; 13—望远镜光轴水平方位调节螺钉; 14—支撑臂; 15—望远镜方位微调螺钉; 16—转座与度盘止动螺钉; 17—望远镜止动螺钉; 18—望远镜制动架; 19—底座; 20—转盘平衡块; 21—度盘; 22—游标盘; 23—立柱; 24—游标盘微调螺钉; 25—游标盘止动螺钉; 26—平行光管光轴水平方位调节螺钉; 27—平行光管光轴仰角调节螺钉; 28—狭缝宽度调节手轮

图 3-52　JJY-1 型分光计构造

1. 平行光管

平行光管的作用是产生平行光，在镜筒的一端装有消色差透镜组，另一端装有可调狭缝的套管。当狭缝位于透镜组的焦平面上时，由平行光管出射的是平行光。

2. 望远镜

望远镜 8 是用来观察和确定光线行进方向的，它装在支架上，可绕中心轴转动。它主要由复合消色差物镜和阿贝目镜 10 组成，物镜和目镜分别装在镜筒的两端，叉丝装在目镜筒的一端，可随目镜前后移动。常用的目镜有高斯目镜和阿贝目镜。图 3-52 所示的分光计上的目镜是阿贝目镜。

图 3-53 所示为阿贝目镜的结构示意图，其分划板上有黑色的双十字叉丝，上叉丝交点为 P，下叉丝交点为 O。绿色照明光线自筒侧射入，经小棱镜全反射后照到分划板上棱镜投影处，该处有一不透光的薄膜，膜上刻有一个透光的小十字窗，我们称之为亮十字（在目镜中看不到），其中心 Q 与 P 点关于目镜轴线（即下叉丝交点 O）对称。当分划板位于物镜焦平面上时，亮十字发出的光经物镜成为平行光；反之，平行光射入望远镜后，必成像于分划板上。

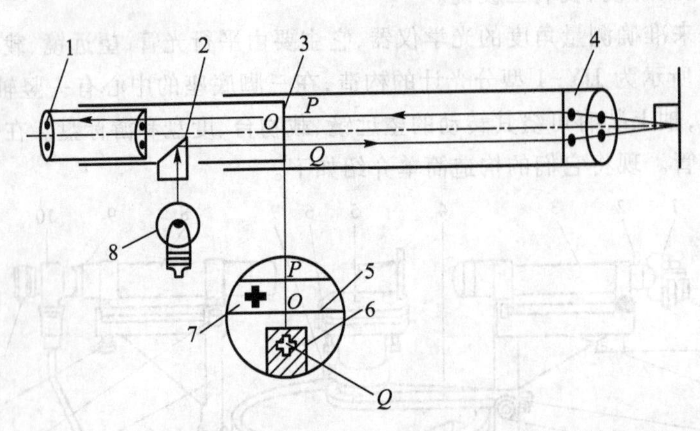

1—目镜；2—小棱镜；3—分划板；4—复合物；5—分划板上的双十字叉丝；
6—棱镜投影；7—反射的绿十字的像；8—小灯

图 3-53 阿贝目镜结构示意图

3. 载物台

载物台 5 是放置平面镜、三棱镜、光栅等组件的平台，可绕中心轴旋转或沿中心轴升降，平台下有 3 个调平螺钉 6，调平螺钉用来调节平台的倾斜度。

4. 读数装置

读数装置

读数装置包括度盘 21 和游标盘 22。其读数方法与游标卡尺读数方法相同，度盘分为 720 个小格，每小格为半度，小于半度由游标读数，游标上刻有 30 个小格，每一小格为 1′。图3-54 所示的读数应为 116°7′。为了避免度盘的偏心差，在游标盘上对称地装有两个游标，测量时两个游标都读数，然后计算出每个游标两次读数之差，取其平均值，即得所测角度值。

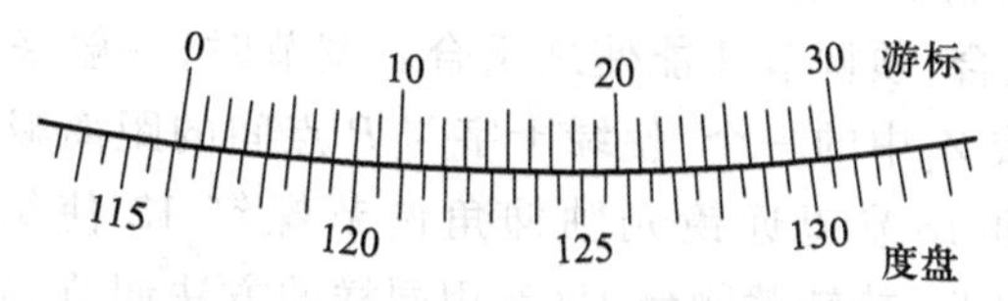

图 3-54　分光计游标盘的读数方法

三、实验步骤

操作前应注意的是，平面反射镜及三棱镜为精密光学器件，严禁用手触摸光学面，以免弄脏或损坏它们。

1. 分光计的调节

分光计调节的基本要求是：使平行光管和望远镜的光轴与仪器的旋转轴垂直。调节前应先熟悉仪器结构，并目测调节，使平行光管和望远镜的光轴及载物台平面大致垂直于中心轴，然后分别对各部分进行调节。

（1）望远镜的调节。

在这一步调节过程中，望远镜和载物台的转动均不会改变已完成的调整，可根据具体需要自由转动。具体调节步骤如下所述。

望远镜调节

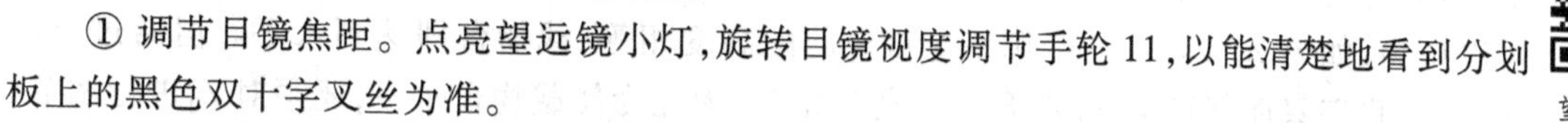

① 调节目镜焦距。点亮望远镜小灯，旋转目镜视度调节手轮 11，以能清楚地看到分划板上的黑色双十字叉丝为准。

② 正确放置平面镜。将一平面反射镜放在载物台两调平螺钉 Z_1、Z_2 的中垂线上，如图 3-55 所示。只要调节 Z_1 或 Z_2 就可以改变平面镜镜面的倾斜角度（而调节 Z_3 则不会改变平面镜镜面的倾斜角度）。

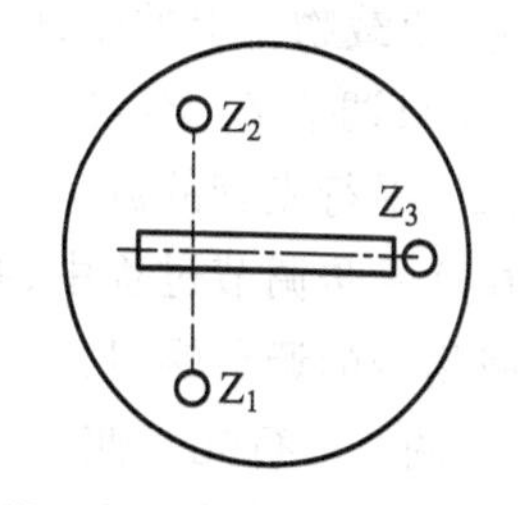

图 3-55　正确放置平面镜

载物台调节

③ 目测使载物台基本水平。先用目测，使载物台最大限度地达到基本水平（当黑色的载物台与其下面的灰色金属平台平面平行且保持一定距离时，我们认为载物台已基本水平）。

④ 找到两侧的绿十字。慢慢转动载物台（注意不要转动平面镜，要转动载物台使平面镜随之转动），当望远镜光轴与平面镜镜面垂直时，根据图 3-53 中的光路图，可从望远镜中看到由平面镜反射回来的绿十字。如找不到（主要是因为望远镜的倾斜角度不合适），需进一步调节望远镜光轴仰角调节螺钉 12。找到绿十字后，转动载物台 180°，用同样的方法在平面镜的另一侧也找到绿十字，而且最终要保证平面镜的两侧都能找到绿十字。

⑤ 望远镜对无穷远聚焦。松开目镜筒锁紧螺钉 9，前后移动目镜筒，直到绿十字最清晰为止，然后重新锁紧目镜筒锁紧螺钉。此时无视差，望远镜对无穷远聚焦。

⑥ 使望远镜光轴垂直于仪器旋转轴。从望远镜中观察平面镜的一个面中的绿十字，若其与分划板上十字叉丝交点 P 重合，则说明该镜面与望远镜的光轴垂直。而若另一面中的绿十字也与 P 点重合，则说明该镜面平行于仪器旋转轴。因此，当平面镜两侧绿十字都与分划板的上十字叉丝交点 P 重合时，望远镜的光轴与仪器的旋转轴垂直。

望远镜对无穷远聚焦后，虽然平面镜两侧都有绿十字的像，但一般它们都不与分划板的上十字叉丝交点 P 重合，须调节才能使之重合。调节时，一般采用渐近法，即先调节载物台上的调平螺钉 Z_1 或 Z_2 中的一个，使绿十字与 P 点间的距离减少为调节前的一半，如图 3-56(a)(b) 所示，再调节望远镜光轴仰角调节螺钉 12 使绿十字与 P 点重合，如图3-56(b)(c)所示。然后，旋转载物台 180°，用同样的方法调节，使平面反射镜的另一面的绿十字也与 P 点重合。然后，再旋转载物台 180°，反复微调，直到平面镜两侧绿十字都与分划板的上十字叉丝交点 P 重合为止。

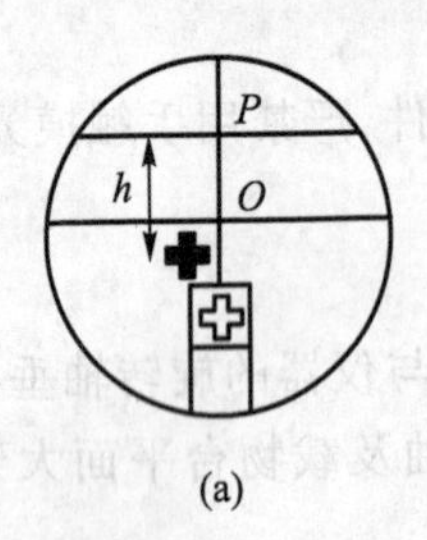

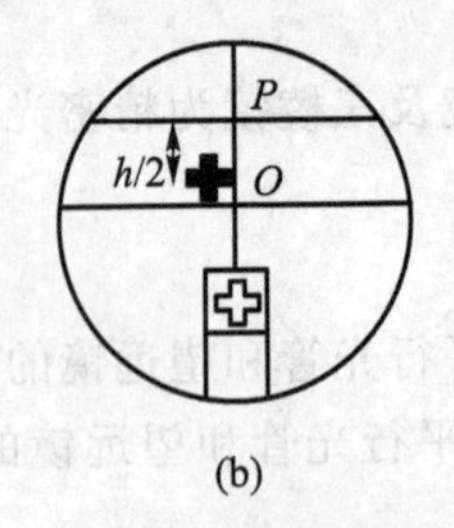

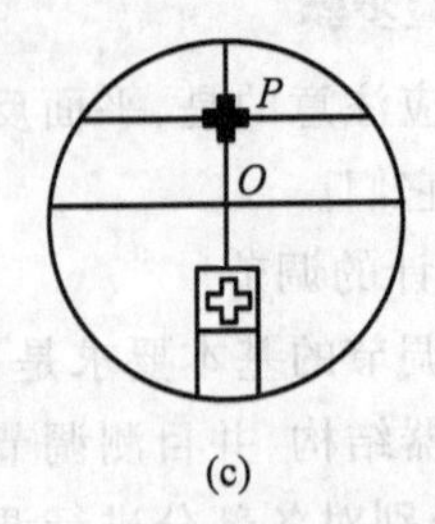

图 3-56　渐近法调节

⑦ Z_3 调平螺钉的调节。通过上面的调节，我们可以认为望远镜光轴垂直于仪器旋转轴，但载物台并不一定达到水平。而载物台的水平可以为后面的实验操作提供便利。我们可以认为，如果 Z_1、Z_2、Z_3 三个调平螺钉升起的高度相等，载物台即达到水平。但通过上面的调节，我们只能保证 Z_1 和 Z_2 升起的高度相等，因此为使载物台水平，还须对 Z_3 进行调节。方法为：使载物台上的平面反射镜旋转 90°，观察任一镜面的绿十字，调节 Z_3 使绿十字与 P 点重合（只调节 Z_3，不调节其他螺钉）。

(2) 平行光管的调节。

平行光管

在这一步调节过程中，我们只调节平行光管一侧的调节螺钉，禁止调节已调好的望远镜和载物台的调节螺钉。

① 调节平行光管使之产生平行光。将已聚焦于无穷远的望远镜作为标准，去掉平面反射镜，并用自然光（或汞光）将狭缝装置 1 照亮，使望远镜和平行光管基本在一条直线上。松开狭缝装置锁紧螺钉 2，旋转并前后移动狭缝装置，直到在望远镜中看到水平、清晰的狭缝像为止，然后重新锁紧狭缝装置锁紧螺钉 2。调节狭缝宽度调节手轮 28，使狭缝像宽约为 1 mm。

② 调节平行光管光轴与仪器的旋转轴垂直。调节平行光管光轴仰角调节螺钉 27，使狭缝像与分划板的下叉丝重合。然后，重新松开狭缝装置锁紧螺钉 2，旋转狭缝装置（注意不要前后移动），使狭缝像竖直，再锁紧狭缝装置锁紧螺钉 2。

(3) 待测三棱镜的调节。

在此步调节中要注意，望远镜已调好，不能再调节望远镜光轴仰角调节螺钉 12，否则前功尽弃。

本操作要求三棱镜的主截面垂直于仪器的旋转轴，即三棱镜的两个光学表面的法线与仪器的旋转轴垂直。为此，根据自准直原理，用已调好的望远镜来进行调节。将三棱镜放置在载物台上，为了调节简便，放置时载物台三个调平螺钉中的任意一个位于三棱镜顶角

α 的角平分线上，如图 3-57 所示，图中 ABC 为三棱镜的主截面，转动载物台，使三棱镜的光学面 AB（或 AC）与望远镜光轴大致垂直，在望远镜中可看到绿十字。调节载物台调平螺钉 Z_1 或 Z_2，使目镜中的绿十字与分划板的上十字叉丝交点 P 重合。然后转动载物台，使三棱镜的另一光学面与望远镜光轴大致垂直，用同样的办法使绿十字与 P 点重合。如此反复多次，直到两光学面反射回的绿十字均与 P 点重合为止。

这样，三棱镜的两光学面分别与望远镜的光轴垂直，而望远镜的光轴已与仪器的旋转轴垂直，则三棱镜的主截面也与仪器的旋转轴垂直。

2. 测量三棱镜的顶角

三棱镜顶角测量

测量三棱镜的顶角的方法有自准直法和反射法，我们采用自准直法，如图 3-58 所示，不是直接测量顶角 α，而是用自准直原理测量两光学面法线的夹角 β，然后计算出顶角 α。

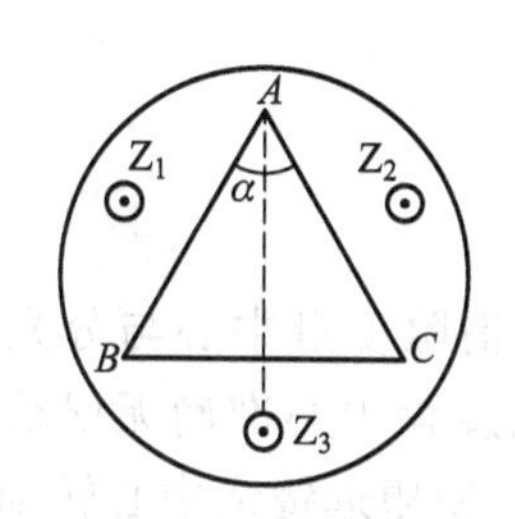

图 3-57　待测三棱镜的调节

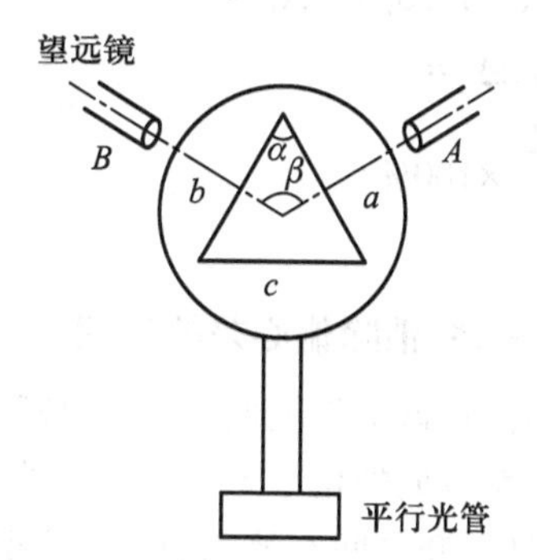

图 3-58　自准直法测三棱镜的顶角

按上述要求将待测三棱镜调节好，锁紧游标盘止动螺钉 25（注意不要将游标压在游标盘制动架 4 的下面而无法读数，也不要使三棱镜的光学面的法线方向太靠近平行光管）。锁紧载物台锁紧螺钉 7，转动望远镜使之正对三棱镜的 a 面，并使反射回来的绿十字的竖线与分划板上的竖线重合，锁紧望远镜止动螺钉 17，记下两个游标的读数 A_1、A_2。松开望远镜止动螺钉 17，用同样方法转动望远镜（不得转动载物台），测量并记下 b 面的读数 B_1、B_2。则顶角 α 为

$$\alpha = 180° - \frac{1}{2}(|A_1 - B_1| + |A_2 - B_2|)$$

重复上述测量过程三次，并将相关数据填入表 3-30。

注意：如果在望远镜从三棱镜的 a 面转到 b 面的过程中，一个游标经过度盘的 0°，则上式中的 $|A_j - B_j|$ 必须按 $|A_j - B_j| = 360° - |A_j - B_j|$ 计算。

四、数据处理

表 3-30

$\Delta_{仪} = 1'$

测量次数	1		2		3	
读数窗编号 j	1	2	1	2	1	2

续表

测量次数		1	2	3
望远镜的方位读数	A			
	B			
$\|A_j-B_j\|$				
α_i				
$\bar{\alpha}$				
S_α				

$\Delta_B=\sqrt{\Delta_{仪}^2+\Delta_{仪}^2}=$　　　　　　　　mm

$\Delta_\alpha=\sqrt{(2.5S_\alpha)^2+\Delta_B^2}=$　　　　　　　　mm

$\alpha=\bar{\alpha}\pm\Delta_\alpha=$　　　　　　　　mm

$E=\dfrac{\Delta_\alpha}{\bar{\alpha}}\times100\%=$　　　　　　　　%

五、附注：消除偏心差的原理

在游标转盘上设置两个相隔 180°的对称游标，目的是消除度盘中心与分光计中心转轴不重合而造成的偏心差。由于仪器在制造时不容易做到度盘中心准确无误地与中心转轴重合，且轴套之间有缝隙，这就不可避免地会产生偏心差，使望远镜绕中心转轴的实际转角 Φ 与游标窗口读得的角度 θ 不一致。如图 3-59 所示，O'为分光计转轴中心，O 为度盘中心，当望远镜绕中心转轴转到 Φ 角时，相隔 180°的两个游标从 T_1、T_2 分别转到 T_1'、T_2'，由度盘读出的两游标转过的角度值分别为 θ_1 和 θ_2，从几何关系可知

$$\Phi+\angle 4=\theta_1+\angle 2 \tag{1}$$

$$\Phi+\angle 3=\theta_2+\angle 1 \tag{2}$$

因为$\angle 1=\angle 4$，$\angle 2=\angle 3$，所以由式（1）和式（2）相加可得

$$\Phi=(\theta_1+\theta_2)/2$$

由上式可见，尽管中心转轴与度盘不同心，但是只要分别读出两个游标转过的角度，取其平均值就可得到望远镜绕中心转轴的实际转角 Φ。

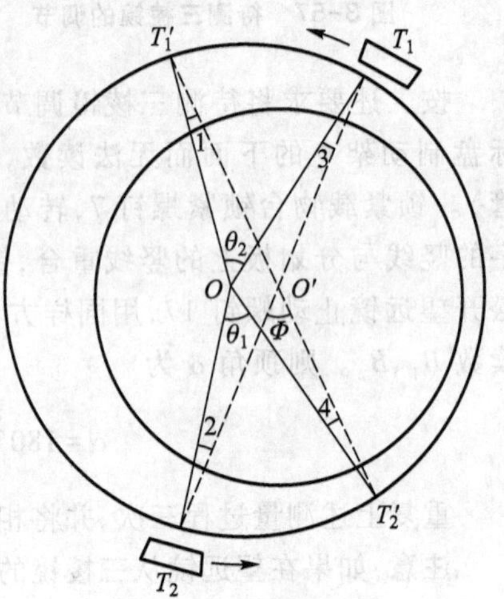

图 3-59　度盘中心与中心转轴不重合产生的偏心差

实验十四　三棱镜折射率的测量

一、实验目的

虚拟仿真

(1) 观察光的色散现象。

(2) 应用最小偏向角原理测定三棱镜玻璃的折射率。

二、实验仪器

分光计、平面反射镜、三棱镜、汞灯。

仪器介绍

三、实验原理

在图3-60中,三角形ABC为三棱镜的主截面,AB和AC表示两个光学面(亦称折射面),其夹角A称为三棱镜的顶角,BC为底面(有的做成毛面)。当一束与主截面平行的单色平行光以入射角i射入AB面,以出射角r'从AC面射出时,我们称入射线与出射线间的夹角Δ为光束的偏向角。由图可知

望远镜

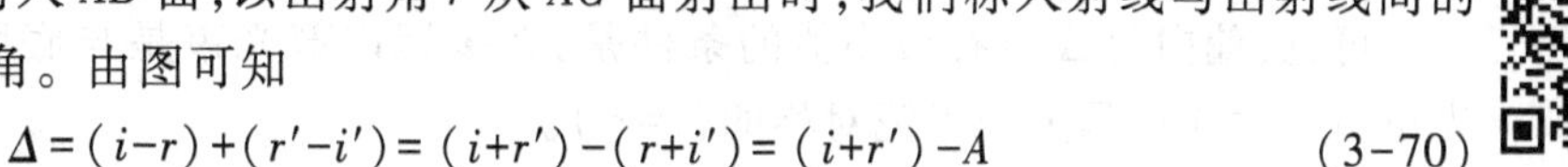

$$\Delta=(i-r)+(r'-i')=(i+r')-(r+i')=(i+r')-A \tag{3-70}$$

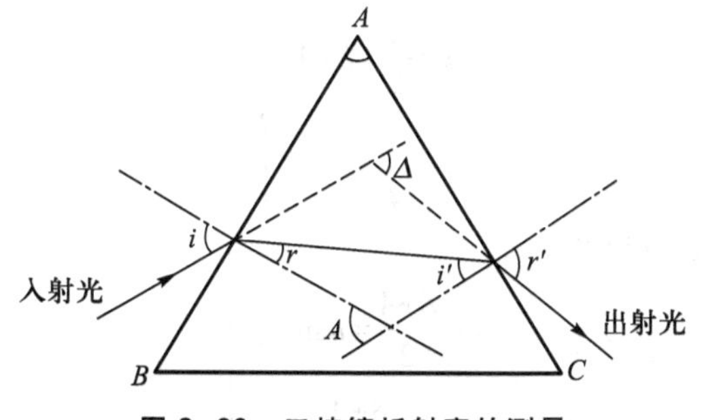

图3-60　三棱镜折射率的测量

载物台

对于给定棱镜来说,A为一定值,偏向角Δ随i及r'而变。又因r'、i'、r、i依次有函数关系,因此r'归根结底是i的函数,于是Δ仅随i而变化。实验证明,偏向角Δ存在一个最小值δ,我们称之为最小偏向角。下面就用求极值的方法来寻找具有最小偏向角时所应满足的条件。

平行光管

令$\dfrac{\mathrm{d}\Delta}{\mathrm{d}i}=0$,则由式(3-70)得

读数装置

$$\left.\begin{aligned}\frac{\mathrm{d}r'}{\mathrm{d}i}=-1\\ \frac{\mathrm{d}i'}{\mathrm{d}r}=-1\end{aligned}\right\} \tag{3-71}$$

实验原理

根据光的折射定律有

$$\left.\begin{aligned}\sin i=n\sin r\\ \sin r'=n\sin i'\end{aligned}\right\} \tag{3-72}$$

由式(3-71)及式(3-72)得

$$\begin{aligned}\frac{\mathrm{d}r'}{\mathrm{d}i}&=\frac{\mathrm{d}r'}{\mathrm{d}i'}\frac{\mathrm{d}i'}{\mathrm{d}r}\frac{\mathrm{d}r}{\mathrm{d}i}\\&=\frac{n\cos i'}{\cos r'}(-1)\frac{\cos i}{n\cos r}\\&=-\frac{(\cos i')\sqrt{1-n^2\sin^2 r}}{(\cos r)\sqrt{1-n^2\sin^2 i'}}\\&=-\frac{\sqrt{\sec^2 r-n^2\tan^2 r}}{\sqrt{\sec^2 i'-n^2\tan^2 i'}}\\&=-\frac{\sqrt{1+(1-n^2)\tan^2 r}}{\sqrt{1+(1-n^2)\tan^2 i'}}=-1\end{aligned}\tag{3-73}$$

由式(3-73)可得 $\tan r=\tan i'$。在棱镜折射的条件下，r 和 i' 均小于 $\frac{\pi}{2}$，于是有

$$r=i'\tag{3-74}$$

可见，偏向角 Δ 具有最小值的条件是：在棱镜内部光束是与底面平行的，或者说入射光束与出射光束是关于棱镜对称的（$i=r'$）。

将 Δ 具有最小值的条件代入式(3-70)得 $\delta=2i-A$，又因此时 $A=r+i'=2r$，于是

$$\left.\begin{aligned}i&=\frac{1}{2}(\delta+A)\\r&=\frac{1}{2}A\end{aligned}\right\}\tag{3-75}$$

由式(3-72)及式(3-75)得

$$\left.\begin{aligned}&\sin\frac{\delta+A}{2}=n\sin\frac{A}{2}\\&n=\frac{\sin\frac{\delta+A}{2}}{\sin\frac{A}{2}}\end{aligned}\right\}\tag{3-76}$$

可见，只要测得所给棱镜的顶角 A 及对某种颜色光的最小偏向角 δ，便可求得棱镜玻璃对该颜色光的折射率 n。通常所说的某物质的折射率 n，是对钠黄光（$\lambda=589.3$ nm）而言的。

四、实验步骤

实验操作

操作前应注意：平面反射镜及三棱镜为精密光学器件，严禁用手触摸其光学面，以免弄脏或损坏其光学面。另外汞灯开启后需预热 10 min，然后方可正常使用，使用过程中不得频繁开关汞灯。

参照实验十三调整好分光计，并测定三棱镜的顶角，将数据记入表 3-31。

分别测量三棱镜对紫、绿、黄光的最小偏向角，如下所述，将数据记入表 3-32。

(1) 按图 3-61 所示方位将三棱镜置于载物台上，关掉阿贝目镜的小灯，对准狭缝打开汞灯，判断折射光线的出射方向。先用眼睛沿光线可能的出射方向观察，微微转动载物

台，当观察到出射的彩色谱线时，再使望远镜对向谱线，从望远镜中观察。认定一种单色谱线，如紫色谱线，再继续转动载物台，注意谱线偏向角 Δ 的变化情况，沿着使偏向角 Δ 减少的方向缓慢转动载物台，当看到紫色谱线移至某一位置后又反向移动时，说明谱线在逆转处具有最小偏向角 δ，当发现偏向角最小值出现后，应反复微转载物台仔细确定最小偏向角的方位，锁定载物台，转动望远镜使分划板竖线与紫色谱线重合，记下望远镜的方位 $T_{紫}(\theta_1,\theta_2)$。

三棱镜
顶角测量

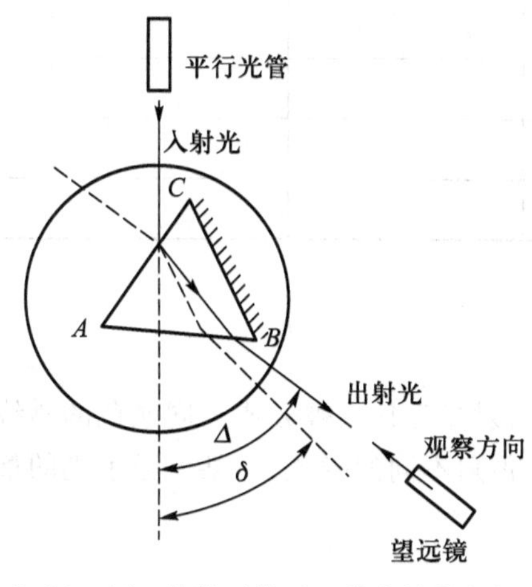

图 3-61　测三棱镜对紫、绿、黄光的最小偏向角

（2）参照步骤（1）分别测定绿色及黄色光出现最小偏向角时望远镜的相应方位 $T_{绿}(\theta_1,\theta_2)$ 及 $T_{黄}(\theta_1,\theta_2)$。

（3）从载物台上去掉三棱镜，使望远镜对准平行光管，测望远镜对准入射光时的方位 $T_0(\theta_{10},\theta_{20})$。

五、数据处理

1. 测三棱镜的顶角 A

表 3-31

测量次数 i		1		2		3	
读数窗编号 j		1	2	1	2	1	2
望远镜的方位	T						
	T'						
$\lvert T-T'\rvert$							
A_i							

$$A_i=\frac{1}{2}[(180°-|T_1-T'_1|)+(180°-|T_2-T'_2|)]$$

$$A=\frac{1}{3}(A_1+A_2+A_3)=$$

2. 测紫、绿、黄光的最小偏向角,并计算棱镜对紫、绿、黄光的折射率

表 3-32

入射光方向 $\theta_{10}=$ ，$\theta_{20}=$

光的颜色	望远镜方位		$\delta_1=\lvert\theta_1-\theta_{10}\rvert$	$\delta_2=\lvert\theta_2-\theta_{20}\rvert$	$\delta=\frac{1}{2}(\delta_1+\delta_2)$	$n=\frac{\sin\frac{A+\delta}{2}}{\sin\frac{A}{2}}$
	θ_1	θ_2				
紫						
绿						
黄						

六、思考题

(1) 汞光射入棱镜后,出射光为什么被分成不同颜色的谱线?

(2) 同一种材料制成的顶角不同的棱镜,对某一颜色光的最小偏向角是否相同?

实验十五　光栅特性研究

一、实验目的

（1）观察光的衍射现象。

（2）借助已知波长的光测定光栅常量。

（3）学会用光栅测量光波波长的方法。

仪器介绍

二、实验仪器

分光计、平面反射镜、光栅、汞灯。

望远镜

三、实验原理

光栅是摄谱仪、单色仪等光学仪器中的重要分光组件。它是利用多缝衍射使光波发生色散的原理，在一块透光的平板上刻上若干条等宽度、等间距的不透光的直线刻痕而制成的。光栅通常在 1 cm 的线度内刻有上千条刻痕。若以 a 表示光栅刻痕的距离，以 b 表示刻痕之间的距离（即透光狭缝的宽度），则 $d=a+b$ 称为光栅常量。如图 3-62 所示，当一束波长为 λ 的平行光垂直照射到光栅面上时，透过各狭缝的光线因衍射将向各个方向传播，经透镜会聚后相互干涉。根据光波的叠加原理，光程差等于 0 或波长的整数倍时形成亮条纹。由图 3-62 可知，所有狭缝具有相同出射角 φ 的衍射光线均会聚于一条与狭缝平行的直线上，相邻两狭缝衍射光的光程差为 $(a+b)\sin\varphi$，于是形成亮条纹的条件是

载物台

$$(a+b)\sin\varphi=k\lambda \tag{3-77}$$

平行光管

即

$$d\sin\varphi=k\lambda \tag{3-78}$$

我们通常称式(3-78)为光栅方程。式中，$k=0,1,2,3,\cdots$ 称为干涉条纹（谱线）的级次，φ 是第 k 级谱线的衍射角。如果已知 d，并测出 k 和 φ，就可根据式(3-78)计算出波长 λ。同理，若已知波长，测出 k 和 φ，就可计算出 d 的值。

读数装置

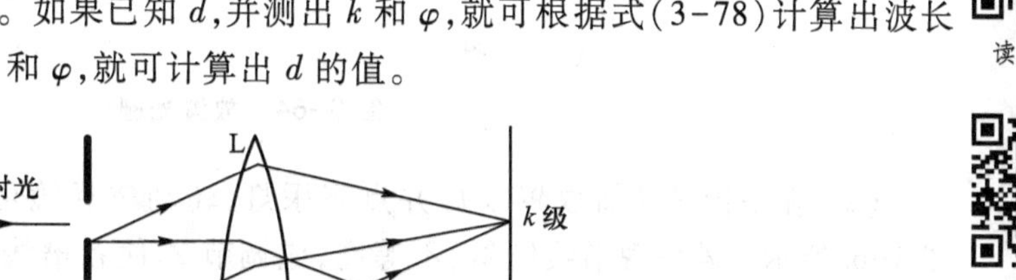

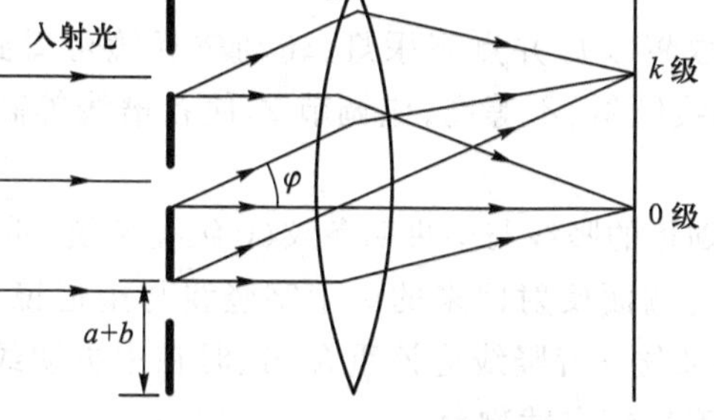

图 3-62　光栅原理

实验原理

当投向光栅的平行光束为复色光时，由光栅方程可知，同级次的衍射谱线的衍射角将随光的波长而异，波长大的，衍射角也大。因此，同级衍射谱线将按波长大小顺次排列，形成彩色线光谱，并对称地分布在 0 级谱线的两侧，如图 3-63 所示。

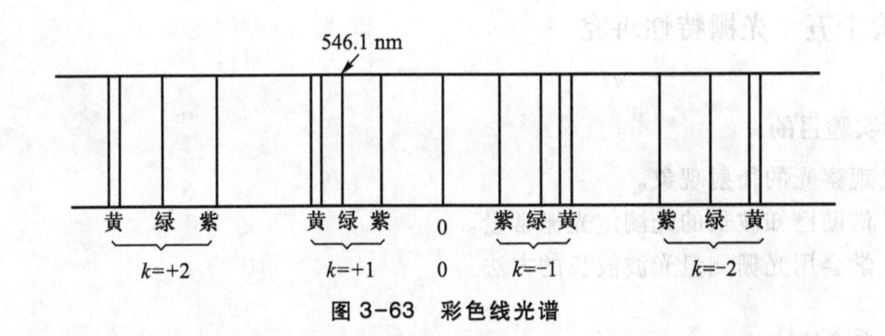

图 3-63　彩色线光谱

四、实验步骤

实验操作

1. 调整分光计

按实验十三中介绍的分光计调整方法调整好分光计。

2. 调整光栅

(1) 放置光栅，将光栅按图 3-64 所示位置放在载物台上，使光栅平面垂直平分 Z_1、Z_2 连线。调节 Z_1 或 Z_2 直到光栅平面与望远镜光轴垂直为止(此时望远镜光轴已调好，切勿再调)，此时平行光管出射的平行光垂直入射光栅表面。

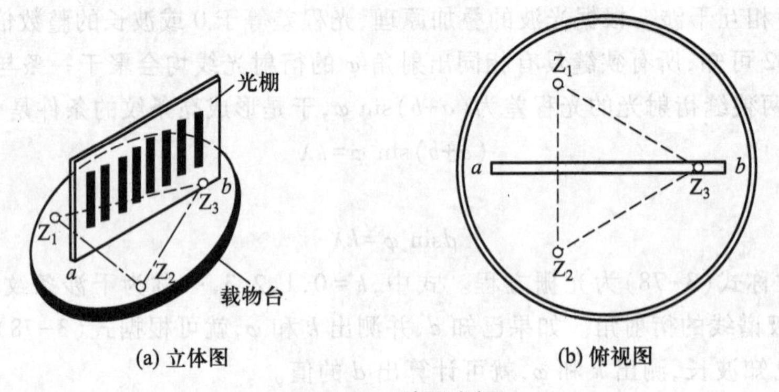

图 3-64　放置光栅

(2) 在平行光管前放置汞灯并点亮汞灯，转动望远镜可看到汞灯的衍射光谱线，如图 3-65所示。若发现谱线倾斜、不等高，应调节 Z_3 使各谱线等高。调好后光栅狭缝与平行光管狭缝平行。

(3) 使望远镜中分划板的竖线与中央明条纹(0 级亮条纹)重合。锁定游标盘(即锁定望远镜)，微转载物台使光栅面反射回来的绿十字竖线与望远镜分划板竖线重合，此时绿十字、0 级亮条纹和十字叉丝三者竖线应该重合(这时在中央明纹两侧相同级次的同颜色光的衍射角大小应该相等)，锁定载物台。

3. 测光栅常量和各谱线的波长

(1) 旋松望远镜锁定螺钉，转动望远镜，观察 0 级亮条纹左、右两侧的 1、2、3 级紫、绿、黄三色谱线。如都能看清楚，则可进行测量。

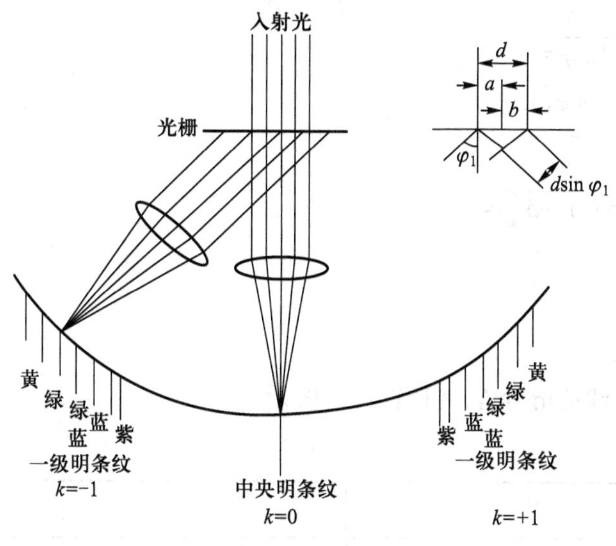

图 3-65　光栅调整

（2）依次使望远镜对准 0 级亮条纹右侧的 1、2、3 级绿色谱线，并记录望远镜各相应位置 T；再依次使望远镜对准 0 级亮条纹左侧的 1、2、3 级绿色谱线，并记录望远镜各相应位置 T'，将数据记入表 3-33。

（3）参照以上步骤，对紫色谱线进行测量，将数据记入表 3-34。

（4）参照以上步骤，对黄色谱线进行测量，将数据记入表 3-35。

五、数据处理

1. 测定绿色谱线的衍射角，并计算光栅常量

表 3-33

汞灯绿光波长 $\lambda_1 = 546.1\ \text{nm}, \Delta_{仪} = 0.000\ 3\ \text{rad}$

级次 k		1		2		3	
读数窗编号 j		1	2	1	2	1	2
望远镜的位置	T						
	T'						
$\varphi_{kj} = \dfrac{1}{2}\lvert T-T' \rvert$							
$\varphi_k = \dfrac{1}{2}(\varphi_{k1}+\varphi_{k2})$							
$x = \dfrac{k}{\sin \varphi_k}$							

$\overline{x}=$　　　　　　　　　　　　　　　　　$S_x=$

（1）$\Delta_{\varphi_k}=\sqrt{\Delta_{仪}^2+\Delta_{仪}^2}=$

（2）$\Delta_{Bx}=\dfrac{(1\cdot\cos\varphi_1)\Delta_{\varphi_k}}{\sin^2\varphi_1}=$

（3）$\Delta_x=\sqrt{(2.5S_x)^2+\Delta_{Bx}^2}=$

（4）$\Delta_d=\lambda_l\Delta_x=$

（5）$\overline{d}=\lambda_1\overline{x}=$

（6）$d=\overline{d}\pm\Delta_d=$

2. 测定紫色谱线的衍射角，并计算其波长 λ_z

表 3-34

级次 k	1		2		3	
读数窗编号 j	1	2	1	2	1	2
望远镜的位置 T						
望远镜的位置 T'						
$\varphi_{kj}=\frac{1}{2}\lvert T-T'\rvert$						
$\varphi_k=\frac{1}{2}(\varphi_{k1}+\varphi_{k2})$						
$y=\frac{\sin\varphi_k}{k}$						

$\overline{y}=$　　　　　　　　　　　　　　　　　$S_y=$

（1）$\Delta_{\varphi_k}=\sqrt{\Delta_{仪}^2+\Delta_{仪}^2}=$

（2）$\Delta_{By}=(\cos\varphi_1)\Delta_{\varphi_k}=$

（3）$\Delta_y=\sqrt{(2.5S_y)^2+\Delta_{By}^2}=$

（4）$\overline{\lambda_z}=\overline{d}\,\overline{y}=$

（5）$E_r=\dfrac{\Delta_{\lambda_z}}{\overline{\lambda_z}}=\sqrt{\left(\dfrac{\Delta_d}{\overline{d}}\right)^2+\left(\dfrac{\Delta_y}{\overline{y}}\right)^2}=$

（6）$\Delta_{\lambda_z}=E_r\,\overline{\lambda_z}=$

（7）$\lambda_z=\overline{\lambda_z}\pm\Delta_{\lambda_z}=$

3. 测定黄色谱线的衍射角，并计算其波长 λ_h

表 3-35

级次 k		1		2		3	
读数窗编号 j		1	2	1	2	1	2
望远镜的位置	T						
	T'						
$\varphi_{kj}=\frac{1}{2}\lvert T-T'\rvert$							
$\varphi_k=\frac{1}{2}(\varphi_{k1}+\varphi_{k2})$							
$y=\frac{\sin\varphi_k}{k}$							

$\overline{y}=$　　　　　　　　　　$S_y=$

(1) $\Delta_{\varphi_k}=\sqrt{\Delta_{仪}^2+\Delta_{仪}^2}=$

(2) $\Delta_{By}=(\cos\varphi_1)\Delta_{\varphi_k}=$

(3) $\Delta_y=\sqrt{(2.5S_y)^2+\Delta_{By}^2}=$

(4) $\overline{\lambda_h}=\overline{d}\,\overline{y}=$

(5) $E_r=\frac{\Delta_{\lambda_h}}{\overline{\lambda_h}}=\sqrt{\left(\frac{\Delta_d}{\overline{d}}\right)^2+\left(\frac{\Delta_y}{\overline{y}}\right)^2}=$

(6) $\Delta_{\lambda_h}=E_r\,\overline{\lambda_h}=$

(7) $\lambda_h=\overline{\lambda_h}\pm\Delta_{\lambda_h}=$

六、思考题

(1) 对于光栅，人们常说它每毫米有多少条(刻痕)，你在实验中所用的光栅每毫米有多少条(刻痕)？

(2) 在衍射光谱中，同级的紫色谱线与绿色谱线哪个衍射角大？

实验十六 用光电效应测定普朗克常量

当光照射在物体上时，光的能量只有一部分以热的形式被物体所吸收，而另一部分则转化为物体中某些电子的能量，使这些电子逸出物体表面，这种现象称为光电效应。在光电效应这一现象中，光显示出它的粒子性，因此深入观察光电效应现象，对认识光的本性具有极其重要的意义。普朗克常量 h 是 1900 年普朗克为了解决黑体辐射能量分布问题时提出的“能量子”假设中的一个普适常量，是基本作用量子，也是粗略地判断一个物理体系是否需要用量子力学来描述的依据。

1905 年，爱因斯坦为了解释光电效应现象，提出了“光量子”假设，即频率为 ν 的光子能量为 $h\nu$。当电子吸收了光子能量 $h\nu$ 之后，其中一部分消耗于电子的逸出功 W，另一部分转化为电子的动能$\frac{1}{2}mv^2$，即

$$\frac{1}{2}mv^2=h\nu-W \tag{3-79}$$

式(3-79)称为爱因斯坦光电效应方程。1916 年，密立根首次用油滴实验证实了爱因斯坦光电效应方程，并在当时的条件下，较为精确地测得了普朗克常量：$h=6.63\times10^{-34}$ J · s，其不确定度大约为 0.5%。这一数据与现在的公认值比较，相对误差也只有 0.9%。1923 年，密立根因这项工作而荣获诺贝尔物理学奖。

目前利用光电效应制成的光电器件，如光电管、光电池、光电倍增管等已成为生产和科研中不可缺少的重要器件。

一、实验目的

(1) 了解光电效应的基本规律，验证爱因斯坦光电效应方程。

(2) 掌握用光电效应测定普朗克常量 h 的方法。

二、实验仪器

实验仪器

FB807 型光电效应(普朗克常量)测定仪，坐标纸两张(15 cm×15 cm，10 cm×10 cm)。

(1) 实验仪器构成：FB807 型光电效应(普朗克常量)测定仪由光电检测装置和测定仪主机两部分组成。光电检测装置包括光电管暗箱、汞灯灯箱、汞灯电源箱和导轨等。

(2) FB807 型光电效应(普朗克常量)测定仪是主要包含微电流放大器和直流电压发生器两大部分的整体仪器。

(3) 光电管暗箱：安装有滤色片、光阑(可调节)、挡光罩、光电管。

(4) 汞灯灯箱：安装有汞灯管、挡光罩。

(5) 汞灯电源箱：箱内安装镇流器，提供点亮汞灯的电源。

(6) 实验仪器的组成如图 3-66 所示。

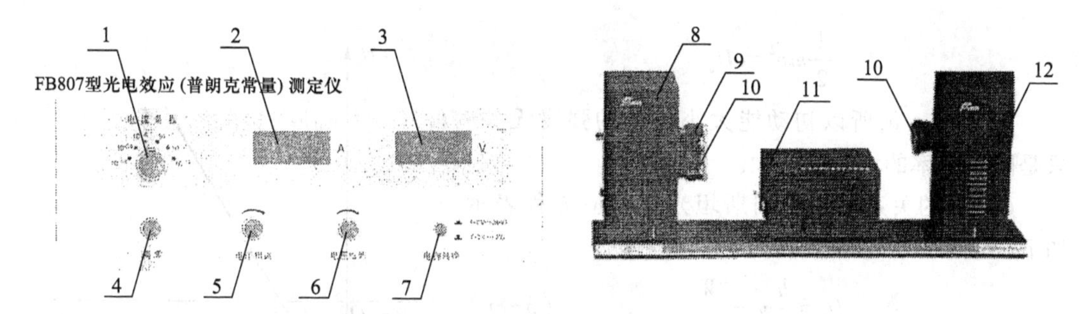

1—电流量程调节旋钮及其量程指示；2—光电管输出微电流指示表；3—光电管工作电压指示表；
4—微电流指示表调零旋钮；5—光电管工作电压调节（粗调）；6—光电管工作电压调节（细调）；
7—光电管工作电压转换按钮（按钮释放测量截止电位，按钮按下测量伏安特性）；
8—光电管暗箱；9—滤色片、光阑（可调节）总成；10—挡光罩；11—汞灯电源箱；12—汞灯灯箱

图 3-66

三、实验原理

光电效应实验示意图如图 3-67 所示，图中 GD 是光电管，K 是光电管阴极，A 为光电管阳极，G 为微电流计，V 为电压表，E 为电源，R 为滑动变阻器，调节 R 可以得到实验所需要的加速电压 U_{AK}。光电管的 A、K 之间可获得从 $-U$ 到 0 再到 $+U$ 连续变化的电压。实验时用的单色光是从低压汞灯光谱中用干涉滤色片过滤得到的，其波长分别为：365 nm，405 nm，436 nm，546 nm，577 nm。

实验原理

无光照射阴极时，由于阳极和阴极是断路的，所以 G 中无电流通过。用光照射阴极时，由于阴极释放出电子而形成阴极光电流（简称阴极电流）。加速电压 U_{AK} 越大，阴极电流越大，在 U_{AK} 增加到一定数值后，阴极电流不再增大而达到某一饱和值 I_H，I_H 的大小和照射光的强度成正比（图 3-68）。加速电压 U_{AK} 变为负值时，阴极电流会迅速减少，当加速电压 U_{AK} 降到一定数值时，阴极电流变为“0”，与此对应的电压称为遏止电压，用 U_a 来表示。$|U_a|$ 的大小与光的强度无关，而是随着照射光的频率的增大而增大（图 3-69）。

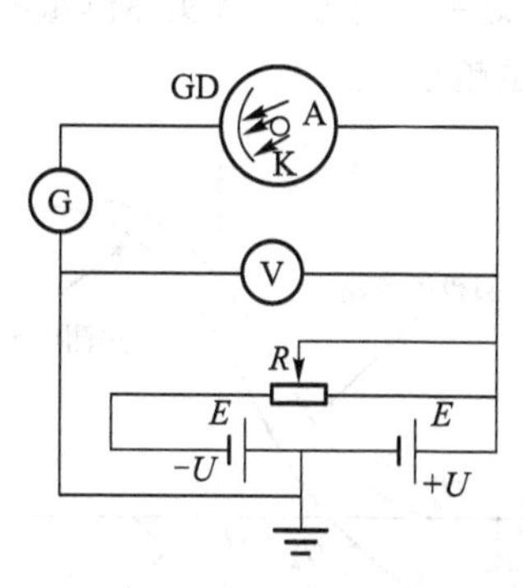

图 3-67　光电效应实验示意图

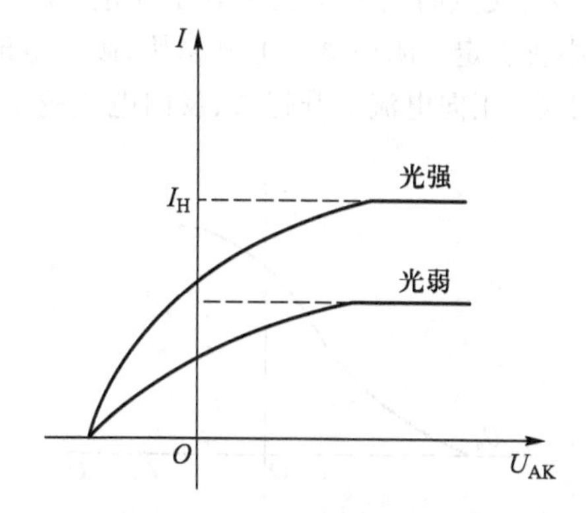

图 3-68　光电管的伏安特性曲线

（1）饱和电流的大小与光的强度成正比。

（2）光电子从阴极逸出时具有初动能，其最大值等于它反抗电场力所做的功，即

$$\frac{1}{2}mv^2=eU_a$$

因为 $U_a \propto \nu$，所以初动能大小与光的强度无关，只是随着频率的增大而增大。

$U_a \propto \nu$ 的关系可用爱因斯坦光电效应方程表示如下：

$$U_a=\frac{h}{e}\nu-\frac{W}{e} \tag{3-80}$$

实验时用不同频率的单色光（ν_1,ν_2,ν_3,ν_4）照射阴极，测出相对应的遏止电压（$U_{a1},U_{a2},U_{a3},U_{a4}$），然后画出 U_a-ν 图，由此图的斜率即可求出 h。当光子的能量 $h\nu \leqslant W$ 时，无论用多强的光照射，光电子都不可能逸出。与此相对应的光的频率则称为阴极的红限频率，且用 ν_0 来表示。实验时可以从 U_a-ν 图的截距求出阴极的红限频率和逸出功。本实验的关键是正确确定遏止电压，画出 U_a-ν 图。至于在实际测量中如何正确地确定遏止电压，还需根据所使用的光电管来决定。下面就对如何确定遏止电压的问题作简要的分析与讨论。

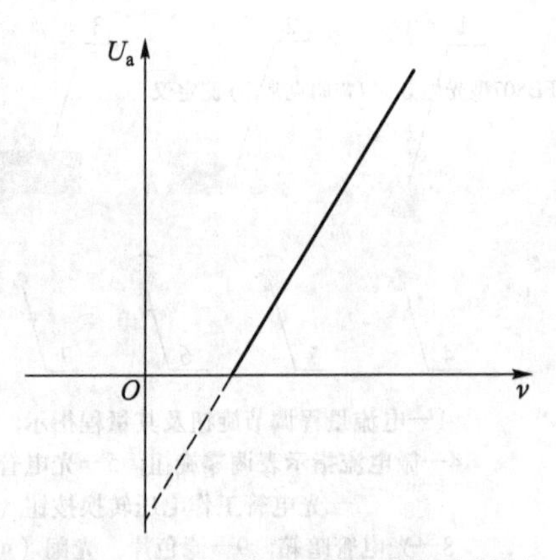

图 3-69　光电管遏止电压的频率特性

遏止电压的确定：如果使用的光电管对可见光都比较灵敏，而暗电流也很小，那么由于阳极包围着阴极，所以即使加速电压为负值，阴极发射的光电子仍能大部分射到阳极。而阳极材料的逸出功又很高，可见光照射时是不会发射光电子的，其电流特性曲线如图 3-70 所示。图中电流为 0 时的电压就是遏止电压 U_a。然而，光电管在制造过程中，工艺上很难保证阳极不被阴极材料所污染（这里污染的含义是：阴极表面的低逸出功材料溅射到阳极上），而且这种污染还会在光电管的使用过程中日趋加重。被污染后的阳极逸出功降低，当从阴极反射过来的散射光照到它时，便会发射出电子而形成阳极光电流。实验中测得的电流特性曲线是阳极光电流和阴极光电流叠加的结果，如图 3-71 的实线所示。由图 3-71 可见，由于阳极的污染，实验时出现了反向电流。特性曲线与横轴交点的电流虽然等于“0”，但阴极光电流并不等于“0”，交点的电压 U_a' 也不等于遏止电压 U_a。两者之差由阴极电流上升的快慢和阳极电流的大小所决定。阴极电流上升越快，阳极电流越小，U_a' 与 U_a 之差也越小。从实际测量的电流曲线上看，正向电流上升越快，反向电流越小，U_a' 与 U_a 之差也越小。

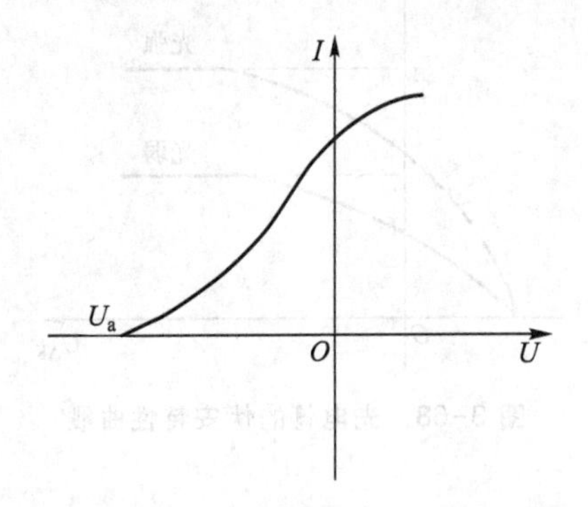

图 3-70　光电管理想的电流特性曲线

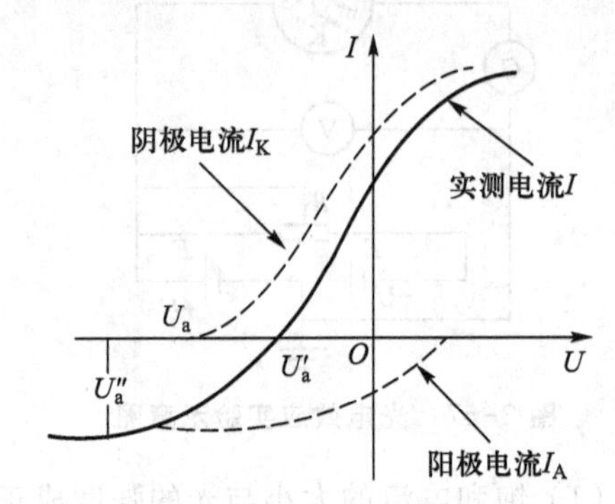

图 3-71　光电管老化后的电流特性曲线

由图 3-71 我们可以看到，由于电极结构等原因，实际上阳极电流往往缓慢饱和，在加速电压变到 U_a 时，阳极电流仍未达到饱和，所以反向电流刚开始饱和的拐点电压 U_a'' 也不等于遏止电压 U_a。两者之差视阳极电流饱和快慢而异。阳极电流饱和得越快，两者之差越小。若在负电压增至 U_a 之前阳极电流已经饱和，则拐点电压就是遏止电压 U_a。总而言之，对于不同的光电管应该根据其电流特性曲线的不同而采用不同的方法来确定其遏止电压。假如正向电流上升得很快，反向电流很小，则可以将光电流特性曲线与暗电流特性曲线交点的电压 U_a' 近似地当成遏止电压 U_a（交点法）。若反向特性曲线的反向电流虽然较大，但其饱和速度很快，则可将反向电流开始饱和时的拐点电压 U_a'' 近似地当成遏止电压 U_a（拐点法）。

四、实验内容

1. 测试前的准备

仪器连接：将 FB807 型光电效应（普朗克常量）测定仪和汞灯的电源接通（光电管暗箱调节到遮光位置），预热 20 min。调整光电管与汞灯距离约为 40 cm，并保持不变。用专用连接线将光电管暗箱电压输入端与测定仪后面板上的电压输出端连接起来（红对红，黑对黑）。

实验操作

将“电流量程”选择开关置于合适挡位：测量遏止电压时调到 10^{-13} A，测量伏安特性时调到 10^{-10} A（或 10^{-11} A）。测定仪在开机或改变电流量程后，都需要进行调零。调零时应将光电管暗箱电流输出端与测定仪微电流输入端（在后面板上）断开，旋转“调零”旋钮使电流指示为 000.0。调节好后，用 Q9 插头高频匹配电缆将信号电流输入端与光电管暗箱上的信号电流输出端连接起来。

2. 测定遏止电压、伏安特性曲线

由于本实验仪器的电流放大器灵敏度高、稳定性好，光电管阳极反向电流、暗电流水平也较低，所以在测量各谱线的遏止电压 U_a 时，可采用零电流法（即交点法），即直接将各谱线照射下测得的电流为 0 时对应的电压 U_{AK} 的绝对值作为遏止电压 U_a。此法的前提是阳极反向电流、暗电流和本底电流都很小，用零电流法测得的遏止电压与真实值相差较小，且各谱线的遏止电压差 ΔU 都对 $U_a-\nu$ 曲线的斜率无大的影响，这样对 h 的测量不会产生大的影响。

（1）测量遏止电压。

光电管工作电压转换按钮处于释放状态，电压调节范围是 −2～+2 V，“电流量程”调节旋钮应置于 $\times10^{-13}$ A 挡。在不接输入信号的状态下对微电流测量装置调零。操作方法是：将光电管暗箱前面的转盘用手轻轻拉出约 3 mm，即脱离定位销，把 $\Phi=4$ mm 的光阑标志对准上面的白点，使定位销复位。再把装滤色片的转盘放在挡光位，即指示“0”对准上面的白点，在此状态下测量光电管的暗电流。然后把 365 nm 的滤色片转到窗口（通光口），此时把电压表显示的 U_{AK} 值调节为 −1.999 V；打开汞灯遮光盖，电流表显示对应的电流值 I 应为负值。调节电压的粗调和细调旋钮，逐步升高工作电压（即使负电压绝对值减小）。当电压到达某一数值，光电管输出电流为 0 时，记录对应的工作电压 U_{AK}，该电压即 365 nm 单色光的遏止电压。然后按顺序依次换上 405 nm，436 nm，546 nm，577 nm 的滤色片，重复以上测量步骤，记录数据于表 3-36 中。

(2) 测量光电管的伏安特性曲线。

此时,将光电管工作电压转换按钮按下,电压调节范围变为$-2\sim30$ V,"电流量程"调节旋钮应转换至$\times10^{-10}$ A挡,并重新调零。其余操作步骤与"测量遏止电压"类似,不过此时要把每一个工作电压和对应的电流值加以记录,以便画出饱和伏安特性曲线,并对该特性曲线进行研究分析。

① 观察在同一光阑、同一距离条件下的5条伏安特性曲线。记录所测U_{AK}及I的数据到表3-37中,在15 cm×15 cm的坐标纸上作对应于以上波长及光强的伏安特性曲线。

② 观察同一距离、不同光阑(不同光通量)的某条谱线所在的饱和伏安特性曲线。测量并记录对同一谱线、同一入射距离,而光阑孔径分别为2 mm、4 mm、8 mm时对应的电流值于表3-38中,验证光电管的饱和光电流与入射光强成正比。

③ 观察同一光阑、不同距离(不同光强)的某条谱线所在的饱和伏安特性曲线。在U_{AK}为30 V时,测量并记录对同一谱线、同一光阑,光电管与入射光在不同距离时,如300 mm、350 mm、400 mm等对应的电流值于表3-39中,同样可以验证光电管的饱和光电流与入射光强成正比。

五、数据处理

由表3-36的实验数据,用10 cm×10 cm坐标纸画出$U_a-\nu$图,求出直线的斜率K,即可用$h=eK$求出普朗克常量h,把它与公认值h_0比较,求出实验结果的相对误差$E=(h-h_0)/h_0$,式中$e=1.602\times10^{-19}$ C,$h_0=6.626\times10^{-34}$ J·s。

表3-36　$U_a-\nu$关系

波长 λ_i/nm	365	405	436	546	577
频率 ν_i/(10^{14} Hz)	8.214	7.408	6.879	5.490	5.196
遏止电压 U_{ai}/V					

表3-37　$I-U_{AK}$关系

$\lambda_1=365$ nm	U_{AK}/V												
	I/(10^{-10} A)												
$\lambda_2=405$ nm	U_{AK}/V												
	I/(10^{-10} A)												
$\lambda_3=436$ nm	U_{AK}/V												
	I/(10^{-10} A)												
$\lambda_4=546$ nm	U_{AK}/V												
	I/(10^{-10} A)												
$\lambda_5=577$ nm	U_{AK}/V												
	I/(10^{-10} A)												

表 3-38　I_M-P 关系

U_{AK} = ________ V，λ = ________ nm，L = ________ mm

光阑孔径 Φ/mm	2	4	8
$I/(10^{-10}\ A)$			

表 3-39　I_M-P 关系

U_{AK} = ________ V，λ = ________ nm，Φ = ________ mm

距离 L/mm	300	350	400
$I/(10^{-10}\ A)$			

六、思考题

（1）测定普朗克常量的关键是什么？怎样根据光电管的特性曲线选择适宜的测定遏止电压 U_a 的方法？

（2）从遏止电压 U_a 与入射光的频率 ν 的关系曲线中，你能确定阴极材料的逸出功吗？

（3）本实验存在哪些误差来源？在实验中如何解决这些问题？

实验十七　迈克耳孙干涉仪的调整及使用

虚拟仿真

迈克耳孙干涉仪是一种分振幅的双光束干涉测量仪器，是美国科学家迈克耳孙（A.A. Michelson）于1881年设计制造的一种精密干涉测量仪器，可用于测量光波波长、折射率、物体的厚度及微小长度变化量等，其精度可与光的波长相比拟。

迈克耳孙干涉仪在历史上起了很大的作用。迈克耳孙及其合作者曾用此仪器做了“以太”漂移、用光波波长标定米尺长度、推断光谱精细结构三项著名实验。第一项实验解决了当时关于“以太”的争论，为爱因斯坦建立狭义相对论奠定了基础；第二项实验实现了长度单位的标准化（用镉红光作为光源标定标准米尺长度，建立了以光波为基准的绝对长度标准）；第三项工作研究了光源干涉条纹可见度随光程差变化的规律，并以此推断光谱。迈克耳孙因在这方面的杰出成就而获得1907年诺贝尔物理学奖。

迈克耳孙干涉仪结构简单、光路直观、精度高，其调整和使用具有典型性，根据其基本原理发展的精密干涉测量仪器已经广泛应用于生产和科研领域。因此，了解它的基本结构、掌握其使用方法很有必要。

一、实验目的

（1）了解迈克耳孙干涉仪的结构及工作原理，掌握其调节方法。

（2）用迈克耳孙干涉仪测量激光波长。

（3）观察等倾干涉、等厚干涉条纹的特点及形成条件。

二、实验仪器

实验仪器

迈克耳孙干涉仪（SMG-1、2）、氦氖激光器、毛玻璃等。

迈克耳孙干涉仪的结构及工作原理如下。

如图3-72所示，从光源S发出的光束射向背面镀有半透膜的分束器BS，在该处经反射和透射分成两路，一路被平面镜M_1反射回来，另一路通过补偿板CP后被平面镜M_2反射，沿原路返回。两光束在BS处会合并发生干涉。观察者从E处可见明暗相间的干涉图样。M_2'是M_2的虚像，图3-72所示迈克耳孙干涉仪光路相当于M_1和M_2'之间的空气平行平板的干涉光路。平行于BS的补偿板CP与BS有相同的厚度和折射率，它使两光束在玻璃中的路程相等，并且使不同波长的光具有相同的光程差，这有利于白光的干涉。

实验原理

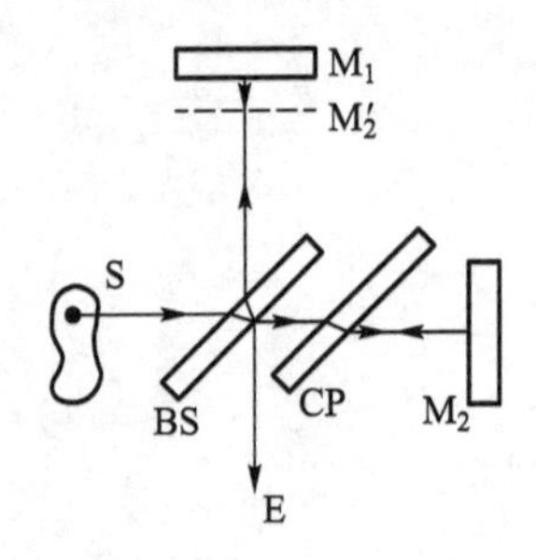

图3-72　迈克耳孙干涉仪光路原理图

如图3-73所示，分束器BS、补偿板CP和两个平面镜M_1、M_2及其调节架安装在平台式的基座上。利用镜架背后的螺钉可以调节镜面的倾角。M_2是动镜，它的移动量由螺旋测微器MC读出，经过传动比为20∶1的机构，从读数头上读出的最小分度值相当于动镜0.000 5 mm的移动。在参考镜M_1和分束器BS之间有可以锁紧的插孔，以便做空气折射率实验时固定气室A，气压（血压）表AP可以挂在表架上。扩束器BE可上下左右调节，不用时可以转动90°，离开光路。毛玻璃架有两个位置，一个靠近光源（毛玻璃起扩展光

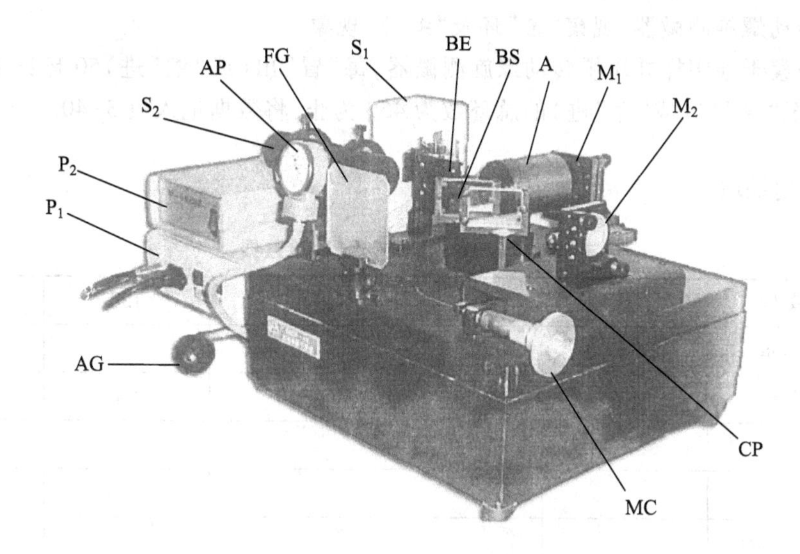

AG—橡胶球；P_1—钠钨灯电源；P_2—氦氖激光器电源；
S_2—氦氖激光管；AP—气压(血压)表；FG—毛玻璃；
S_1—钠钨灯；BE—扩束器；BS—分束器；A—气室；
M_1—参考镜；M_2—动镜；CP—补偿板；MC—螺旋测微器

图 3-73　迈克耳孙干涉仪结构图

源作用)，另一个在观测位置，毛玻璃用于在测空气折射率实验中接收激光干涉条纹。

将扩束器转移到光路以外，毛玻璃屏安置在图 3-73 所示的 FG 处。调节氦氖激光器支架，使光束平行于仪器的台面，从分束器平面的中心入射，使各光学镜面的入射点和出射点至台面的距离约为 70 mm，并以此为准，调节平面镜 M_1 和 M_2 的倾斜度，使毛玻璃屏中央两组光点重合。然后再将扩束器置入光路，即可在毛玻璃屏上获得干涉条纹。为防止补偿板反射光刺眼，可用针孔屏遮挡。

实验操作

面对毛玻璃屏上的激光干涉条纹，只要仔细调节平面镜，逐步把干涉环的圆心调到视场中央，即可认为获得了等倾干涉图样。

使动镜向条纹逐一消失于环心的方向移动，直到视场内条纹极少时，仔细调节平面镜，使其稍许倾斜，转动测微螺旋，使弯曲条纹向圆心方向移动，可见陆续出现一些直条纹，此即等厚干涉条纹。

注意：使用氦氖激光器作光源时，眼睛不可以直接面对激光光束传播方向观察干涉条纹，应使用毛玻璃屏观察，以免伤害视网膜。

三、实验步骤

观察等倾干涉现象，并测量氦氖激光的波长。

(1) 熟悉迈克耳孙干涉仪的结构和调节部位。

(2) 利用不扩束的激光束调节 M_1 与 M_2 垂直(即 M_1 与 M_2'平行)。

(3) 在激光器与干涉仪之间置入扩束镜，使分光板被均匀照亮。再微调 M_2 的调节螺钉，使屏上的干涉圆环图样清晰、匀称。

(4) 转动螺旋测微器,观察“冒”环及“缩”环现象。

(5) 观察干涉图样并缓慢转动螺旋测微器,每“冒”出(或“缩”进)50 环记下 M_2 的相应位置,直至“冒”出(或“缩”进)的总环数为 450 为止,将数据记入表 3-40。

四、数据处理

表 3-40　氦氖激光器的波长实验数据

干涉环变化数 k_1	0	50	100	150	200
位置读数 d_1/mm					
干涉环变化数 k_2	250	300	350	400	450
位置读数 d_2/mm					
环数差 $\Delta k=k_2-k_1$					
$\Delta d_i(=\|d_2-d_1\|)$/mm					
$\lambda_i\left(=\dfrac{2\Delta d_i}{\Delta k}\right)$/nm					
$\bar{\lambda}$/nm					

$\lambda_{理}=632.8$ nm,λ 的相对误差为

$$E=\frac{|\bar{\lambda}-\lambda_{理}|}{\lambda_{理}}\times100\%=$$

五、思考题

(1) M_1、M_2'如果间隔太大会怎样？为什么？

(2) M_1、M_2'如果完全重合,视场会出现什么情况？为什么？

(3) 等厚条纹为什么有些弯曲？

实验十八 测定液体表面张力系数

一、实验目的

(1) 掌握用硅压阻力敏传感器测量的原理和方法。

(2) 了解液体表面的性质,测定液体的表面张力系数。

二、实验仪器

FD-NST-I 型液体表面张力系数测定仪、游标卡尺。

图 3-74 为实验装置图。硅压阻力敏传感器 3 把受力的大小转换为电压信号输出,此电压由数字电压表 10 显示。其他装置包括铁架台 9、升降台大旋钮 7、可微调升降台 6、水平调节螺钉 8、装有硅压阻力敏传感器的固定架 1、自制的金属吊勾 2、盛液体的玻璃皿 5 和圆形吊环 4。

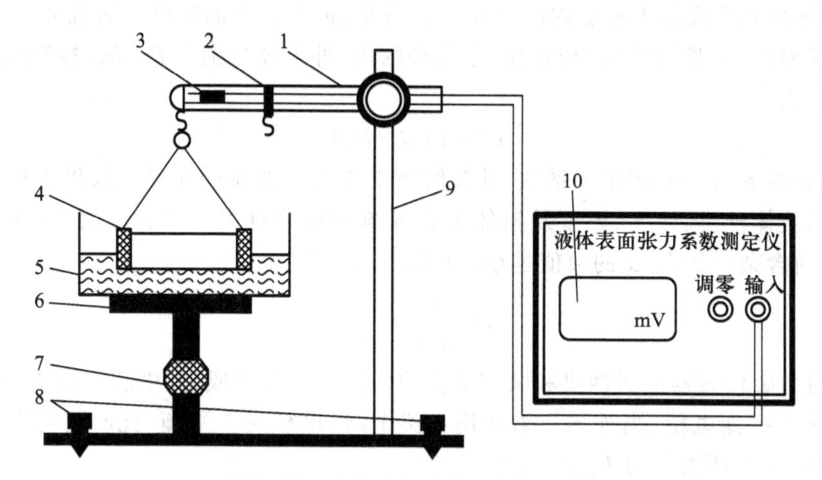

图 3-74 液体表面张力系数测定装置

三、实验原理

液体内部每一个分子都被其他分子包围,它所受到的周围分子作用力的合力为零。液面上方是分子数密度比液体小得多的气相层,因此气相层下方液体表面层(厚度约为分子力作用半径)内分子所处的环境跟液体内部的分子不同,表面层内每一个分子所受的向上的引力都比向下的引力小而使合力不为零,如图 3-75 所示,这个合力垂直于液面并指向液体内部,使表面分子有从液面挤入液体内部的倾向。从宏观上看,这就使液体表面有收缩的趋势,即液体表面好像是一张被拉紧的橡皮薄膜。我们把这种沿着液体表面、使液面收缩的力称为表面张力。表面张力的存在使液面产生许多特有现象,如润湿现象、毛细现

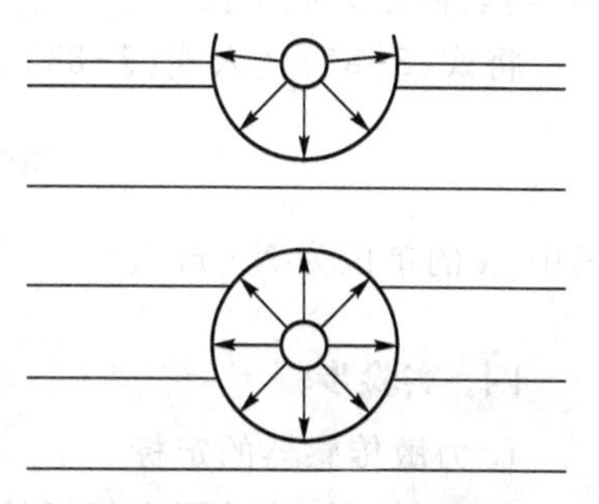

图 3-75 表面张力示意图

象、水面波的传播等。这些现象在工业、农业和日常生活中有很多应用。

测定液体表面张力的方法有很多,本实验介绍的是力敏传感器测量法。

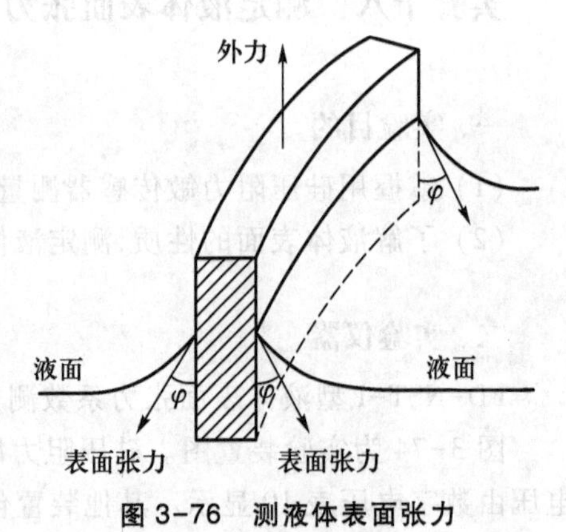

图 3-76 测液体表面张力

在液体中浸入一只洁净的金属薄圆环,使圆环的底面保持水平,然后将圆环轻轻地提起,对润湿液体而言,靠近圆环的液面将呈现如图 3-76 所示的形状。圆环与液面的接触线上由于液面收缩而产生的表面张力沿液面的切线方向,其与圆环侧面的夹角 φ 称为接触角(或润湿角),当外力 F_0 缓缓向上拉圆环时,接触角逐渐减小而趋于零,这时被圆环所拉起的液膜也呈圆环形状。设液膜的表面张力为 F,在液膜破裂前,有

$$F_0=mg+F \tag{3-81}$$

其中,m 为圆环和在圆环上所黏附的液体的总质量,g 为重力加速度。表面张力 F 与环状液膜表面周界长(即接触线长)成正比,设圆环的内、外直径分别为 D_1、D_2,接触线总长度为 $\pi(D_1+D_2)$,有

$$F=\alpha\pi(D_1+D_2) \tag{3-82}$$

其中,比例系数 α 称为表面张力系数,其数值等于作用在液体表面单位长度上的力。表面张力系数与液体种类、纯度、温度及液体上方气体的成分有关。实验证明,液体的温度越高,液体内所含杂质越多,α 的数值越小,由式(3-82)得

$$\alpha=\frac{F}{\pi(D_1+D_2)} \tag{3-83}$$

硅压阻力敏传感器由弱性梁和贴在梁上的传感器芯片组成,其中芯片由四个硅扩散电阻集成一个非平衡电桥,当外界压力作用在梁上时,电桥失去平衡,此时将有电压信号输出,输出电压 U 与所加外力 F_0 成正比:

$$U=KF_0 \tag{3-84}$$

其中,K 称为力敏传感器灵敏度,单位为 $\mathrm{V\cdot N^{-1}}$。

由于环形液膜即将拉断前一瞬间数字电压表示值为 $U_1=K(mg+F)$,液膜拉断后一瞬间数字电压表示值为 $U_2=Kmg$,所以两电压的差值为

$$\Delta U=U_1-U_2=KF \tag{3-85}$$

ΔU 与表面张力成正比。

将式(3-85)代入式(3-83),得液体的表面张力系数:

$$\alpha=\frac{F}{\pi(D_1+D_2)}=\frac{\Delta U}{\pi K(D_1+D_2)} \tag{3-86}$$

其中,α 的单位为 $\mathrm{N\cdot m^{-1}}$。

四、实验步骤

1. 力敏传感器的定标

(1)开机后,将砝码盘轻轻挂在硅压阻力敏传感器上,将数字电压表调零,切记不能用

力，因为力敏传感器所受的力不能大于 0.098 N。

(2)依次将质量均为 0.500 g 的 7 个砝码放入砝码盘，记录对应电压值。将以上数据填入表 3-41，用逐差法求出 $\bar{K}$ 及 Δ_K。

2. 金属圆环的测量与清洁

(1) 用游标卡尺测量金属圆环的内径 D_1 和外径 D_2，将数据记入表 3-42，求出结果。

(2) 金属圆环的表面状况与测量结果有很大关系，实验前应将金属圆环在 NaOH 溶液中浸泡 20~30 s，然后用蒸馏水冲洗，如无 NaOH 溶液，可用酒精棉球擦拭。

3. 测量液体表面张力系数

(1) 吊环的水平调节直接影响测量误差，但在进行吊环水平调节前，应先利用水准仪调整升降台使其平行。注意不要将吊环挂在力敏传感器上进行水平调节。应将吊环挂在自制的金属钩上，调节升降台，观察吊环下沿与升降台面是否平行。如不平行，应调节吊环的细丝，使吊环与升降台平行。

(2) 使升降台下降，从金属钩上取下吊环，调整力敏传感器固定架的位置，将吊环轻挂在力敏传感器上，同时将装有待测液体的玻璃皿放在升降台上，渐渐升起升降台，将吊环的下沿全部浸入待测液体中。

(3) 反向旋转升降台大旋钮，使液面逐渐下降，这时形成一环形液膜。注意在即将拉断液膜时，动作一定要缓慢，不要使液面波动太大。继续使液面下降，测出环形液膜即将拉断前瞬间数字电压表的示值 U_1 和液膜拉断后瞬间数字电压表的示值 U_2。

(4) 重复步骤(3)6 次，将数据填入表 3-43，求出结果。

(5) 实验结束后，将吊环用洁净纸擦干，放入盒内；并将玻璃皿内蒸馏水倒入收集缸内，用纸擦干净。

五、数据处理

表 3-41

砝码质量 m/g	输出电压 U /(10^{-3} V)		ΔU /(10^{-3} V)		$K_i\left(=\dfrac{\Delta U}{4m_0 g}\right)$ /(V·N^{-1})		$\bar{K}$ /(V·N^{-1})	S_K
0	U_0	0.00	U_4-U_0		K_1			
0.500	U_1							
1.000	U_2		U_5-U_1		K_2			
1.500	U_3							
2.000	U_4		U_6-U_2		K_3			
2.500	U_5							
3.000	U_6		U_7-U_3		K_4			
3.500	U_7							

$$\Delta_{仪}=0.003\ \mathrm{V\cdot N^{-1}},\quad m_0=0.500\ \mathrm{g}$$

$$\Delta_K=\sqrt{(1.59S_K)^2+\Delta_{仪}^2}=\qquad\qquad \mathrm{V\cdot N^{-1}}$$

$$K=\overline{K}\pm\Delta_K=\qquad\qquad \mathrm{V\cdot N^{-1}}$$

表 3-42

$\Delta_{仪}=0.02$ mm，单位：10^{-3} m

次数	D_1			D_2		
1						
2			$\Delta_{D_1}=\sqrt{S_{D_1}^2+\Delta_{仪}^2}=$			$\Delta_{D_2}=\sqrt{S_{D_2}^2+\Delta_{仪}^2}=$
3						
4						
5						
6			$D_1=\overline{D_1}\pm\Delta_{D_1}=$			$D_2=\overline{D_2}\pm\Delta_{D_2}=$
平均值	$\overline{D_1}$			$\overline{D_2}$		
S	S_{D_1}			S_{D_2}		

表 3-43

单位：10^{-3} V

次数	U_1	U_2	$\Delta U=U_1-U_2$	
1				
2				$S_{\Delta U}=$
3				$\Delta_{仪}=0.05$
4				$\Delta_{\Delta U}=\sqrt{S_{\Delta U}^2+\Delta_{仪}^2}=$
5				$\Delta U=\overline{\Delta U}\pm\Delta_{\Delta U}=$
6				
平均值				

$$\overline{\alpha}=\frac{\overline{\Delta U}}{\pi\overline{K}(\overline{D_1}+\overline{D_2})}=\qquad\qquad \mathrm{N\cdot m^{-1}}$$

$$E=\frac{\Delta_\alpha}{\overline{\alpha}}=\sqrt{\left(\frac{\Delta_{\Delta U}}{\overline{\Delta U}}\right)^2+\left(\frac{\Delta_K}{\overline{K}}\right)^2+\left(\frac{\Delta_{D_1}}{\overline{D_1}+\overline{D_2}}\right)^2+\left(\frac{\Delta_{D_2}}{\overline{D_1}+\overline{D_2}}\right)^2}=\qquad\qquad \%$$

$$\Delta_\alpha=E\overline{\alpha}=\qquad\qquad \mathrm{N\cdot m^{-1}}$$

$$\alpha=\overline{\alpha}\pm\Delta_\alpha=\qquad\qquad \mathrm{N\cdot m^{-1}}$$

六、注意事项

（1）硅压阻力敏传感器所受的力≤0.098 N，实验时一定要轻持轻取砝码，严禁手上施力。

（2）吊环应尽可能调整水平，当偏差为 1°时，误差为 0.5%；当偏差为 2°时，误差为 1.6%。

（3）液膜被拉断前的操作应特别仔细、缓慢，不能使液膜受到振动或受气流的干扰，以防止液膜过早破裂。

（4）如果被测液体中混入杂质，那么其表面张力系数将显著减小，且金属圆环的表面清洁状况与测量结果也有关。因此实验前应用 NaOH 溶液或酒精棉球对金属圆环进行清洁处理，实验中不能用手触及金属圆环和被测液体，应保持清洁。

七、思考题

在实验中怎样操作才能在水膜拉破瞬间得到比较准确的测量数值？

实验十九　胡克定律

一、实验目的

(1) 胡克定律的验证与弹簧弹性系数的测量。

(2) 测量弹簧的简谐振动周期，求弹簧的弹性系数。

(3) 测量两个不同弹簧的弹性系数，加深对弹簧的弹性系数与它的线径、外径关系的了解。

(4) 了解并掌握集成霍尔开关传感器的基本工作原理和应用方法。

二、实验仪器

实验仪器

新型焦利秤实验仪、弹簧、砝码、小磁钢。

新型焦利秤实验仪由三部分组成，如图 3-77 所示。

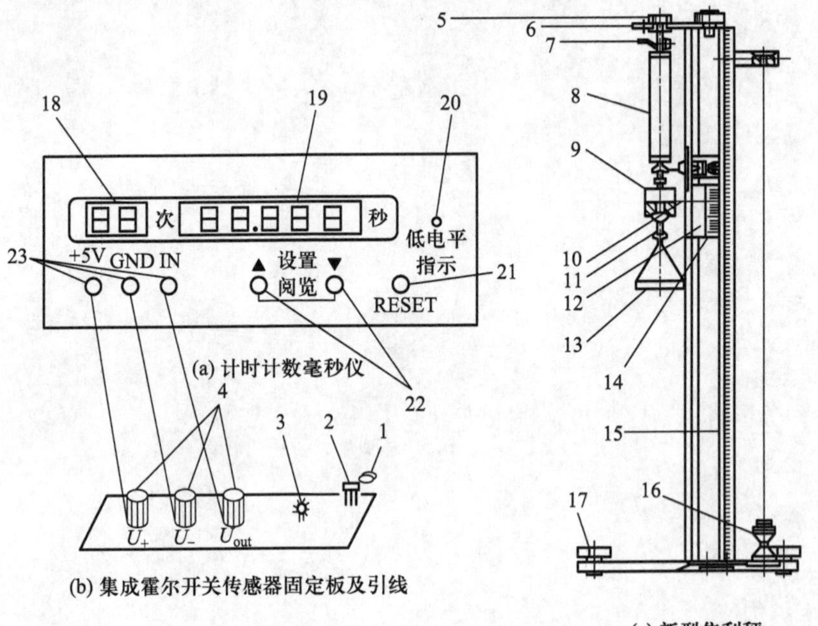

(a) 计时计数毫秒仪

(b) 集成霍尔开关传感器固定板及引线

(c) 新型焦利秤

1—小磁钢；2—集成霍尔开关传感器；3—白色发光二极管；4—霍尔传感器管脚接线柱；5—调节旋钮（调节弹簧与主尺之间的距离）；6—横臂；7—吊钩；8—弹簧；9—初始砝码；10—指针；11—挂钩；12—镜子；13—砝码托盘；14—游标尺；15—主尺；16—重锤（调节立柱竖直）；17—水平调节螺钉；18—计数显示；19—计时显示；20—低电平指示；21—复位键；22—设置/阅览功能按键；23—电源信号接线柱

图 3-77　新型焦利秤实验仪

(1) 计时计数毫秒仪（简称计时计数器）：利用单片机芯片，同时具有计时和计数功能。为了适应实验要求，在单片机中断口前两次接收到下降沿信号或正在设定计数值时，不对其计数，只有在第三次接收到信号或设定完成时才开始计数，同时开始计时，每接收到一个下降沿信号就计数一次，直至达到使用者预设的值后，停止计数和计时。这时可从计时显示中读出发生触发信号所用的时间。

（2）集成霍尔开关传感器固定板及引线。

（3）新型焦利秤：采用指针加反射镜与游标尺相结合的弹簧位置读数装置，提高了测量的准确度；采用集成霍尔开关传感器测量弹簧振动周期。

新型焦利秤在使用过程中要注意保养与维护，注意事项如下：

① 拉伸弹簧不能超过其弹性限度，拉伸过长将使其损坏。

② 做完实验后，应将弹簧取下，使弹簧恢复自然状态。

③ 砝码取下后应放入砝码盒中。

④ 切勿将小指针弯折，以防止其变形。

三、实验原理

实验原理

弹簧在外力作用下将产生形变（伸长或缩短）。在弹性限度内由胡克定律知：外力大小 F 和弹簧的形变量 y_m 成正比，即

$$F=ky_m \tag{3-87}$$

式（3-87）中，k 为弹簧的弹性系数，它取决于弹簧的形状、材料的性质。通过测量 F 和 y_m 的对应关系，就可由式（3-87）推算出弹簧的弹性系数。

将质量为 m 的物体竖直悬挂于固定支架上的弹簧的下端，构成一个弹簧振子，若物体在外力作用下（如用手下拉，或向上托）离开平衡位置少许，然后释放，则物体就在平衡点附近作简谐振动，其周期为

$$T=2\pi\sqrt{\frac{m+pm_0}{k}} \tag{3-88}$$

式中，p 是待定系数，它的值近似为 1/3，可由实验测得，m_0 是弹簧本身的质量，而 pm_0 称为弹簧的有效质量。通过测量弹簧振子的振动周期 T，就可由式（3-88）计算出弹簧的弹性系数 k。

如图 3-78 所示，集成霍尔开关传感器（简称霍尔传感器）是一种磁敏开关。①②间加 5 V 直流电压，①接电源正极、②接电源负极。当垂直于该传感器的磁感应强度大于某值 B_{op} 时，该传感器处于“导通”状态，这时③和②之间输出电压极小，近似为零，当磁感应强度小于某值 B_{rp}（$B_{rp}<B_{op}$）时，输出电压等于①②间所加的电源电压，利用集成霍尔开关这个特性，可以将传感器输出信号输入周期测定仪，测量物体转动的周期或物体移动所经时间。

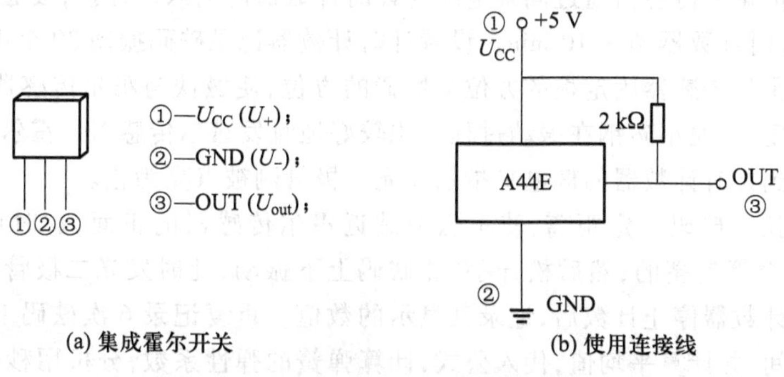

(a) 集成霍尔开关　　(b) 使用连接线

图 3-78　集成霍尔开关传感器

四、实验步骤

实验操作

1. 用新型焦利秤测定弹簧弹性系数 k

（1）调节底板的三个水平调节螺钉，使焦利秤立柱竖直。

（2）在主尺顶部挂入吊钩，再安装弹簧和配重圆柱（两个小圆柱），使小指针被夹在两个配重圆柱中间，配重圆柱下端通过吊钩和金属丝连接砝码托盘，这时弹簧已被拉伸一段距离。

（3）调整游标的高度，使游标左侧的基准刻线大致对准指针，锁紧固定游标的锁紧螺钉，然后调整视差，先让指针与镜子中的虚像重合，再调节游标上的调节螺钉，使得游标上的基准刻线在观察者的视差已被调整好的情况下被指针挡住，通过主尺和游标尺读出读数（读数原理和方法与游标卡尺相同）。

（4）先在砝码托盘中放入 1 g 砝码，然后重复实验步骤(3)，读出此时指针所在的位置。先后放入 10 个 1 g 砝码，通过主尺和游标尺依次读出每个砝码被放入后指针的位置，再依次把这 10 个砝码取出托盘，记下对应的位置，将数据记入表 3-44。读数时须注意消除视差。

（5）根据每次放入或取出砝码时对应的砝码质量和对应的拉伸值，用逐差法求得弹簧的弹性系数 k。

2. 用秒表测量弹簧简谐振动周期，计算弹簧弹性系数

（1）取下弹簧下的砝码托盘、吊钩和校准砝码、指针，挂入 20 g 铁砝码，铁砝码下吸有小磁钢。

（2）向下拉动铁砝码，使其拉伸一定距离，然后松开手，让铁砝码来回振动，从振动的第三个周期开始用手控秒表计时，记录铁砝码振动 30 个周期所用时间。

（3）重复步骤(2)6 次，记录每次所用的时间，将数据记入表 3-45，注意每次向下拉动铁砝码的距离应大致相等。

（4）计算砝码的振动周期，代入式(3-88)，计算弹簧的弹性系数。

3. 用霍尔传感器测量弹簧简谐振动周期，计算弹簧弹性系数

（1）把传感器附板夹入固定架中，在固定架的另一端用一个锁紧螺钉把传感器附板固定在游标尺的侧面。

（2）注意磁极需正确摆放，使霍尔开关感应面对准 S 极，否则不能使霍尔传感器导通。

（3）分别把霍尔传感器通过同轴电缆与计时计数器的输入端连接，拨通计时计数器的电源开关，使计时计数器预热 10 min。设置计时计数器记录砝码振动 30 个周期所用时间。

（4）调整霍尔传感器固定板的方位与横臂的方位，使磁铁与霍尔传感器正面对准，并调整游标的高度，以便小磁钢在振动过程中比较好地触发霍尔传感器。霍尔开关与小磁钢的距离应调整到计时计数器的低电平指示发光二极管刚被点亮为止。

（5）向下拉动砝码一定距离，使小磁钢贴近霍尔传感器的正面，这时可看到低电平指示的发光二极管是亮的，然后松开手，让砝码上下振动，此时发光二极管在闪烁。

（6）计时计数器停止计数后，记录其显示的数值。重复记录 6 次砝码上下振动 30 个周期所用的时间，并计算平均值，代入公式，计算弹簧的弹性系数，分析用秒表计时引入的误差大小。

五、数据处理

1. 伸长法

表 3-44

焦利秤 $\Delta_{仪}=0.02$ mm,单位:mm

托盘内砝码数	标尺读数 y			逐差值 y_m		$\overline{y_m}$	S_{y_m}
	增加砝码	减小砝码	平均值				
1				$y_{m1}=\lvert\overline{y_6}-\overline{y_1}\rvert$			
2							
3				$y_{m2}=\lvert\overline{y_7}-\overline{y_2}\rvert$			
4							
5				$y_{m3}=\lvert\overline{y_8}-\overline{y_3}\rvert$			
6							
7				$y_{m4}=\lvert\overline{y_9}-\overline{y_4}\rvert$			
8							
9				$y_{m5}=\lvert\overline{y_{10}}-\overline{y_5}\rvert$			
10							

砝码质量 $m_0=1.000$ g

$\Delta_B=\sqrt{\Delta_{仪}^2+\Delta_{仪}^2}=$　　　　mm

$\Delta_{y_m}=\sqrt{(1.24S_{y_m})^2+\Delta_B^2}=$　　　　mm

$y_m=\overline{y_m}\pm\Delta_{y_m}=$　　　　mm

$\overline{k}=\dfrac{F}{\overline{y_m}}=\dfrac{5m_0g}{\overline{y_m}}=$　　　　N/m

$\Delta_k=\dfrac{\Delta_{y_m}}{\overline{y_m}}\overline{k}=$　　　　N/m

$k=\overline{k}\pm\Delta_k=$　　　　N/m

2. 振动法

表 3-45

$\Delta_{仪}=0.001$ s, 单位:s

i	1	2	3	4	5	6	平均值	S_{30T}	T
$30T$									

取 $p\approx 1/3$,用天平测得 $m_0=13.80$ g,$m=21.40$ g(包括小磁钢质量),$\Delta_m=0.05$ g,由式(3-88)得

$$\bar{k}=\frac{m+pm_0}{(T/2\pi)^2}= \qquad\qquad \text{N/m}$$

$$\Delta_T=\sqrt{\Delta_{仪}^2+S_T^2}=\sqrt{\Delta_{仪}^2+\left(\frac{1}{30}S_{30T}\right)^2}= \qquad\qquad \text{s}$$

$$E_k=\frac{\Delta_k}{\bar{k}}=\sqrt{\left(\frac{\Delta_m}{m+pm_0}\right)^2+\left(\frac{p\Delta_m}{m+pm_0}\right)^2+\left(\frac{2\Delta_T}{T}\right)^2}=$$

$$\Delta_k=\bar{k}E_k= \qquad\qquad \text{N/m}$$

$$k=\bar{k}\pm\Delta_k= \qquad\qquad \text{N/m}$$

六、思考题

(1) 为什么在振动法中测量的是 $30T$ 所用时间而不是一个周期所用时间？

(2) 为什么在伸长法中逐差值用 $\overline{y_6}-\overline{y_1}$,$\overline{y_7}-\overline{y_2}$,…而不用 $\overline{y_2}-\overline{y_1}$,$\overline{y_3}-\overline{y_2}$,…？

(3) 在弹性限度内,简谐振动的周期与振幅和振子质量有怎样的关系？

(4) 在简谐振动过程中,振动系统的动能和势能有何特点？系统的机械能是否守恒？

实验二十　测定空气比热容比

一、实验目的

（1）用绝热膨胀法测定空气的比热容比。

（2）观测热力学过程中状态变化及基本物理规律。

（3）学习气体压力传感器和电流型集成温度传感器的原理及使用方法。

二、实验仪器

实验仪器

在图 3-79 所示实验装置中，1 为充气阀 C_1；2 为放气阀 C_2；3 为电流型集成温度传感器 AD590，它是新型半导体温度传感器，温度测量灵敏度高、线性好，测温范围为 -50～150 ℃。AD590 接 6 V 直流电源后组成一个稳流源，如图 3-80 所示，它的测温灵敏度为 1 μA/℃，串接 5 kΩ 电阻后，可产生 5 mV/℃ 的信号电压，接 0～1.999 V 量程四位半数字电压表，可检测到 0.02 ℃ 的温度变化；4 为气体压力传感器探头，由同轴电缆线输出信号，与仪器内的放大器及三位半数字电压表相接。当待测气体压强为 $p_0 = 10.00$ kPa 时，数字电压表显示为 200 mV，仪器测量气体压强灵敏度为 20 mV/kPa，测量精度为 5 Pa。

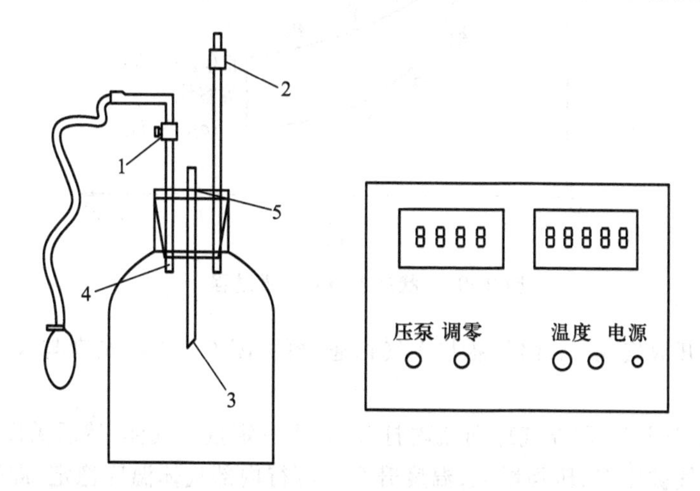

1—充气阀C_1；2—放气阀C_2；3—AD590；4—气体压力传感器探头；5—704胶黏剂(自备)

图 3-79　实验装置

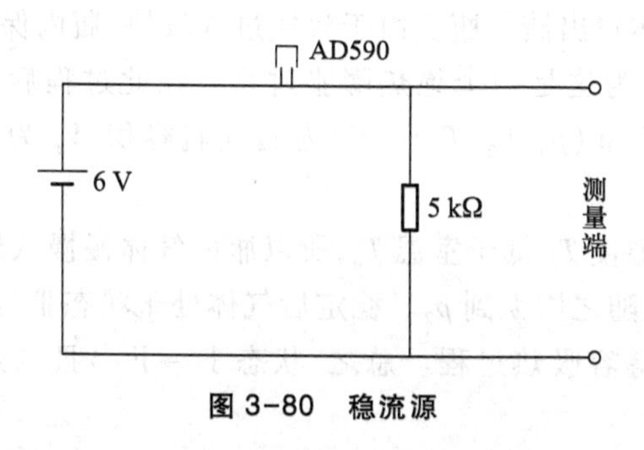

图 3-80　稳流源

三、实验原理

实验原理

理想气体的比定压热容 c_p 和比定容热容 c_V 之间的关系由下式表示：

$$c_p - c_V = R/M \tag{3-89}$$

式中，R 为摩尔气体常量，气体的比热容比 γ 为

$$\gamma = c_p / c_V \tag{3-90}$$

气体的比热容比称为气体的绝热系数，它是一个重要的物理量，γ 经常出现在热力学方程中。

如图 3-81 所示，我们以储气瓶内空气作为研究的热学系统，试进行如下实验过程。

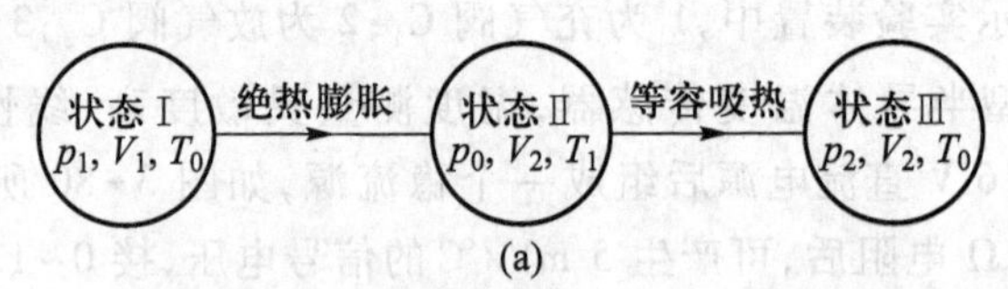

(a)

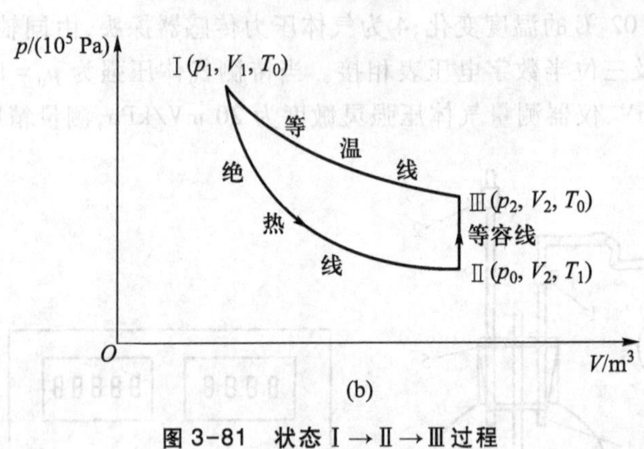

(b)

图 3-81 状态Ⅰ→Ⅱ→Ⅲ过程

（1）首先打开放气阀 C_2，储气瓶与大气相通，再关闭 C_2，瓶内充满与大气同温同压的空气。

（2）打开充气阀 C_1，用充气球向瓶内打气，充入一定量的气体，然后关闭充气阀 C_1。

此时瓶内空气被压缩，压强增大，温度升高。等待内部气体温度稳定，即达到与周围温度平衡的状态，此时的气体处于状态Ⅰ(p_1, V_1, T_0)。

（3）迅速打开放气阀 C_2，使瓶内气体与大气相通，当瓶内压强降至 p_0 时，立刻关闭放气阀 C_2，体积为 V 的气体喷出储气瓶。由于放气过程较快，瓶内保留的气体来不及与外界进行热交换，所以可以认为这是一个绝热膨胀过程。在此过程后瓶中保留的气体由状态Ⅰ(p_1, V_1, T_0)转变为状态Ⅱ(p_0, V_2, T_1)。V_2 为储气瓶容积，V_1 为保留在瓶中这部分气体在状态Ⅰ时的体积。

（4）由于瓶内气体温度 T_1 低于室温 T_0，所以瓶内气体慢慢从外界吸热，直至达到室温 T_0，此时瓶内气体压强也随之增大到 p_2。稳定后气体处于状态Ⅲ(p_2, V_2, T_0)。从状态Ⅱ→状态Ⅲ的过程可以看成等容吸热过程。总之，状态Ⅰ→Ⅱ→Ⅲ的过程如图 3-81(a)、(b)所示。

Ⅰ→Ⅱ是绝热过程，由绝热过程方程得

$$p_1 V_1^{\gamma} = p_0 V_2^{\gamma} \tag{3-91}$$

状态Ⅰ和状态Ⅲ的温度均为 T_0，由理想气体物态方程得

$$p_1 V_1 = p_2 V_2 \tag{3-92}$$

合并式(3-91)、式(3-92)，消去 V_1、V_2 得

$$\gamma = \frac{\ln p_1 - \ln p_0}{\ln p_1 - \ln p_2} = \frac{\ln (p_1/p_0)}{\ln (p_1/p_2)} \tag{3-93}$$

由式(3-93)可以看出，只要测得 p_0、p_1、p_2，就可求得空气的 γ。

四、实验步骤

（1）用福丁气压计测定大气压强 p_0。开启电源，将电子仪器部分预热 20 min，然后用调零电位器调节零点，把三位半数字电压表示值调到 0。

实验操作

（2）准备工作：关闭放气阀，打开充气阀，用打气球向瓶内打气，然后关闭充气阀。观察气压值，如果气压一直下降而稳定不下来，那么说明系统有漏气的地方，此时应检查瓶塞和上面的接口，以密封胶封堵可能漏气之处。

（3）关闭放气阀，打开充气阀，记录瓶内的温度 T_1（即室温），用打气球把空气稳定地打入储气瓶内，用压力传感器和 AD590 温度传感器测量空气的压强和温度，待瓶内压强均匀稳定后，记录 Δp_1 和 T_1'，将数据填入表 3-46。

（4）打开放气阀，当储气瓶内的空气压强降至环境大气压强 p_0 时（这时放气声消失），迅速关闭放气阀。

（5）当储气瓶内空气的压强再次稳定时，记下 Δp_2 和 T_2'。

（6）用式(3-93)进行计算，求出空气的比热容比。

五、数据处理

$$p_1 = p_0 + \Delta p_1/2\,000$$

$$p_2 = p_0 + \Delta p_2/2\,000$$

$$\gamma = \frac{\ln (p_1/p_0)}{\ln (p_1/p_2)}$$

压力传感器读数 200 mV 相当于 1.000×10^4 Pa。理论值 $\gamma_{理} = 1.402$。

表 3-46

$p_0/(10^5\ \mathrm{Pa})$	$\Delta p_1/\mathrm{mV}$	T_1'/mV	$p_1/(10^5\ \mathrm{Pa})$	$\Delta p_2/\mathrm{mV}$	T_2'/mV	$p_2/(10^5\ \mathrm{Pa})$	$\gamma_{实}$

$\overline{\gamma_{实}}=$ ， $E=\left|\frac{\overline{\gamma_{实}}-\gamma_{理}}{\gamma_{理}}\right|\times100\%=$

注意：

（1）在打开放气阀放气时，听到放气声结束后应迅速关闭阀门，提早或推迟关闭阀门，都将影响实验结果，引入误差。由于数字电压表显示滞后，如用计算机实时测量，可发现放气时间约为零点几秒，并与放气声消失一致，所以关闭放气阀用听声的办法更可靠些。

（2）实验要求环境温度基本不变，如发生环境温度不断下降的情况，可在远离实验仪处适当加温，以保证实验正常进行。

实验二十一　测量不良导体的导热系数

导热系数是表征物质热传导性质的物理量。材料结构的变化与所含杂质的不同对材料导热系数都有明显的影响，因此材料的导热系数常常需要由实验具体测定。

测量导热系数的实验方法一般分为稳态法和动态法两类。在稳态法中，先利用热源对样品加热，样品内部的温差使热量从高温处向低温处传导，样品内部各点的温度将随加热快慢和传热快慢而变动；若适当控制实验条件和实验参量使加热和传热的过程达到平衡状态，则待测样品内部可能形成稳定的温度分布，根据这一温度分布就可以计算出导热系数。而在动态法中，最终在样品内部所形成的温度分布是随时间变化的，如呈周期性的变化，变化的周期和幅度亦受实验条件和加热快慢的影响，与导热系数的大小有关。

本实验应用稳态法测量不良导体（橡皮样品）的导热系数。

一、实验目的

（1）测量不良导体的导热系数。

（2）学习用物体散热速率求热传导速率的实验方法。

（3）了解温度传感器的使用方法。

二、实验仪器

FD-TC-B 型导热系数测定仪、圆形橡皮垫、秒表、坐标纸（20 cm×10 cm 一张，自备）。

FD-TC-B 型导热系数测定仪如图 3-82 所示，它由电加热器、铜加热盘 C、橡皮样品圆盘 B、铜散热盘 P、支架及调节螺钉、温度传感器以及控温与测温器组成。

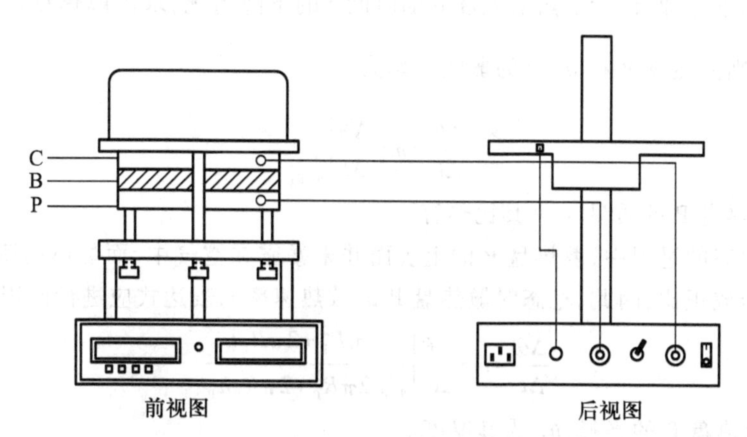

图 3-82　FD-TC-B 型导热系数测定仪

三、实验原理

1898 年，利斯（C. H. Lees）首先使用平板法测量不良导体的导热系数，这是一种稳态法，实验中，样品制成平板状，其上端面与一个稳定的均匀发热体充分接触，下端面与一个均匀散热体相接触。由于平板样品的侧面比平面小得多，可以认为热量只沿上下方向垂直传递，横向由侧面散去的热量可以忽略不计，即可以认为，样品内只有在垂直样品平面的方向上有温度梯度，在同一平面内，各处的温度相同。

设稳态时，样品的上、下平面温度分别为 θ_1、θ_2，根据傅里叶传导方程，在 Δt 时间内通过样品的热量 ΔQ 满足下式：

$$\frac{\Delta Q}{\Delta t}=\lambda\frac{\theta_1-\theta_2}{h_B}S \tag{3-94}$$

式中，λ 为样品的导热系数，h_B 为样品的厚度，S 为样品的面积。实验中样品为圆盘状，设圆盘样品的直径为 d_B，则由式(3-94)得

$$\frac{\Delta Q}{\Delta t}=\lambda\frac{\theta_1-\theta_2}{4h_B}\pi d_B^2 \tag{3-95}$$

实验装置固定在底座的三个支架上，铜散热盘 P 可以借助底座内的风扇，达到稳定有效的散热。铜散热盘上安放面积相同的橡皮样品圆盘 B，B 上放置一个铜加热盘 C，其面积也与 B 的面积相同，C 是由单片机控制的，可以设定温度。

当传热达到稳定状态时，样品上、下表面的温度 θ_1 和 θ_2 不变，这时可以认为加热盘 C 通过样品传递的热量与散热盘 P 向周围环境散发的热量相等。因此可以通过散热盘 P 在稳定温度 θ_2 时的散热速率来求出热流量。

实验时，在测得稳态时样品上、下表面的温度 θ_1 和 θ_2 后，将样品 B 抽去，让加热盘 C 与散热盘 P 接触，当散热盘的温度上升到高于稳态时的 θ_2 值 20 ℃后，移开加热盘，让散热盘在风扇作用下冷却，记录散热盘温度 θ 随时间 t 的下降情况，求出散热盘在 θ_2 时的冷却速率 $\left.\frac{\Delta\theta}{\Delta t}\right|_{\theta=\theta_2}$，则散热盘 P 在 θ_2 时的散热速率为

$$\frac{\Delta\theta}{\Delta t}=mc\left.\frac{\Delta\theta}{\Delta t}\right|_{\theta=\theta_2} \tag{3-96}$$

其中，m 为散热盘 P 的质量，c 为其比热容。

在达到稳态的过程中，散热盘 P 的上表面并未暴露在空气中，而物体的冷却速率与它的散热表面积成正比，因此，稳态时散热盘 P 的散热速率的表达式应进行面积修正：

$$\frac{\Delta\theta}{\Delta t}=mc\left.\frac{\Delta\theta}{\Delta t}\right|_{\theta=\theta_2}\frac{\pi R_P^2+2\pi R_P h_P}{2\pi R_P^2+2\pi R_P h_P} \tag{3-97}$$

其中，R_P 为散热盘 P 的半径，h_P 为其厚度。

由式(3-95)和式(3-96)可得

$$\lambda\frac{\theta_1-\theta_2}{4h_B}\pi d_B^2=mc\left.\frac{\Delta\theta}{\Delta t}\right|_{\theta=\theta_2}\frac{\pi R_P^2+2\pi R_P h_P}{2\pi R_P^2+2\pi R_P h_P} \tag{3-98}$$

所以样品的导热系数为

$$\lambda=mc\left.\frac{\Delta\theta}{\Delta t}\right|_{\theta=\theta_2}\frac{R_P+2h_P}{2R_P+2h_P}\frac{4h_B}{\theta_1-\theta_2}\frac{1}{\pi d_B^2} \tag{3-99}$$

四、实验步骤

（1）取下固定螺钉，将橡皮样品放在加热盘与散热盘中间，橡皮样品要求与加热盘、散热盘完全对准，上、下绝热薄板对准加热盘和散热盘。调节底部的三个微调螺钉，使样品与加热盘、散热盘接触良好，但注意不宜过紧或过松。

（2）按照图 3-82 所示，插好加热盘的电源插头；再将两根连接线的一端与机壳相连，另一有传感器端插在加热盘和散热盘小孔中，要求传感器完全插入小孔，并在传感器上抹一些硅油或者导热硅脂，以确保传感器与加热盘和散热盘接触良好。在安放加热盘和散热盘时，还应注意使放置传感器的小孔上下对齐。（**注意**：加热盘和散热盘的两个传感器要一一对应，不可互换。）

（3）导热系数测定仪的电源接通后，左边表头先显示“FDHC”，然后显示加热盘的当前温度，当转换至“b= = · =”时，可以设定控制温度（40~50 ℃）。设置完成后，按确定键，加热盘即开始加热。右边表头显示散热盘的当前温度。

（4）加热盘的温度上升到设定温度值时，开始记录散热盘的温度，可每隔 2 min 记录一次，待在 30 min 或更长的时间内加热盘和散热盘的温度值基本不变，此时可以认为系统已经达到稳定状态。

（5）按复位键停止加热，取走样品，调节三个螺钉使加热盘和散热盘接触良好，再设定温度到 45 ℃，加快散热盘的升温，使散热盘温度上升到高于稳态时的 θ_2 值（2~3 ℃）即可。

（6）移去加热盘，让散热盘在风扇作用下冷却，每隔 30 s 记录一次散热盘的温度，由临近 θ_2 值的温度数据计算散热速率 $\left.\frac{\Delta\theta}{\Delta t}\right|_{\theta=\theta_2}$。也可以根据数据作冷却曲线，再根据其斜率计算散热速率。

（7）根据测量得到的稳态时的温度值 θ_1 和 θ_2 以及在温度 θ_2 时的散热速率，由公式 $\lambda = mc\left.\frac{\Delta\theta}{\Delta t}\right|_{\theta=\theta_2}\frac{R_P+2h_P}{2R_P+2h_P}\frac{4h_B}{\theta_1-\theta_2}\frac{1}{\pi d_B^2}$ 计算不良导体样品的导热系数。

五、注意事项

（1）为了准确测定加热盘和散热盘的温度，实验中应该在两个传感器上涂些导热硅脂或者硅油，以使传感器和加热盘、散热盘充分接触；另外，加热橡皮样品的时候，为达到稳定的传热，可调节底部的三个螺钉，使样品与加热盘、散热盘紧密接触，注意中间不要有空隙；也不要将螺钉旋得太紧，以免影响样品的厚度。

（2）导热系数测定仪铜盘下方的风扇作强迫对流换热用，以减小样品侧面与平面的放热比，提高样品内部的温度梯度，从而减小实验误差。因此在实验过程中，风扇一定要打开。

六、数据处理

样品：橡皮；散热盘的比热容（紫铜）：$c=385\ \mathrm{J/(kg\cdot K)}$；散热盘的质量：$m=891.42$ g；散热盘的厚度：$h_P=7.66$ mm；散热盘的半径：$R_P=65.00$ mm；橡皮样品的厚度：$h_B=8.06$ mm；橡皮样品的直径：$d_B=129.02$ mm；每隔 2 min 记录一次加热盘温度 θ_1 和散热盘温度 θ_2，将数据填入表 3-47。

表 3-47

测量次数	1	2	3	4	5	6	…
θ_1/℃							…
θ_2/℃							…

稳态时,样品上表面温度 $\theta_1=$　　℃,样品下表面温度 $\theta_2=$　　℃;

每隔 30 s 记录一次散热盘温度 θ_2,将数据填入表 3-48。

表 3-48

测量次数	1	2	3	4	5	6	…
θ_2/℃							…

注:实验者可自行添加表格。

根据作图法求冷却曲线在 $\theta=\theta_2$ 处的斜率,此斜率即散热速率。

$$\left.\frac{\Delta\theta}{\Delta t}\right|_{\theta=\theta_2}= \qquad ℃/\mathrm{s}$$

将以上数据代入式(3-99),计算得到

$$\lambda=mc\left.\frac{\Delta\theta}{\Delta t}\right|_{\theta=\theta_2}\frac{R_\mathrm{P}+2h_\mathrm{P}}{2R_\mathrm{P}+2h_\mathrm{P}}\frac{4h_\mathrm{B}}{\theta_1-\theta_2}\frac{1}{\pi d_\mathrm{B}^2}= \qquad \mathrm{W/(m\cdot K)}$$

根据相关资料可知,橡皮在 20 ℃的条件下,其导热系数为 0.13~0.23 W/(m·K)。

实验二十二　用落球法测量液体黏度

虚拟仿真

各种实际液体具有不同的黏性，当液体流动时，平行于流动方向的各层流体速度都不相同，即各层之间存在着相对滑动，于是在各层之间就有摩擦力产生，这一摩擦力称为黏性力，它的方向平行于接触面，其大小与速度梯度大小及接触面积成正比，比例系数 η 称为黏度，也称为黏性系数，它是表征液体黏性强弱的重要参量。

液体黏度的测量是非常重要的，例如，现代医学发现，许多心血管疾病都与血液黏度的变化有关，血液黏度的增大会使人体器官和组织的血流量减少，血液流速减缓，使人体处于供血和供氧不足的状态，这可能引起多种心脑血管疾病和其他身体不适症状。因此，血液黏度是人体健康的重要标志之一。又如，石油在封闭管道中长距离输送时，其输运特性与黏性密切相关，因而在设计管道前，必须测量被输石油的黏度。

测量液体黏度有多种方法，本实验所采用的落球法是一种绝对法。一小球在黏性液体中竖直下落，由于附着于球面的液层与周围其他液层之间存在相对运动，所以小球受到黏性阻力，它的大小与小球下落的速度有关。当小球匀速运动时，测出小球下落的速度后，就可以计算出液体的黏度。

一、实验目的

熟悉斯托克斯定律，掌握用落球法测量液体黏度的原理和方法。

二、实验仪器

落球法液体黏度测定仪、金属小球、蓖麻油、游标卡尺、激光光电计时仪、温度计、米尺、千分尺等。

实验仪器

1. 落球法液体黏度测定仪结构图

落球法液体黏度测定仪结构图如图 3-83 所示。

2. 激光光电计时仪介绍

激光光电计时仪由激光光源、光电三极管、直流电源及计时器组成。计时器内设单片机芯片，可进行适当编程，具有计时和计数功能。它的优点是：抗干扰能力强；光源与接收器可远距离测量；对半透明物质也能透光测量。

3. 落球法液体黏度测定仪使用方法

（1）调节底盘水平、立柱竖直。在实验架的铝质横梁中心部位放置重锤部件，放线，使重锤尖端靠近底盘，并留一小间隙。调节底盘旋钮，使重锤对准底盘中心圆点。

（2）接通实验架上的两个激光发射器的电源，可看见它们发出红光，调节激光发射器的位置，使红色激光束平行地对准垂线。

（3）收回重锤部件，将盛有被测液体的量筒放置到实验架底盘中央，使量筒底部外围与底座面上刻线对准，并在实验中保持位置不变。

（4）调整激光接收器（光电三极管）接收孔的位置，使其对准激光束。

（5）用厚纸挡光，试验激光光电门挡光效果，观察是否能按时启动和结束计时。

（6）将小球放入导管，观测小球下落时能否阻挡激光光线，若不能，可适当调整激光发射器或接收器的位置。

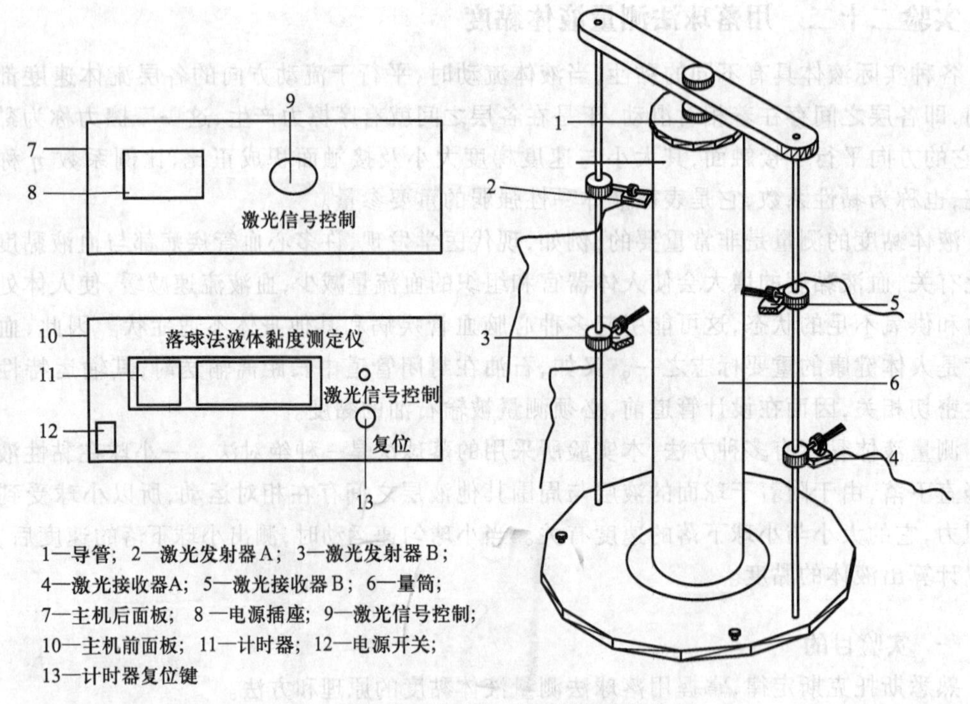

图 3-83　落球法液体黏度测定仪结构图

（7）测两平行激光束的间距，可以从固定激光器的立柱标尺上读出间距。

（8）主机的使用方法。打开电源开关，按仪器面板上的复位键，使显示器显示初始状态："Fd— — — —"。仪器从激光接收器的第一次触发（由指示灯和显示器显示）开始计时（显示器从 0 开始），到激光接收器第二次触发停止计时，此时间就是小球下降 L 距离所用的时间。

三、实验原理

当金属小球在黏性液体中下落时，它受到三个竖直方向的力：小球的重力 mg（m 为小球质量）、液体作用于小球的浮力 ρgV（V 是小球体积，ρ 是液体密度）和黏性阻力 F（其方向与小球运动方向相反）。如果液体无限深广，那么在小球下落速度 v 较小的情况下，有

$$F=6\pi\eta rv \tag{3-100}$$

式（3-100）称为斯托克斯定律，其中，r 是小球的半径；η 称为液体的黏度，其单位是 Pa · s。

实验原理

斯托克斯定律成立的条件有以下 5 个方面：

（1）介质的不均匀性与球体的大小相比是很小的。

（2）球体仿佛在无限深广的介质中下降。

（3）球体是光滑且刚性的。

（4）介质不会在球面上滑过。

（5）球体运动得很慢，故球体运动时所遇的阻力由介质的黏性所致，而不因球体运动所推向前行的介质的惯性所产生。

小球开始下落时，由于速度尚小，所以阻力也不大；但随着下落速度增大，阻力也随之增大。最后，三个力达到平衡，即

$$mg=\rho gV+6\pi\eta rv$$

于是，小球作匀速直线运动，由上式可得

$$\eta=\frac{(m-V\rho)g}{6\pi rv}$$

令小球的直径为 d，并将 $m=\frac{\pi}{6}d^3\rho'$，$v=L/t$，$r=d/2$ 代入上式得

$$\eta=\frac{(\rho'-\rho)gd^2t}{18L} \tag{3-101}$$

其中，ρ'为小球的密度，L 为小球匀速下落的距离，t 为小球下落 L 距离所用的时间。

实验时，待测液体必须盛于容器中，如图 3-84 所示，故不能满足无限深广的条件。实验证明，若小球沿筒的中心轴线下降，则式(3-101)须作如下改动方能符合实际情况：

$$\eta=\frac{(\rho'-\rho)gd^2t}{18L}\frac{1}{(1+2.4d/D)(1+1.6d/H)} \tag{3-102}$$

其中，D 为容器内径，H 为液柱高度。

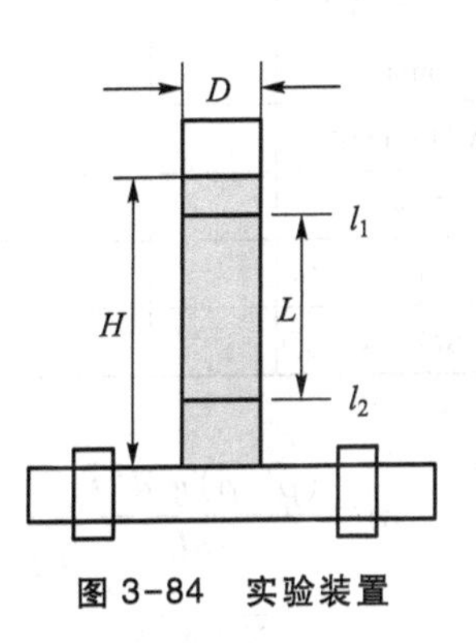

图 3-84　实验装置

四、实验步骤

(1) 调整落球法液体黏度测定仪及实验准备。

调整底盘水平，在仪器横梁中间部位放重锤部件，调节底盘旋钮，使重锤对准底盘中心圆点。

将实验架上的上、下两个激光发射器接通电源，可看见其发出红光。调节上、下两个激光发射器，使其红色激光束平行地对准重锤的垂线。

收回重锤部件，将盛有被测液体的量筒放置到实验架底盘中央，并在实验中保持位置不变。

实验操作

在实验架上放上导管。将小球用乙醚、酒精混合液清洗干净，并用滤纸吸干残液，备用。

将小球放入导管，看其是否能阻挡光线，若不能，则应适当调整激光发射器位置。

(2) 用温度计测量油温，在全部小球下落完后再测量一次油温，取平均值作为实际油温。

(3) 用游标卡尺测量筒的内径，用米尺测油柱深度。

(4) 测量上、下两束激光之间的距离。

(5) 将小球放入导管，当小球落下，阻挡上面的红色激光束时，光线受阻，此时开始计时，到小球下落到阻挡下面的红色激光束时，停止计时，读出下落时间。

(6) 多次测量，将数据记入表 3-49。

(7) 计算油的黏度。

五、数据处理

小球密度 $\rho' = 7.90\times10^3\ kg/m^3$，油的密度 $\rho = 0.960\times10^3\ kg/m^3$，$T=$ ______ ℃，$D=$ ______ $\times10^{-3}$ m，$H=$ ______ $\times10^{-2}$ m，$L=$ ______ $\times10^{-2}$ m，$\Delta_L = 0.5\times10^{-3}$ m。

表 3-49

测量次数	1	2	3	4	5	6	7	8	9	10	
d_i/mm											$\overline{d}=$
$\Delta d(=\lvert\overline{d}-d_i\rvert)$ /mm											
$(\Delta d)^2/mm^2$											$\sum(\Delta d)^2=$
t_i/s											$\overline{t}=$
$\Delta t(=\lvert\overline{t}-t_i\rvert)$/s											
$(\Delta t)^2/s^2$											$\sum(\Delta t)^2=$

$$\overline{\eta}=\frac{(\rho'-\rho)g\,\overline{d}^2\,\overline{t}}{18L}\frac{1}{(1+2.4\overline{d}/D)(1+1.6\overline{d}/H)}=\qquad \text{Pa}\cdot\text{s}$$

$$\Delta_d=\sqrt{\frac{\sum(\Delta d)^2}{n(n-1)}}=\qquad \times10^{-3}\ \text{m}$$

$$\Delta_t=\sqrt{\frac{\sum(\Delta t)^2}{n(n-1)}}=\qquad \text{s}$$

$$E=\frac{\Delta_\eta}{\overline{\eta}}=\sqrt{\left(\frac{2\Delta_d}{\overline{d}}\right)^2+\left(\frac{\Delta_L}{L}\right)^2+\left(\frac{\Delta_t}{\overline{t}}\right)^2}=\qquad \%$$

$$\Delta_\eta=E\,\overline{\eta}=\qquad \text{Pa}\cdot\text{s}$$

$$\eta=\overline{\eta}\pm\Delta_\eta=\qquad \text{Pa}\cdot\text{s}$$

六、注意事项

（1）筒内油须长时间静止放置，以排除气泡，使液体处于静止状态。实验过程中不可捞取小球，不可搅动液体。

（2）测量液体温度时，须用精确度较高的温度计，若使用水银温度计，则必须定时校准。

（3）液体黏度随温度的变化而变化，因此测量中不要用手摸量筒。

（4）激光束不能直射人的眼睛，以免损伤眼睛。

七、思考题

（1）如何判断小球在作匀速运动？

（2）用激光光电计时仪测量小球下落时间，这种测量液体黏度的方法有何优点？

实验二十三　薄透镜焦距的测量

一、实验目的

(1) 掌握光具座上各元件的共轴、等高调节方法。

(2) 掌握用自准直法、二次成像法(位移法)测定凸透镜焦距的原理和方法,掌握用物距像距法测定凹透镜焦距的方法。

(3) 掌握用标准不确定度评定测量结果的方法。

二、实验仪器

如图 3-85 所示,光具座是一种常用的光学仪器,通常在平直度高、质量大并附有标尺的导轨上,装有若干个可沿导轨平移的滑座,滑座支杆上有各种夹具,用以固定各种光源、物屏、凸透镜、平面镜、棱镜等光学仪器和光学元件。滑座有两种:一种是固定滑座,光学仪器和元件在滑座上能调节其高低与主光轴的方位;另一种是可移滑座,它可以进行三维调节,即还可以在与导轨相垂直的水平方向上进行调节。

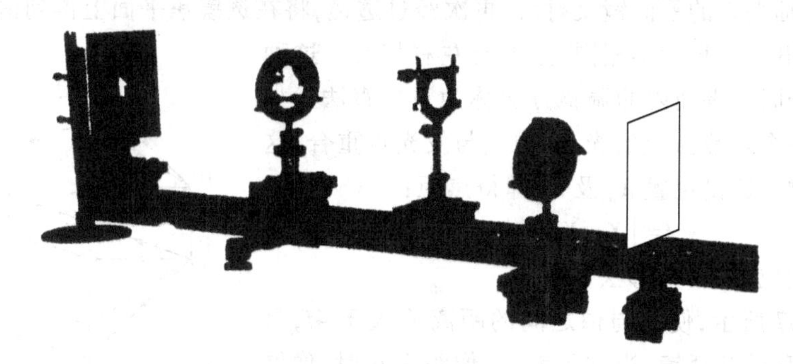

图 3-85　光具座

实验前应先进行使有关光学元件的光学面(即实验中光线所要通过的表面)平行的调节,然后进行使每个光学元件的主光轴重合(共轴、等高)的调节。这样不仅能够保证近轴光线这个条件成立,而且能够保证光学元件在光具座标尺上的位置与其在主光轴上的位置相对应。调节的方法一般是先粗调,后细调。

1. 粗调

用目测调节各光学元件的高低、左右和方位,使光源、发光物、透镜和像屏的中心大致在同一条和导轨平行的直线上,而且各光学元件的光学面平行,并与导轨垂直。

2. 细调

利用透镜成像规律进一步调节共轴、等高。例如用二次成像法进行调节,在物屏与像屏之间距离 $L>4f$ 的条件下,移动透镜,当物距小于像距时,生成放大的实像;当物距大于像距时,生成缩小的实像。观察大、小像的中心在像屏上是否重合,若不重合,则适当调节透镜或发光物的高低、左右,直至两个像的中心完全重合,这时系统就达到了共轴、等高的要求。

如果系统中有两个以上透镜,可先调包含一个凸透镜在内的子系统共轴、等高,然后再加入第二个透镜，调节该透镜与原系统共轴、等高。

三、实验原理

1. 薄透镜成像公式

透镜的厚度比其焦距小得多的透镜称为薄透镜。当成像光线为近轴光线（通过透镜中心部分并与主光轴夹角很小的光线，又称傍轴光线）时，薄透镜的成像公式为

$$\frac{1}{p}+\frac{1}{p'}=\frac{1}{f} \tag{3-103}$$

或

$$f=\frac{pp'}{p+p'} \tag{3-104}$$

式中，p 为物距，p' 为像距，f 为焦距。实物 p 为正，虚物 p 为负；实像 p' 为正，虚像 p' 为负；凸透镜 f 为正，凹透镜 f 为负。

2. 凸透镜焦距的测量

(1) 自准直法。

如图 3-86 所示，将发光物 AB 安放在凸透镜的焦平面上时，$p=f$，它发出的光线通过透镜，经与主光轴垂直的平面镜反射后，再次经过透镜，将在透镜焦平面上得到清晰的发光物的像 A′B′，A′B′与 AB 大小相同，上下与左右相反。这种使物和像处于同一平面内的调整方法称为自准直法。如果发光物是一个在焦点上的光点，像就与发光点重合，这时分别读出物与透镜位置 X_p 及 X，即得焦距：

$$f=|X_p-X| \tag{3-105}$$

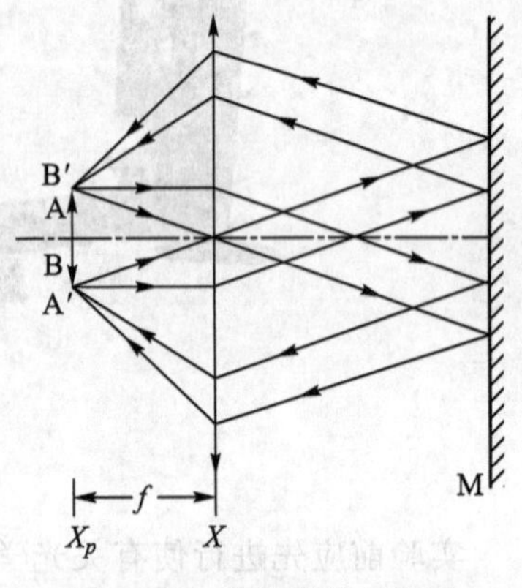

图 3-86 自准直法原理图

(2) 二次成像法（位移法）。

如图 3-87 所示，使物与像之间的距离 L 大于 $4f$，且保持 L 不变，移动凸透镜，当物距为 p_1、像距为 p_1'时，像屏上得到一个放大的像 A′B′；当物距为 p_2、像距为 p_2'时，像屏上得到一个缩小的像 A″B″。如果透镜在两次成像之间移动的距离是 l，那么根据式（3-103）得

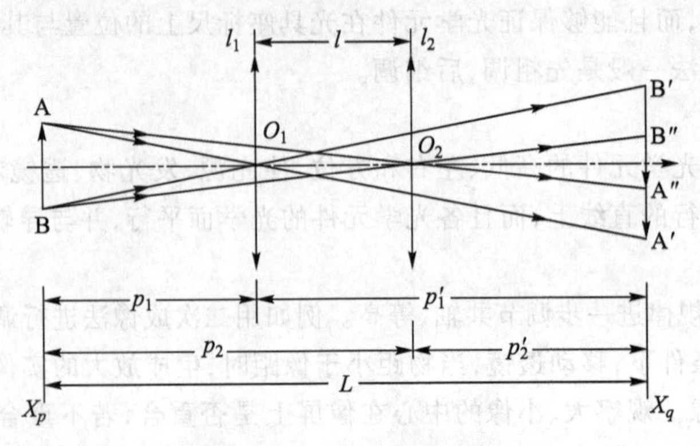

图 3-87 二次成像法原理图

$$p_1=p_2',\quad p_2=p_1'$$

从图 3-87 可看出

$$L-l=p_1+p_1=2p_1$$

因此

$$p_1=\frac{L-l}{2}$$

又由 $p_1'=L-p_1=L-\frac{L-l}{2}=\frac{L+l}{2}$,得到

$$f=\frac{p_1p_1'}{p_1+p_1'}=\frac{\frac{L-l}{2}\cdot\frac{L+l}{2}}{L}=\frac{L^2-l^2}{4L} \tag{3-106}$$

只要测出物与像之间的距离 L、凸透镜的位移 l,就可算出 f,这就避免了由于估计透镜光心位置不准确而带来的误差,这是二次成像法的优点。

3. 凹透镜焦距的测量

如图 3-88 所示,用物距像距法测凹透镜的焦距。物 AB 经凸透镜 L_1 成像于 A′B′,若在凸透镜 L_1 与像 A′B′之间插入一焦距为 f 的凹透镜 L_2,则此时 A′B′为 L_2 的虚物,经凹透镜 L_2 可成像于 A″ B″。根据式(3-104)测出 p、p'就可算出凹透镜的焦距 f。此时虚物的 p 为负,实像的 p'为正,而且 $p'>|p|$,因此 f 的值为负。

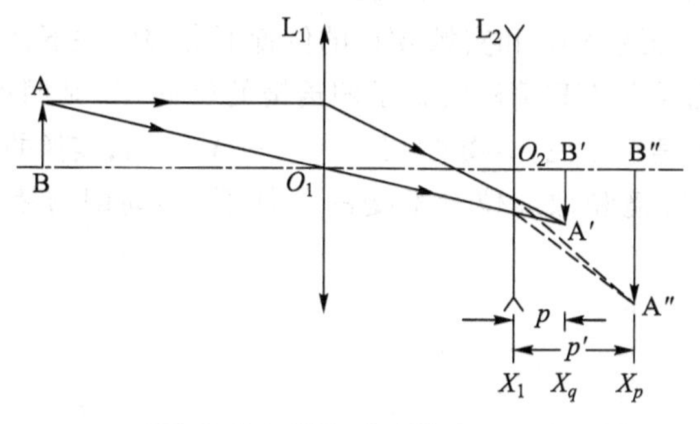

图 3-88　物距像距法原理图

四、实验步骤

1. 测凸透镜的焦距

(1) 自准直法。

① 如图 3-85 所示,将中间开孔的物屏的支杆插入光具座的可移动滑座,用钠灯照亮孔,这时孔就是发光物,将凸透镜、平面镜依次置于对应的滑座上,并进行共轴、等高调节:即先粗调,使物屏、凸透镜、平面镜的中心大致都在一条与光具座导轨平行的直线上,而且其光学面都与此直线垂直;然后再细调,即仔细调节物屏、凸透镜、平面镜的高低及方位,使物与倒实像的中心基本重合。

② 调节凸透镜的位置,直到在物屏的位置上重合出现一个等大、倒立、左右相反的最清晰的实像,记录此时物屏的位置 X_p、凸透镜的位置 X,则凸透镜的焦距为 $|X_p-X|$。

③ 实际透镜有一定的厚度，其光心位置不好确定，而且光心位置与滑座的读数准线位置在光具座导轨的标尺上也不一定重合，为了消除这种系统误差，在记录凸透镜某一位置 X' 后，将凸透镜连同透镜夹以支杆为轴旋转 180°，再调节凸透镜的位置，得到最清晰的实像，记录凸透镜此时位置 X''，取 X' 与 X'' 的平均值 $X=(X'+X'')/2$ 为凸透镜的位置。

④ 重复步骤③五次，将数据填入表 3-50，计算 $\bar{f}$ 及 Δ_f。

(2) 二次成像法(位移法)。

① 按图 3-87 所示，从光具座上取下平面镜(连镜夹)，换上白色像屏，取物屏与像屏之间距离 $L>4f$，记录物屏位置 X_p、像屏位置 X_q，则 $L=|X_p-X_q|$。

② 从左向右移动凸透镜，记录当像屏上分别出现清晰的放大和缩小的实像时凸透镜的位置 l_1 和 l_2。然后从右向左移动凸透镜，记录当像屏上分别出现缩小和放大的实像时凸透镜的位置 l_2 和 l_1，共测 6 次，将数据填入表 3-51 并进行计算。

2. 物距像距法测凹透镜的焦距

(1) 将物屏、凸透镜、像屏按图 3-88 的顺序安放在光具座上。移动发光物位置，相应移动像屏，使物 AB 经凸透镜 L_1 在屏上呈现清晰的缩小的实像 A′B′，记录 A′B′的位置 X_q。

(2) 保持物 AB 和凸透镜 L_1 的位置不变，在 L_1 与 A′B′之间放上待测的凹透镜 L_2，移动 L_2 并同时移动像屏，直至虚物 A′B′(对 L_2 而言)在像屏上清晰地生成放大的实像 A″B″，记录此时凹透镜的位置 X_1' 和 A″B″的位置 X_p。

(3) 在保持物 AB、凸透镜 L_1 和实像 A″B″的位置不变的条件下，将凹透镜连同透镜夹旋转 180°，移动凹透镜，当屏上 A″B″清晰时记录凹透镜的位置 X_1''，则凹透镜光心的位置为 $X_1=(X_1'+X_1'')/2$。这时，对凹透镜来说，虚物的物距为 $p=-|X_q-X_1|$，实像的像距为 $p'=|X_p-X_1|$。

(4) 在保持物、凸透镜和像屏位置不变的条件下，移动凹透镜，重复以上步骤，完成表 3-52。

五、数据处理

表 3-50　用自准直法测凸透镜的焦距

$\Delta_{仪}=0.05$ cm，$X_p=$________ cm，单位：cm

测量次数 i	1	2	3	4	5	6	$\bar{X}$	S
凸透镜某一位置 X_i'								
旋转 180°后位置 X_i''								
$X_i=(X_i'+X_i'')/2$								

$\bar{f}=|\bar{X}-X_p|=$

$\Delta_f=\sqrt{\Delta_{\bar{X}}^2+\Delta_{X_p}^2}=$

$\Delta_X=\sqrt{S^2+\Delta_B^2}=$

$\Delta_B=\sqrt{\Delta_{仪}^2+\Delta_{仪}^2}=$

$\Delta_{X_p}=\Delta_{仪}=$

$f=\bar{f}\pm\Delta_f=$

表 3-51　用二次成像法测凸透镜的焦距

$X_p=$______cm, $X_q=$______cm, $L=|X_p-X_q|=$______ cm, $\Delta_{仪}=0.05$ cm, 单位: cm

测量次数 i	1	2	3	4	5	6	$\bar{l}$	Δl
l_{1i}								
l_{2i}								
$l_i=l_{2i}-l_{1i}$								

$$\bar{f}=\frac{L^2-\bar{l}^2}{4L}=$$

$$\Delta_f=\sqrt{\left(\frac{2L}{L^2-l^2}-\frac{1}{l}\right)^2\Delta_L^2+\left(\frac{2L}{L^2-l^2}\right)\Delta_l^2}=$$

$\Delta_L=\sqrt{\Delta_{仪}^2+\Delta_{仪}^2}=$

$\Delta_l=\sqrt{S^2+\Delta_B^2}=$

$\Delta_B=\sqrt{\Delta_{仪}^2+\Delta_{仪}^2}=$

$f=\bar{f}\pm\Delta_f=$

表 3-52　用物距像距法测凹透镜的焦距

$X_p=$______cm, $X_q=$______cm, $\Delta_{仪}=0.05$ cm, 单位: cm

测量次数 i	1	2	3	4	5	6	$\overline{X_1}$	S
凸透镜某一位置 X'_{1i}								
旋转 180°后位置 X''_{1i}								
$X_{1i}=(X'_{1i}+X''_{1i})/2$								

$\bar{p}=-|X_q-\overline{X_1}|=$

$\bar{p}'=-|X_p-\overline{X_1}|=$

$$\bar{f}=\frac{\bar{p}\,\bar{p}'}{\bar{p}+\bar{p}'}=$$

$$\Delta_f=\sqrt{\left(\frac{1}{p}-\frac{1}{p+p'}\right)\Delta_p^2+\left(\frac{1}{p}-\frac{1}{p+p'}\right)\Delta_{p'}^2}=$$

$\Delta_p=\sqrt{\Delta_{仪}^2+\Delta_{X_1}^2}=$

$\Delta_{p'}=\sqrt{\Delta_{仪}^2+\Delta_{X_1}^2}=$

$\Delta_{X_1}=\sqrt{S^2+\Delta_B^2}=$

$\Delta_B=\sqrt{\Delta_{仪}^2+\Delta_{仪}^2}=$

$f=\overline{f}\pm\Delta_f=$

六、注意事项

（1）光学元件应轻拿轻放，要避免震动和磕碰，以防破损。

（2）为了区别凸透镜和凹透镜，可以持镜看书，将字放大者为凸透镜，将字缩小者为凹透镜。绝不允许用手触摸光学元件的光学面（如透镜的镜面），只能接触非光学面（如毛玻璃面），也不允许对着光学元件说话、咳嗽、打喷嚏，以防污损光学元件。

（3）光学面附有灰尘、污物时，不要自行处理（不能用手或布甚至用纸去擦），应向教师说明，在教师的指导下进行处理。

七、思考题

（1）共轴调节要满足哪些要求？怎样对光具座上的光学系统进行共轴调节？

（2）比较用自准直法和二次成像法测同一块凸透镜焦距的结果，说明它们的优缺点。

（3）试证明：用物距像距法测凹透镜焦距时，要使虚物能经凹透镜折射后形成实像，必须有$|p|<|f|$。

实验二十四　全息照相

全息照相的物理思想是英国科学家伽博（D.Gabor）于1948年首先建立的。由于他的这一发现及后来全息摄影方法的发展，伽博于1971年荣获诺贝尔物理学奖。

全息照相的基本原理是以波的干涉和衍射为基础的。因此它适用于微波、X射线、电子波、光波和声波等一切波动过程，这致使全息技术发展成为科学技术上一个崭新的领域，并在精密计量、无损检测、光学信息存储和处理、遥感技术等方面获得了广泛的应用。近年来，由于全息显示和全息图复制技术的发展，全息照相已经走出实验室，进入大众化、商品化的发展阶段。

一、实验目的

（1）学习静态全息照片的拍摄技术及其再现像观察的方法。

（2）了解全息照相技术的主要特点。

二、实验仪器

为了实现物光波的全息记录，静态全息照相必须具备下列三个基本实验条件。

1. 相干性好的光源

氦氖激光器具有较好的相干性，它输出激光的波长为 $\lambda=632.8\ \text{nm}$。若谱线宽度为 $\Delta\lambda=0.002\ \text{nm}$，则相干长度为 $L_{\text{m}}=\dfrac{\lambda^2}{\Delta\lambda}\approx 20\ \text{cm}$。

有了相干性较好的光源，实验中还必须注意以下两点：

（1）尽量减少物光和参考光的光程差。实验中要妥善安排光路，使它们的光程差控制在数厘米之内。

（2）参考光和物光的光强比一般选取在 2∶1～10∶1 之间。为此需要挑选分光比合适的分光板和衰减片。参考光和物光的光强比可用光电池配以灵敏电流计进行比较测量。

2. 高分辨率的记录介质

感光板记录的干涉条纹一般都是非常密集的。如果 $\theta=30^\circ$，$\lambda=632.8\ \text{nm}$，则形成的干涉条纹间距为 $d=\dfrac{\lambda}{\sin\theta}\approx 1.3\times10^{-3}\ \text{mm}$，即每毫米将记录近千条条纹。随着夹角 θ 的增大，条纹间距进一步减小，而普通照相感光板的分辨率仅为每毫米100条左右。因此全息照相需要采用高分辨率的介质——全息感光板。这种感光板分辨率可大于1 000条每毫米，但感光灵敏度不高，所需曝光时间比普通照相感光板长。用于氦氖激光的全息感光板对红光最敏感，全息照相的全部操作都可在暗绿灯光下进行。

3. 良好的减振装置

密集的干涉条纹，使得曝光记录时必须有一个非常稳定的条件。轻微的振动或其他扰动只要使光程差发生波长数量级的变化，条纹就会模糊不清。因此全息实验室一般都选在远离振源的地方。全息照相光路各组件都布置在全息防振工作台上，被摄物体、各光学组件和全息感光板都严格固定。拍摄时还须防止实验室内有过大的气流。

三、实验原理

物体上各点发出的光(或反射的光)是一种电磁波。借助它们的频率、振幅和相位等信息的不同,人们可以区分物体的颜色、明暗、形状和远近。普通照相用透镜将物体成像在感光底片平面上,曝光后,感光底片记录了物体表面光强(光振动振幅的平方)的分布,却无法记录光振动的相位。因此,普通照相得到的只是物体的一个平面像。全息照相能够把光波的全部信息——振幅和相位,记录下来,并能完全再现被摄物光波的全部信息,从而再现物体的立体像。

1. 全息照相的记录原理

全息照相利用光的干涉原理记录物光波的全部信息。图 3-89 是拍摄全息照片的原理光路图。氦氖激光器 HN 射出的激光束通过分光板 S 分成两束。一束经反射镜 M_2 反射,再由扩束透镜 L_2 使光束扩大后照射到被摄物体 D 上,经物体表面反射(或透射)后照射到全息干板(感光底片)H 上。这部分光称为物光(O 光)。另一束经 M_1 反射、L_1 扩束后,直接投射到感光底片 H 上。这部分光称为参考光(R 光)。两束光在感光底片上的每一点都有确定的相位关系。由于激光的高度相干性,两束光在底片上叠加,形成稳定的干涉图样并被记录下来。

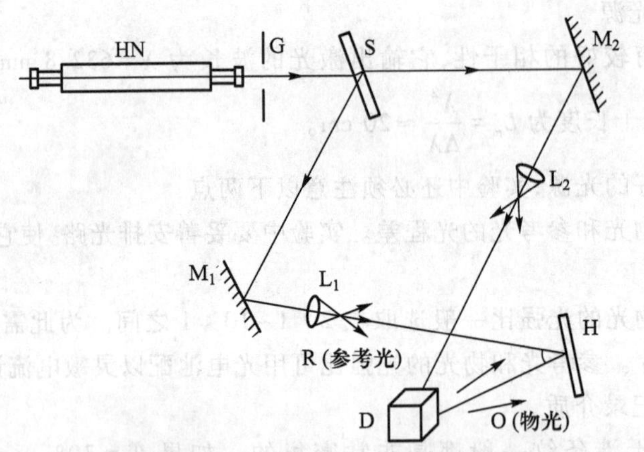

HN—氦氖激光器;G—遮光板;S—分光板;M_1,M_2—反射镜;

L_1,L_2—扩束透镜;D—被摄物体;H—全息干板

图 3-89 拍摄全息照片的原理光路图

为了简单起见,我们分析物体上某一物点 O 的情况。参考光假设为垂直于感光底片表面的平面波。如果感光底片对物点所张的立体角充分小,那么从物点发出的球面波在感光底片上任一小区域,如图 3-90(a) 中所示的小区域 aa',都可以简化为平面波来处理。如图 3-90(b) 所示,在这个小区域内,物光和参考光的干涉可简化为两束平行光的干涉。可以证明,它们形成的干涉条纹的间距为

$$d_i = \frac{\lambda}{\sin\theta_i} \tag{3-107}$$

式中,λ 为相干光的波长;θ_i 为物光与参考光之间的夹角。

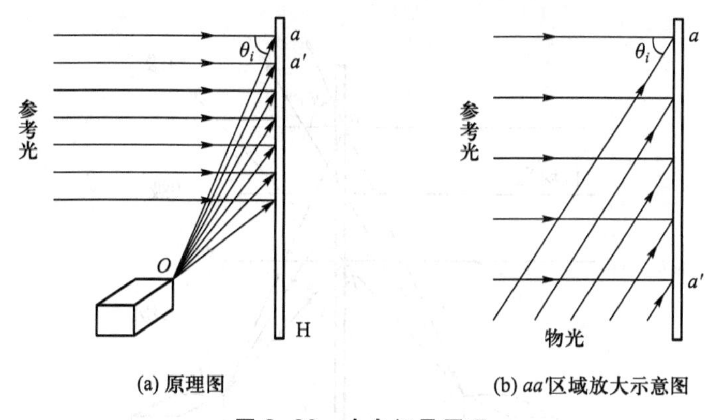

(a) 原理图　　(b) aa'区域放大示意图

图 3-90　全息记录原理

干涉图样中亮条纹和暗条纹之间亮暗程度的差异,取决于两束光波的强度(振幅的平方)等多种因素。

同一物点发出的物光在感光板上不同的区域与参考光的夹角 θ_i不相同,相应的干涉条纹的间距 d_i和走向也不相同。不同物点发出的物光在感光板上同一区域的光强以及与参考光的夹角也不相同,因此其干涉条纹的浓黑程度、疏密和走向也各不相同。

总的物光波可以看成无数物点发出的光波的总和。因此在全息感光板上形成的是无数组浓黑程度、疏密、走向各不相同的干涉条纹的组合。曝光并经过显影和定影等底片处理过程,包含物光波全部信息的干涉图样就被记录下来了。

2. 全息照相的再现原理

全息照相在感光板上记录的不是被摄物体的直观形象,而是无数组干涉条纹复杂的组合。其中,每一组干涉条纹都犹如一组复杂的光栅,因此当我们观察全息照相记录的物像时,必须采用一定的再现手段,即必须用与原来参考光 R 完全相同的光束 R′照射全息照片,光束 R′称为再现光(束)。再现光路如图 3-91 所示。在再现光照射下,全息照片相当于一块透光率不均匀的障碍物,再现光经过它时就会发生衍射,如同经过一个极为复杂的光栅。以全息照片上某一小区域 ab 为例,为简单起见,把再现光看成一束平行光,且再现

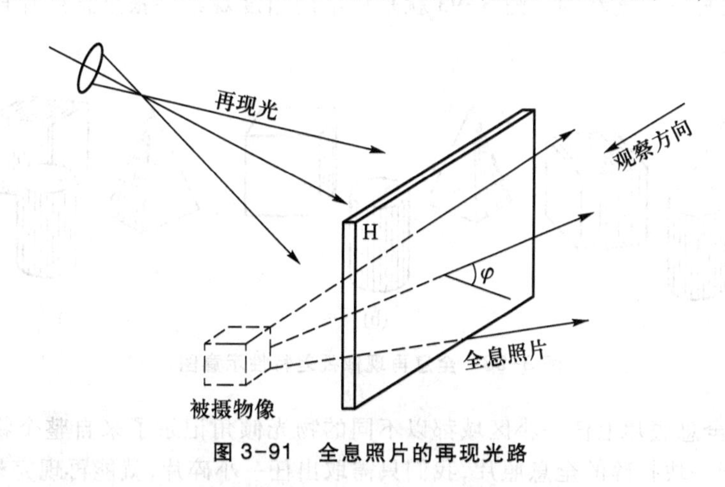

图 3-91　全息照片的再现光路

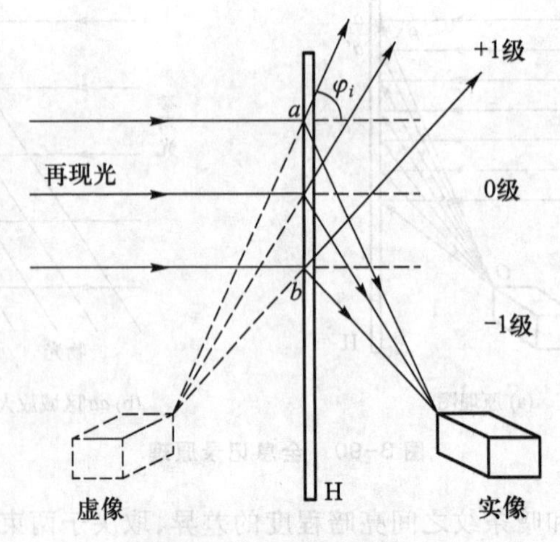

图 3-92　全息再现原理

光垂直投射在全息照片上，再现光将发生衍射，+1 级衍射光是发散光，在原物点处成一虚像。-1 级衍射光是会聚光，会聚点在与原物点对称的位置上，如图 3-92 所示。按光栅衍射原理，这时衍射角满足

$$\sin \varphi_i = \frac{\lambda}{d_i} \tag{3-108}$$

这样，一个复杂而又极不规则的光栅的集合体就产生了衍射图样。其中，+1 级衍射光形成一个虚像，与原物完全对应，我们称之为真像；-1 级衍射光形成一个实像，我们称之为赝像；0 级光仍按再现光原方向传播。迎着+1 级衍射光去观察，在原先拍摄时放置物体的位置上，就能看到与原物形象完全一样的立体像。

3. 全息照相的特点

（1）全息照片所再现的被摄物体形象具有逼真的三维立体感。当人们移动眼睛从不同角度观察时，就好像面对原物一样，可看到它的不同侧面。在某个角度被物遮住的另一物体，也可以在另一角度看到。图 3-93 就是从不同角度观察一张全息照片再现像时的视差特性示意图。

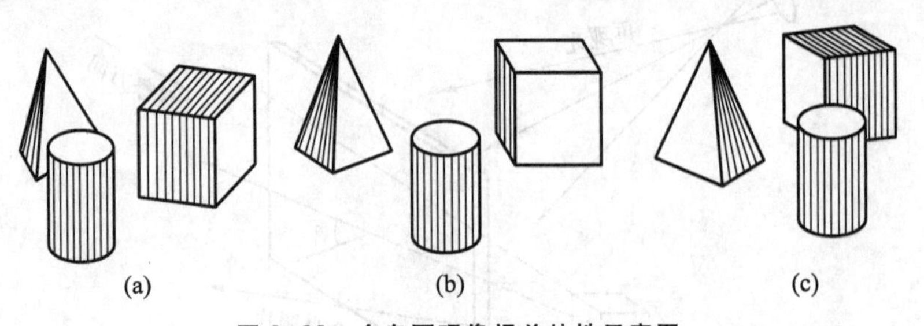

图 3-93　全息再现像视差特性示意图

（2）由于全息底片上任一小区域都以不同的物光倾角记录了来自整个物体各点的光信息，所以对于一块打碎的全息照片，我们只需取出任一小碎片，就能再现完整的被摄物体

立体像。

（3）一块全息感光板可进行多次重复曝光记录。在某次全息拍摄曝光后，只要稍微改变感光板的方位（如转动一个小角度），或改变参考光束的入射方向，就可在同一感光板上重叠记录，并能互不干扰地再现各自的图像。如果在全息记录过程中光路各部件都严格保持不动，只使被摄物体在外力作用下发生微小的位移或形变，并在前后使感光板重复曝光，则再现时物体位移或形变前后两次记录的物光波同时再现，并形成反映物体形态变化特征的干涉条纹。这就是全息干涉计量的基础。

（4）若用不同波长的激光束照射全息照片，则可以得到放大或缩小的再现像。再现光的波长大于原参考光时，像被放大；反之缩小。

（5）全息照相再现的物光波是再现光的一部分。因此，再现光越强，再现的物像就越亮。实验指出，亮暗的调节可达 10^3 倍。

四、实验步骤

1. 拍摄静物的全息照片

（1）布置光路。

按图 3-89 所示布置光路，使之符合下列要求。

① 物光路和参考光路大致等光程。（思考：物光光程应从何处算起？）为方便起见，扩束透镜 L_1 及 L_2 可暂不放入光路。感光板可先以其他玻璃板代替。

② 放入扩束透镜 L_1 和 L_2（应尽量充分利用激光光能，在物光路尤其如此），使被摄物和感光板分别受到物光束及参考光束均匀的照明。应严格防止扩束后的物光束直接照射感光板。

③ 使参考光与物光的光强比在合适的范围内。

（2）曝光。

① 由光强情况选定曝光时间（根据实验室给出的各种光强情况下的参考时间进行选定）。

② 挡住激光束，装感光干板。感光干板乳胶面应向着激光束。

③ 静置数分钟，然后曝光。曝光过程中应严格防止振动，各光学组件应严格固定。除暗绿灯光外，无其他杂散光干扰。

（3）感光板的显影、定影。

显影采用 D-19 显影液；定影采用 F-5 定影液（配方见本实验附注）。处理过程与普通感光板相同，但仍可在暗绿灯光下进行。

（4）观察。

经冲洗、甩干后，即可准备观察再现物像。

2. 观察再现物像

（1）取与原参考光方向尽量一致的再现光照明全息照片（感光板乳胶面仍向着激光束）。观察再现虚像，体会再现像的立体性。（思考：从哪些现象可以说明你所观察到的再现像是立体像？）比较再现虚像的大小、位置与原物的情况。

（2）通过小孔观察再现虚像，并改变小孔覆盖在全息照片上的位置进行观察，写出观察结果。

(3) 用图3-94所示的光路观察再现实像。用未扩束的激光直射全息照片的玻璃基面(乳胶面的背面),选取适当的夹角 α,再用毛玻璃观察屏S来接收再现实像。改变激光束的入射点,观察实像的视差特性。改变屏S的位置,观察实像大小及清晰程度的变化。只有像质最佳的位置才是实像位置。

(4) 将再现光换成钠光或汞光,观察并记录再现物像的变化。

(5) 观察实验室准备的二次曝光全息干涉再现像或其他全息照片。

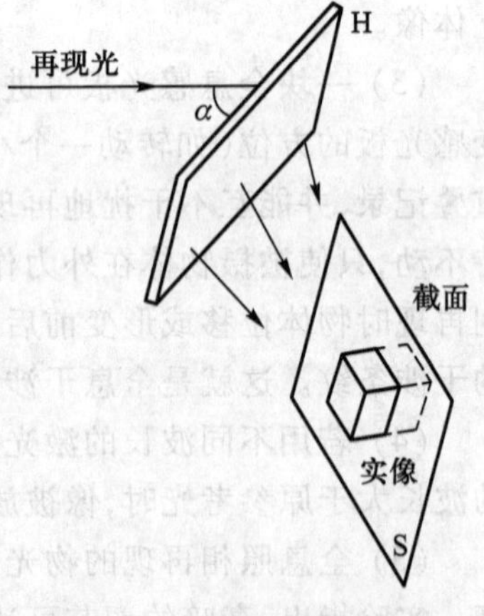

图3-94　再现实像的观察

五、思考题

(1) 静态全息照相与普通照相有什么区别?

(2) 要想成功拍摄全息照片,试问必须具备哪些实验条件? 在实验操作中应注意哪些问题?

(3) 全息照相有哪些特点?

六、附注:显影液、定影液配方

1. D-19显影液配方

蒸馏水(约50 ℃):	500 mL
米吐尔:	2 g
无水亚硫酸钠:	90 g
对苯二酚:	8 g
无水碳酸钠:	48 g
溴化钾:	5 g

溶解后加蒸馏水至1 000 mL。显影温度为20 ℃,显影时间为3~5 min。

2. F-5定影液配方

蒸馏水(约50 ℃):	600 mL
硫代硫酸钠:	240 g
无水亚硫酸钠:	15 g
冰醋酸:	13.5 g
(铝)钾矾:	15 g

溶解后加蒸馏水到1 000 mL。定影温度为20 ℃,定影时间为5 min。清水冲洗5 min。

实验二十五　声速的测量

一、实验目的

（1）了解声波在空气中的传播速度与气体状态参量之间的关系。

（2）了解压电换能器的功能，加深对驻波及振动合成理论的理解。

（3）熟悉示波器的使用方法。

（4）学会一种测量空气中声速的方法。

二、实验仪器

本实验使用的仪器有 SW-1 型声速测量仪、DF-1641D 型信号发生器及 COS5020B 型通用示波器。

SW-1 型声速测量仪可配合示波器和信号发生器完成测量声速的任务，其示意图如图 3-95所示。声速测量仪利用逆压电效应产生超声波，利用正压电效应接收超声波。本仪器采用锆钛酸铅制成的压电陶瓷换能器，将它粘接在铝合金制成的变幅杆上构成复合式超声波换能器。如图 3-96 所示，将其与信号发生器连接，压电陶瓷受一交变电场作用时会发生周期性伸缩，当交变电场频率与换能器的固有频率相同时，振幅最大。变幅杆的端面在空气中发出声波。接收器利用压电效应把接收到的声波转化成电信号送到示波器中，从而可以观察到接收器在不同位置时该点的机械振动情况。本仪器中，换能器的振荡频率为 40 kHz 左右，所发出和接收的声波频率也与之相同。接收器位置由主尺及手轮的刻度读出。主尺位于底座上，最小分度为 1 mm。手轮和丝杆相连，手轮刻度分为 100 格，手轮每转一周接收器平移 1 mm，故手轮刻度每一小格为 0. 01 mm，可估读到 0. 001 mm。

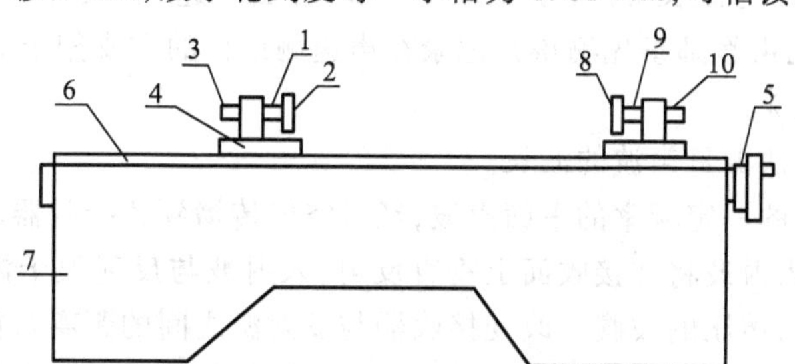

1，9—压电换能器；2，8—增强片；3，10—变幅杆；4—可移动底座；5—手轮；6—标尺；7—底座

图 3-95　声速测量仪示意图

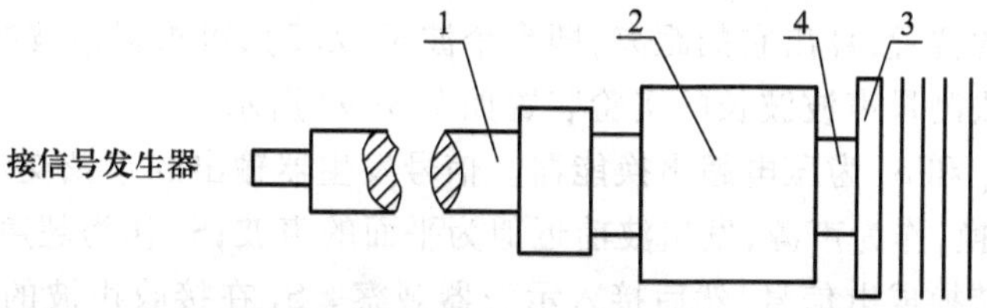

接信号发生器

1—压电陶瓷管；2—变幅杆；3—增强片；4—缆线

图 3-96　超声波换能器结构图

三、实验原理

声波是一种在弹性介质中传播的纵波。波长、强度、传播速度等是声波的重要参量。可利用声速与振动频率和波长之间的关系（即 $v=f\lambda$）求出声速。本实验就是根据这个关系来测量超声波在空气中的传播速度的。超声波是频率大于 20 kHz 的机械波，具有波长短、能定向传播等优点，因此在测距定位、测液体流速、测材料弹性模量、测气体温度瞬间变化、医疗保健、无损探伤等方面有重要用途。

1. 声波在空气中的传播速度

在理想气体中声波的传播速度为 $v_0=331.5\ \text{m/s}$，而在实际气体中其传播速度为

$$v=v_0\sqrt{1+\frac{t}{T_0}f(c_p,c_V,M,p_S,p)} \tag{3-109}$$

式中，t 为空气的温度（单位为摄氏度）；T_0 为热力学温度；c_p 为空气的比定压热容；c_V 为空气的比定容热容；M 为空气的摩尔质量；p_S 为空气的饱和蒸气压；p 为大气压。而在实验室条件下可以忽略函数 $f(c_p,c_V,M,p_S,p)$ 对声速的影响，则式（3-109）可以写成如下形式：

$$v=v_0\sqrt{1+\frac{t}{T_0}} \tag{3-110}$$

式（3-110）就是实验室中测量声速的理论计算公式。

2. 空气中声速的测量原理

（1）测声速的基本原理。

由声速与频率、波长的关系得

$$v=f\lambda \tag{3-111}$$

若能测出声波的频率 f 与波长 λ，则可由式（3-111）算出声速 v。在本实验中，为保证测量精度，声波的频率 f 已由教师事先测得并记录在声速测量仪的左支架上。我们要用共振干涉法测量声波的波长 λ。

（2）用共振干涉法测量声波的波长。

一从发射源发出的一定频率的平面声波，经过空气传播到达接收器。如果接收面与发射面严格平行，那么入射波将在接收面上垂直反射，入射波与反射波干涉而形成驻波。反射面处为位移的波节，声压的波腹。改变接收器与发射源之间的距离 l，在一系列特定的位置上，介质中将会出现稳定的驻波共振现象。此时，驻波的幅度达到极大；同时，在接收面上的声压波幅也相应达到极大。不难看出，在移动接收器的过程中，相邻两次达到共振时，接收器所处位置的距离即半个波长。因此，若保持 f 不变，通过测量相邻两次接收信号达到极大时接收器的位置，算出它的距离，即半个波长（$\lambda/2$），可求得声波的波长 λ。

用共振干涉法测量声波波长的实验装置如图 3-97 所示。

图 3-97 中 S_1 和 S_2 为压电超声换能器。信号发生器输出的正弦交流信号加到 S_1 上，由 S_1 完成电声转换，作为声源，发出波前近似为平面的声波；S_2 作为超声波接收换能器，将接收到的声信号转换成电信号，然后接入示波器观察。S_2 在接收声波的同时，其表面还反射一部分声波。当 S_1 与 S_2 的表面互相平行时，往返于 S_1 与 S_2 之间的声波发生干涉而形成驻波。

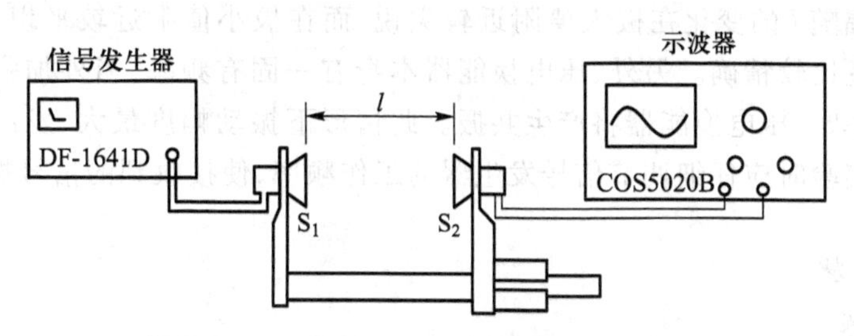

图 3-97　用共振干涉法测量声波波长的装置

依波动理论,设沿 x 轴方向的入射波方程为

$$y_1 = A\cos\left(\omega t - \frac{2\pi}{\lambda}x\right) \tag{3-112}$$

反射波方程为

$$y_2 = A\cos\left(\omega t + \frac{2\pi}{\lambda}x\right) \tag{3-113}$$

式中,A 为声源振幅;ω 为角频率;$\frac{2\pi}{\lambda}x$ 为由于波动传播到坐标 x 处(t 时刻)而引起的相位变化量。在任意时刻 t,空气中某一位置处的合振动方程为

$$y = y_1 + y_2 = \left(2A\cos\frac{2\pi}{\lambda}x\right)\cos\omega t \tag{3-114}$$

上式即驻波方程。

当 $\left|\cos\frac{2\pi}{\lambda}x\right| = 1$,即 $\frac{2\pi}{\lambda}x = k\pi$ 时,在 $x = k\frac{\lambda}{2}(k=0,1,2,\cdots)$ 处,合振动振幅最大,称为波腹或声振幅的极大值。

当 $\left|\cos\frac{2\pi}{\lambda}x\right| = 0$,即 $\frac{2\pi}{\lambda}x = (2k+1)\frac{\pi}{2}$ 时,在 $x = (2k+1)\frac{\lambda}{4}(k=0,\ 1,\ 2,\cdots)$ 处,合振动振幅最小,称为波节或声振幅的极小值。

由波腹(或波节)条件可知,相邻两个波腹(或波节)间的距离为 $\frac{\lambda}{2}$,当 S_1 和 S_2 间的距离 l 恰好等于半波长的整数倍,即

$$l = n\frac{\lambda}{2}\quad(n=0,1,2,3,\cdots) \tag{3-115}$$

时,声振幅为极大值。此时接收换能器 S_2 接收到的声压也是极大值,在示波器上观察的、经 S_2 转换成的电信号也是极大值。由于衍射及其他损耗,自左向右各极大值的幅值随 S_2 与 S_1 间的距离增大而逐渐减小。为测量声波的波长,我们可连续地改变 S_2 到 S_1 的距离 l,此时可观察到示波器上显示的信号幅度由极大值变化到极小值再到极大值……,同时极大值的幅度在逐渐变小(因能量衰减)。随着信号幅度的每一次周期性的变化,S_1 与 S_2 间的距离 l 也随之改变 $\frac{\lambda}{2}\left[\text{即 }\Delta l = l_{n+1} - l_n = (n+1)\frac{\lambda}{2} - n\frac{\lambda}{2} = \frac{\lambda}{2}\right]$,该距离改变量可由标尺和手轮读出。由此算出波长 λ,进而由式(3-111)与已测得的频率 f 算出声速 v。

由于声振幅随l的变化在极大值附近较尖锐，而在极小值附近较平坦，所以测定声振幅极大值的位置比较精确。另外，压电换能器本身有一固有频率，当外加强迫振动的频率等于其固有频率时，压电换能器将产生共振。此情形下振动幅度最大，发出的声波的振幅也最大。因此实验时应仔细调节信号发生器的工作频率，使接收到的信号振幅最大。

四、实验步骤

1. 熟悉仪器

按图 3-97 接好线路，将换能器 S_1 的另一端接入信号发生器的电压接口（S_1 为发射端，S_2 为接收端），对照仪器仔细阅读实验六的内容。

2. 仪器的调整

（1）将接收换能器 S_2 向发射换能器 S_1 靠拢，并注意使二者端面留有约 1 cm 的间隙（以防止损坏换能器）。调整两换能器，使两个平面端面严格平行并与标尺滑动方向垂直。

（2）在信号发生器的波形选择按钮“FUNCTION”下选择～（正弦）波形；调节“PULL TO INV AMPLITUDE”旋钮，使得输出电压幅度最小；按下电源开关；按下频率选择开关，选择“200 k”按钮；然后调节“FREQ”旋钮，使“频率数码显示屏”所显示的频率数与声速测量仪左侧支架上记载的频率相符；调节“PULL TO INV AMPLITUDE”旋钮，选择一个合适的电压，电压为 8～10 V，最后按下“OUTPUT”键输出信号。

（3）将接收换能器 S_2 的输出端信号线接入示波器的 CH1（垂直）信号输入插座，接通示波器的电源开关“3”，还原出厂设置，按下示波器“Save/Recall”和 F1 键，然后按两下 CH2 键，将 CH2 端口关掉，即可得到一条输入电信号的曲线。

3. 谐振状态的确定

用示波器观察由 S_2 接收并转换成的电信号。调节信号发生器频率调节钮“Scroll wheel”，使示波器显示的波形振幅最大。此时信号发生器的工作频率即换能器的固有频率。

4. S_2 的起始最大值位置的确定

缓慢移动 S_2，可在示波器上观察到波形振幅的变化。将 S_2 移到某一振幅最大处，固定 S_2，记录 S_2 对应的标尺读数，将其作为第一个极大值位置数据 l_1，并作为测量 S_2 与 S_1 之间距离 l 的起始位置。

注意：在完成实验步骤 3、4 的过程中，应随时调节示波器的 CH1 通道（垂直）信号衰减选择“VCL. TSCW”，务必控制示波器屏幕上显示波形的最大波峰在屏幕显示范围内，否则无法判断波形是否达到最大。

5. 用共振干涉法测声速

为提高实验精度，充分利用数据，本实验采用逐差法处理数据。缓慢移动 S_2，使 S_2 远离 S_1，顺序记录使示波器屏幕出现波形极大值时 S_2 的位置读数 l_1（见步骤 4）、l_2、…、l_{12}，将数据记入表 3-53。但应注意的是，在 S_2 移动过程中，由于能量的衰减，信号的最大波峰逐渐减弱，此时可以将示波器的旋钮“VCL. TSCW”换挡调节到 10 mV/cm 或 5 mV/cm，以放大波形。

6. 测量室温

记录实验时室内的温度 t（单位为摄氏度），计算声速的理论值，将其与实验值进行比较。

五、数据处理

室温 $t=$ 　　　　℃

信号频率 $f=($ 　　　　$\pm$ 　　　　$)$ kHz

3 个波长的仪器误差 $\Delta_{仪}=0.02$ mm

表 3-53

单位:mm

测量次数 i	1	2	3	4	5	6	7	8	9	10	11	12
l_i												
Δl_i	$l_7-l_1=$		$l_8-l_2=$		$l_9-l_3=$		$l_{10}-l_4=$		$l_{11}-l_5=$		$l_{12}-l_6=$	
$\overline{\Delta l}$												
$S_{\Delta l}$												

(1) 三个波长的 A 类不确定度:$\Delta_{A3\lambda}=S_{\Delta l}=$ 　　　　　　　　mm

(2) 三个波长的 B 类不确定度:$\Delta_{B3\lambda}=\sqrt{\Delta_{仪}^2+\Delta_{仪}^2}=$ 　　　　　　　　mm

(3) 三个波长的总不确定度:$\Delta_{3\lambda}=\sqrt{\Delta_{A3\lambda}^2+\Delta_{B3\lambda}^2}=$ 　　　　　　　　mm

(4) $\lambda=\overline{\lambda}\pm\Delta_{\lambda}=\left(\frac{\overline{\Delta l}}{3}\pm\frac{\Delta_{3\lambda}}{3}\right)=$ 　　　　　　　　mm

计算波速:

(1) 波速:$\overline{v}=f\overline{\lambda}=$ 　　　　　　　　m/s

(2) $E_r=\frac{\Delta_v}{\overline{v}}=\sqrt{\left(\frac{\Delta_f}{f}\right)^2+\left(\frac{\Delta_\lambda}{\overline{\lambda}}\right)^2}=$ 　　　　　　　　%

(3) $\Delta_v=\overline{v}E_r=$ 　　　　　　　　m/s

(4) $v=\overline{v}\pm\Delta_v=$ 　　　　　　　　m/s

与理论值比较:

(1) $v_{理}=v_0\sqrt{1+\frac{t}{T_0}}=331.5\sqrt{1+\frac{(\quad\quad)}{273.15}}=$ 　　　　　　　　m/s

(2) $\Delta_{v'}=|v_{理}-\overline{v}|=$ 　　　　　　　　m/s

(3) $E_r'=\Delta_{v'}/v_{理}\times100\%=$ 　　　　　　　　%

六、注意事项

(1) 实验过程中要保持信号发生器的工作频率始终等于换能器的固有频率,并保持输出电压基本不变。

(2) 实验中应注意保持换能器发射面与接收面的平行。

七、思考题

(1) 本实验为什么要在换能器谐振状态下测量空气中的声速？

(2) 为什么实验中要保持换能器发射面与接收面的平行？

实验二十六　弗兰克-赫兹实验

1914 年德国物理学家弗兰克（J.Franck）和赫兹（G.Hertz）用慢电子穿过汞蒸气的实验，测定了汞原子的第一激发电位，从而证明了原子分立能态的存在。后来他们又观测了实验中被激发的原子回到正常态时所辐射的光，测出的辐射光的频率很好地满足了玻尔理论。弗兰克-赫兹实验的结果为玻尔理论提供了直接证据。

玻尔因其原子模型理论而获 1922 年诺贝尔物理学奖，而弗兰克与赫兹也于 1925 年获诺贝尔物理学奖。弗兰克-赫兹实验与玻尔理论在物理学的发展史中起到了重要的作用。

一、实验目的

（1）研究弗兰克-赫兹管中电流变化的规律。

（2）测量氩原子的第一激发电位；证实原子能级的存在，加深对原子结构的了解。

（3）了解在微观世界中，电子与原子的碰撞概率。

二、实验仪器

弗兰克-赫兹实验仪、示波器。

三、实验原理

弗兰克-赫兹实验原理图如图 3-98 所示，氧化物阴极为 K，阳极为 A，第一、第二栅极分别为 G_1、G_2。

$K-G_1-G_2$ 加正向电压，为电子提供能量。U_{G_1K} 的作用主要是消除空间电荷对阴极电子发射的影响，提高发射效率。G_2-A 加反向电压，形成拒斥电场。

电子从 K 发出，在 $K-G_2$ 区间获得能量，在 G_2-A 区间损失能量。如果电子进入 G_2-A 区间时动能大于或等于 eU_{G_2K}，电子就能到达板极形成板极电流 I。

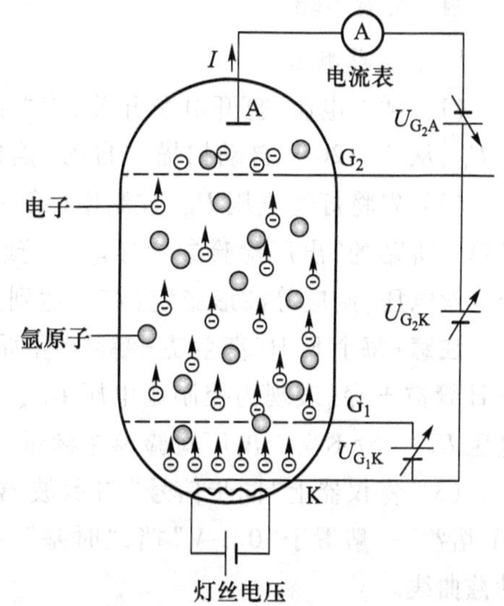

图 3-98　弗兰克-赫兹实验原理图

电子在不同区间的情况：

（1）$K-G_1$ 区间。

电子迅速被电场加速而获得能量。

（2）G_1-G_2 区间。

电子继续从电场获得能量并不断与氩原子碰撞。当其能量小于氩原子第一激发态与基态的能级差 $\Delta E=E_2-E_1$ 时，氩原子基本不吸收电子的能量，碰撞属于弹性碰撞。若电子的能量达到 ΔE，则氩原子可能在碰撞中吸收这部分能量，这时的碰撞属于非弹性碰撞。ΔE 称为临界能量。

（3）G_2-A 区间。

电子受阻，被拒斥电场吸收能量。若电子进

入此区间时的能量小于 eU_{G_2A}，则电子不能到达板极。

由此可见，若 $eU_{G_2K}<\Delta E$，则电子带着 eU_{G_2K} 的能量进入 G_2-A 区间。随着 U_{G_2K} 的增加，电流 I 增加（如图 3-99 中的 Oa 段）。

若 $eU_{G_2K}=\Delta E$，则电子在达到 G_2 处时刚够临界能量，不过它立即开始消耗能量了。继续增大 U_{G_2K}，电子能量被吸收的概率逐渐增大，板极电流逐渐减小（如图 3-99 中的 ab 段）。

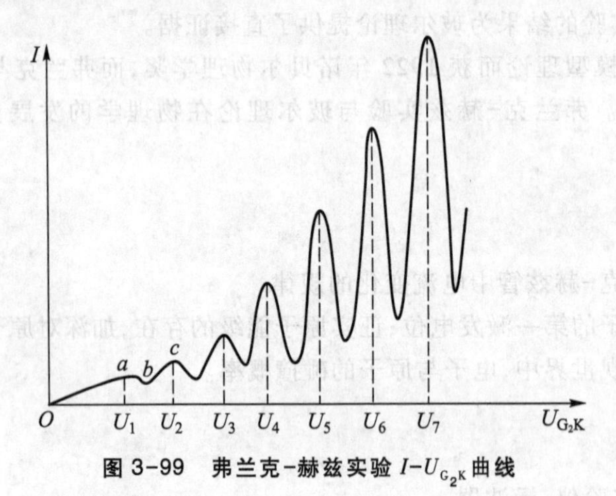

图 3-99　弗兰克-赫兹实验 $I-U_{G_2K}$ 曲线

继续增大 U_{G_2K}，电子碰撞后的剩余能量也增大，到达板极的电子又会逐渐增多（如图 3-99 中的 bc 段）。

若 $eU_{G_2K}>n\Delta E$，则电子在进入 G_2-A 区间之前可能 n 次被氩原子碰撞而损失能量。板极电流 I 随加速电压 U_{G_2K} 变化曲线就形成 n 个峰值，如图 3-99 所示。相邻峰值之间的电压差 ΔU 等于氩原子的第一激发电位。氩原子第一激发态与基态间的能级差为

$$\Delta E=e\Delta U \tag{3-116}$$

四、实验步骤

1. 示波器测量

(1) 插上电源，打开电源开关，将"手动/自动"挡切换开关置于"自动"挡。（"自动"指 U_{G_2A} 从 0~120 V 自动扫描，"自动"挡包含示波器测量和计算机采集测量两种。）

(2) 先将灯丝电压 U_H、控制栅（第一栅极）电压 U_{G_1K}、拒斥电压 U_{G_2K} 缓慢调节到仪器机箱上所贴的"出厂检验参考参量"。预热 10 min，如波形不好，可微调各电压旋钮；如改变灯丝电压，则应等波形稳定（灯丝达到热动平衡状态）后再测量。

注意：每个 F-H（弗兰克-赫兹）管所需的工作电压是不同的，灯丝电压 U_H 过高会导致 F-H 管被击穿（表现为控制栅电压 U_{G_1K} 和拒斥电压 U_{G_2K} 的表头读数失去稳定）。因此灯丝电压 U_H 一般不高于出厂检验参考参量 0.2 V，以免击穿 F-H 管，损坏仪器。

(3) 将仪器上"同步信号"与示波器"同步信号"相连，"Y"与示波器"Y"通道相连。"Y 增益"一般置于"0.1 V"挡；"时基"一般置于"1 ms"挡，此时示波器上显示出弗兰克-赫兹曲线。

(4) 调节"时基微调"旋钮，使一个扫描周期正好布满示波器 10 格；扫描电压最大为

120 V,量出各峰值的水平距离(读出格数),乘以 12 V/格,即得各峰值对应的 U_{G_2K}的值(峰间距),可用逐差法求出氩原子的第一激发电位,测 3 组并算出平均值。

(5) 将示波器切换到 X-Y 显示方式,并将仪器的“X”与示波器的“X”通道相连,仪器的“Y”与示波器的“Y”通道相连,调节“X”通道增益,使整个波形在 X 方向上满 10 格,量出各峰值的水平距离(读出格数),乘以 12 V/格,即得峰间距,可用逐差法求出氩原子的第一激发电位,测 3 组并算出平均值。

2. 手动测量

(1) 将“手动/自动”挡切换开关置于“手动”挡,微电流倍增开关置于合适的挡位(应说出挡位选择的依据)。

(2) 先将灯丝电压 U_H、控制栅(第一栅极)电压 U_{G_1K}、拒斥电压 U_{G_2K}缓慢调节到仪器机箱上所贴的“出厂检验参考参量”。预热 10 min,如波形不好,可微调各电压旋钮;如改变灯丝电压,则应等波形稳定(灯丝达到热动平衡状态)后再测量。

(3) 旋转 U_{G_2K}调节旋钮,测定 $I-U_{G_2K}$曲线,使 U_{G_2K}缓慢增加(若太快则电流稳定时间将变长),每增加 0.5 V 或 1 V,待电流表读数稳定(一般都可以立即稳定,个别测量点需若干秒后稳定)后,记录相应的电压 U_{G_2K}和阳极电流 I 的值(此时显示的数值应至少稳定 10 s)。读到 120 V,个别仪器可以读到 118 V。

注意:微小电流通过阴极 K 而引起的电流热效应,使阴极发射电子数目缓慢增加,从而使阳极电流 I 缓慢增加。这在仪器上表现为:在某一恒定的 U_{G_2K}下,随着时间的推移,阳极电流 I 会缓慢增加,出现“飘”的现象。虽然这一现象无法消除,但此效应非常微弱,只要实验方法正确,就不会对数据处理结果产生太大的影响。即 U_{G_2K}应从小至大依次逐渐增加,每增加 0.5 V 或 1 V 后读阳极电流表读数,不回读,不跨读。

以下两种操作方法是不可取的,应尽量避免:① 回调 U_{G_2K}读阳极电流 I。因为电流热效应的存在,前后两次调至同一 U_{G_2K}时,相应的阳极电流 I 可能是不同的。② 大跨度调节 U_{G_2K}。这样阳极电流表读数进入稳定状态所需的时间将大大增加,影响实验进度。

(4) 根据所取数据点,列表作图。以第二栅极电压 U_{G_2K}为横坐标,阳极电流 I 为纵坐标,作出曲线。读取电流峰值对应的电压值,用逐差法计算氩原子的第一激发电位。

(5) 实验完毕后,不要长时间将 U_{G_2K}置于最大值,应将其调小。

五、数据处理

(1) 示波器测量(表 3-54 仅供参考,以自己设计为准)。

表 3-54　示波器测量数据记录

序号	1	2	3	4	5	6	7	8
峰值格数								
U_{G_2K}/V								

（2）手动测量（表 3-55 仅供参考，以自己设计为准）。

表 3-55　手动测量数据记录

N	1	2	3	4	5	6	7	8	9
U_{G_2K}/V									
I/A									
N	10	11	12	13	14	15	16	17	…
U_{G_2K}/V									
I/A									

（3）作出 $I-U_{G_2K}$ 曲线，确定 I 极大时所对应的电压 U_{G_2K}。

（4）用最小二乘法或者逐差法求氩的第一激发电位，并计算不确定度。

$$U_{G_2K}=a+n\Delta U \tag{3-117}$$

式中，n 为峰序数，ΔU 为第一激发电位。

六、思考题

（1）$I-U_{G_2K}$ 曲线电流下降得并不十分陡峭，主要原因是什么？

（2）I 的谷值并不为零，而且谷值依次沿 U_{G_2K} 轴升高，如何解释？

（3）第一峰值所对应的电压是否等于第一激发电位？原因是什么？

（4）写出氩原子第一激发态与基态的能级差。

实验二十七　密立根油滴实验

1897 年，汤姆孙发现了电子。此后，许多科学家为测量电子的电荷量进行了大量的实验探索工作。电子电荷量的精确数值最早是美国科学家密立根于 1917 年用实验测得的。密立根在前人工作的基础上，通过油滴实验，进行元电荷 e（电子电荷量的绝对值）的测量，最终测定了元电荷 e 的精确值，结束了关于电子离散性的争论，并使许多物理常量的计算获得了较高的精度。

虚拟仿真

一、实验目的

（1）通过对带电油滴在重力场和静电场中运动的测量（图 3-100），验证电荷的不连续性，并测定元电荷 e。

（2）通过对仪器的调整，油滴的选择、跟踪、测量及数据的处理等，培养学生科学的实验方法和态度。

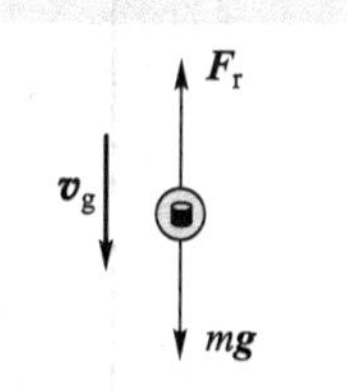

图 3-100　实验原理图 1

实验简介

二、实验仪器

油滴仪主要由油滴盒、CCD 电视显微镜、电路箱、监视器等组成。

油滴盒是个重要部件，加工要求很高，其结构如图 3-101 所示。

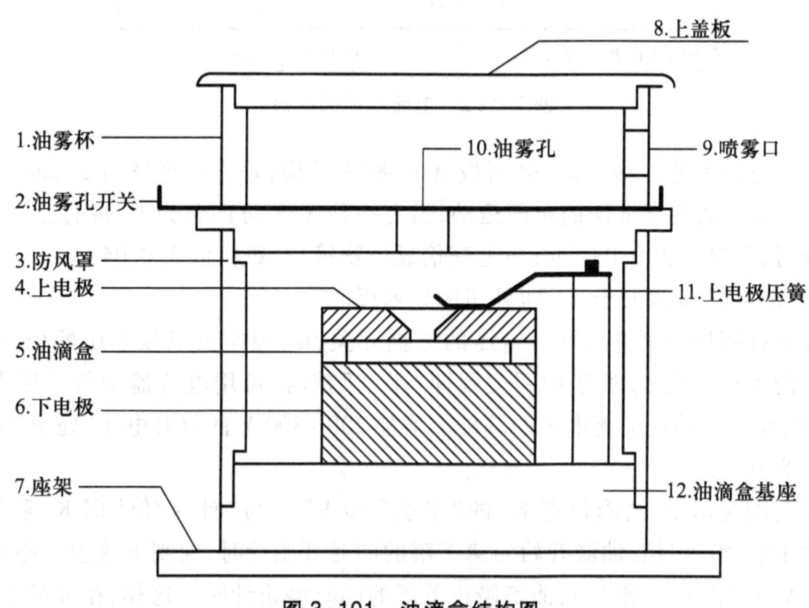

图 3-101　油滴盒结构图

在油滴盒外套有防风罩，罩上放置一个可取下的油雾杯，杯底中心有一个油雾孔及一个挡片，用来开关油雾孔。

在上电极上方有一个可以左右拨动的压簧，**注意**：只有将压簧拨向最靠边位置，才能取出上电极。这样可保证压簧与电极始终接触良好。

照明灯安装在照明座中间位置，采用带聚光的半导体发光器件。

CCD 电视显微镜的光学系统是专门设计的，体积小巧，成像质量好。CCD 摄像头与显微镜是整体设计的，可方便地拆装，使用可靠，不易损坏。

电路箱内装有高压产生、测量显示等电路。其底部装有三只调平手轮，面板结构如图 3-102 所示。由测量显示电路产生的电子分划板刻度与 CCD 摄像头的行扫描严格同步，因此，虽然监视器本身有非线性失真，但刻度值是不会变的。

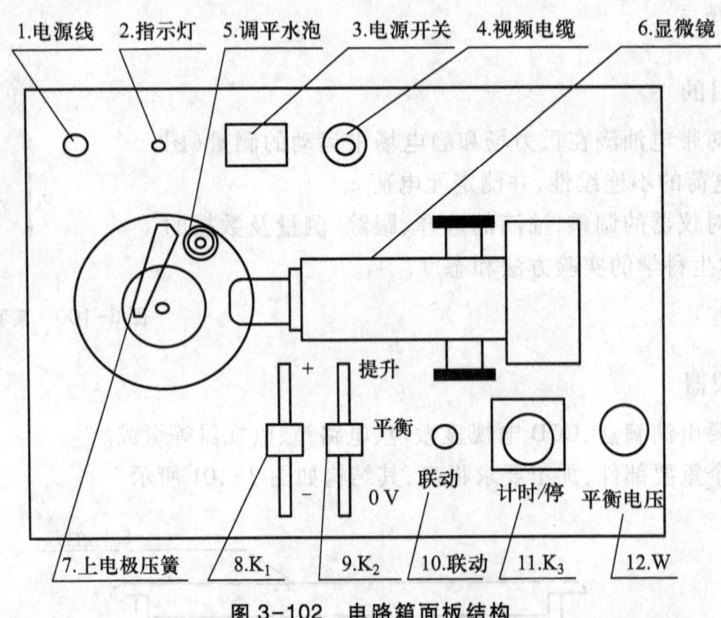

图 3-102　电路箱面板结构

油滴仪备有两种分划板，标准分划板 A 是 8×3 结构，垂直线视场为 2 mm，分 8 格，每格值为 0.25 mm。为观察油滴的布朗运动，另有一种 X、Y 方向各为 15 格的分划板 B，用标准显微物镜时，每格值为 0.08 mm；换上高倍显微物镜后，每格值为 0.04 mm。

按住“计时/停”按钮大于 5 s 即可切换分划板。

在面板上有两只控制平行极板电压的三挡开关，K_1 控制上极板电压的极性，K_2 控制极板上电压的大小。当 K_2 处于中间位置即“平衡”挡时，可用电位器调节平衡电压；处于“提升”挡时，仪器自动在平衡电压的基础上增加 200~300 V 的提升电压；处于“0 V”挡时，极板上电压为 0 V。

为了提高测量精度，油滴仪将 K_2 的“平衡”“0 V”挡与“计时/停”即 K_3 联动。将 K_2 由“平衡”挡打向“0 V”挡，油滴开始匀速下落的同时开始计时，油滴下落预定距离时，迅速将 K_2 由“0 V”挡打向“平衡”挡，油滴停止下落的同时停止计时。这样，在屏幕上显示的是油滴实际的运动距离及对应的时间。

由于空气阻力的存在，油滴先经过一段变速运动，然后进入匀速运动。但该变速运动时间非常短，远小于 0.01 s，与计时器精度相当。当油滴自静止开始运动时，油滴可以看成立即作匀速运动；运动的油滴突然加上原平衡电压时，将立即静止下来。因此，采用联动方式可以保证实验精度。

油滴仪的计时器采用"计时/停"方式,即按一下开关,清零的同时立即开始计数,再按一下,停止计数,并保存数据。计时器的最小显示值为 0.01 s,但内部计时精度为1 μs,也就是说,清零仅占用 1 μs。

主要技术指标:

平均相对误差:<3%　　平行极板间距:(5.00± 0.01) mm

极板电压:±DC　0~700 V 可调　　提升电压:200~300 V

数字电压表:0~999 V,± 1 V　　数字毫秒计:0~99.99 s,± 0.01 s

电视显微镜:放大倍数 60(标准物镜),120(选购物镜)

分划板刻度:两种分划板,电子方式,垂直线视场分 8 格,每格值为 0.25 mm

电源:~220 V,50 Hz

三、实验原理

一个质量为 m,电荷量为 q 的油滴处在两块平行极板之间,在平行极板未加电压时,油滴受重力作用加速下降,由于空气阻力的作用,下降一段距离后,油滴将作匀速运动,速度为 $\boldsymbol{v}_g$,这时重力与阻力平衡(空气浮力忽略不计),如图 3-100 所示。根据斯托克斯定律,黏性阻力大小为

$$F_r = 6\pi a\eta v_g$$

式中,η 是空气的黏度,a 是油滴的半径,这时有

$$6\pi a\eta v_g = mg \tag{3-118}$$

当在平行极板上加电压 U 时,油滴处在场强为 $\boldsymbol{E}$ 的静电场中,设电场力 $q\boldsymbol{E}$ 的方向与重力的方向相反,如图 3-103 所示,使油滴受电场力作用而加速上升,由于空气阻力作用,上升一段距离后,油滴所受的空气阻力、重力与电场力达到平衡(空气浮力忽略不计),则油滴将匀速上升,此时速度大小为 v_e,则有

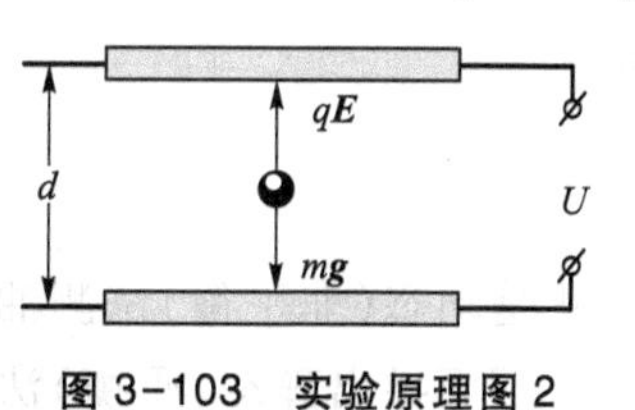

图 3-103　实验原理图 2

$$6\pi a\eta v_e = qE - mg \tag{3-119}$$

又因为

$$E = \frac{U}{d} \tag{3-120}$$

由式(3-118)、式(3-119)、式(3-120)可解出

$$q = mg\,\frac{d}{U}\left(\frac{v_g + v_e}{v_g}\right) \tag{3-121}$$

为测定油滴所带电荷量 q,除应测出 U、d 和速度 v_e、v_g 外,还需知油滴质量 m,由于空气中的悬浮和表面张力作用,可将油滴看成圆球,其质量为

$$m = \frac{4}{3}\pi a^3 \rho \tag{3-122}$$

式中,ρ 是油滴的密度。

由式(3-118)和式(3-122),得油滴的半径:

$$a=\left(\frac{9\eta v_g}{2\rho q}\right)^{\frac{1}{2}} \tag{3-123}$$

考虑到油滴非常小，空气已不能看成连续介质，空气的黏度 η 应修正为

$$\eta'=\frac{\eta}{1+\dfrac{b}{pa}} \tag{3-124}$$

式中，b 为修正常量，p 为空气压强，a 为未经修正过的油滴半径，由于它在修正项中，所以不必计算得很精确，由式(3-123)计算就够了。

实验时取油滴匀速下降和匀速上升的距离相等，均为 l，测出油滴匀速下降的时间 t_g，匀速上升的时间 t_e，则

$$v_g=l/t_g,\quad v_e=l/t_e \tag{3-125}$$

将式(3-122)、式(3-123)、式(3-124)、式(3-125)代入式(3-121)，可得

$$q=\frac{18\pi}{\sqrt{2\rho g}}\left(\frac{\eta l}{1+\dfrac{b}{pa}}\right)^{3/2}\frac{d}{U}\left(\frac{1}{t_e}+\frac{1}{t_g}\right)\left(\frac{1}{t_g}\right)^{1/2}$$

令

$$K=\frac{18\pi}{\sqrt{2\rho g}}\left(\frac{\eta l}{1+\dfrac{b}{pa}}\right)^{3/2}d$$

得

$$q=K\left(\frac{1}{t_e}+\frac{1}{t_g}\right)\left(\frac{1}{t_g}\right)^{1/2}/U \tag{3-126}$$

该式是动态(非平衡)法测油滴电荷量的公式。

下面导出静态(平衡)法测油滴电荷量的公式。

调节平行极板间的电压，使油滴不动，$v_e=0$，即 $t_e\to\infty$，由式(3-126)可得

$$q=K\left(\frac{1}{t_g}\right)^{3/2}\frac{1}{U}$$

或

$$q=\frac{18\pi}{\sqrt{2\rho g}}\left[\frac{\eta l}{t_g\left(1+\dfrac{b}{pa}\right)}\right]^{3/2}\frac{d}{U} \tag{3-127}$$

式(3-127)即静态法测油滴电荷量的公式。

为了求元电荷 e，对实验测得的各个电荷量 q 求最大公约数，就得到元电荷 e。

四、实验步骤

(1) 调节仪器底座上的3个调平手轮，将水泡调平。底座空间较小，调手轮时应将手心向上，用中指和无名指夹住手轮调节。

照明光路不需调整。CCD显微镜对焦只需将显微镜筒前端和底座前端对齐，喷油后

再前后微调即可。在使用中，前后调焦范围不要过大，取前后调焦 1 mm 内的油滴较好。

（2）打开监视器和油滴仪的电源，在监视器上先出现“CCD 微机密立根油滴仪”字样，5 s 后自动进入测量状态，显示标准分划板刻度线及 v 值、s 值。开机后如想直接进入测量状态，按一下“计时/停”按钮即可。

（3）平衡法（静态法）测量。可将已调平衡的油滴用 K_2 控制移到“起跑”线上（一般取第 2 格上线），按 K_3（计时/停），让计时器停止计时（值未必为 0），然后将 K_2 拨向“0 V”，油滴开始匀速下降的同时，计时器开始计时。到“终点”（一般取第 7 格下线）时迅速将 K_2 拨向“平衡”，油滴立即静止，计时也立即停止，此时电压值和下落时间值显示在屏幕上，进行相应的数据处理即可。

（4）动态法测量。分别测出加电压时油滴上升的速度和不加电压时油滴下落的速度，代入相应公式，求出 e 值，此时最好将 K_2 与 K_3 的联动断开。油滴的运动距离一般取 1～1.5 mm。对某颗油滴重复测量 5～10 次，选择 5～10 颗油滴，求得电子电荷量的平均值。

五、数据处理

平衡法依据的公式为

$$q=\frac{18\pi}{\sqrt{2\rho g}}\left[\frac{\eta l}{t_g\left(1+\frac{b}{pa}\right)}\right]^{3/2}\frac{d}{U}$$

式中，

$$a=\sqrt{\frac{9\eta l}{2\rho g t_g}}$$

油的密度为　$\rho=981\ \mathrm{kg\cdot m^{-3}}$　（20 ℃）

重力加速度为　$g=9.8\ \mathrm{m\cdot s^{-2}}$

空气黏度为　$\eta=1.83\times10^{-5}\ \mathrm{kg\cdot m^{-1}\cdot s^{-1}}$

油滴匀速下降距离为　$l=1.5\times10^{-3}\ \mathrm{m}$

修正常量为　$b=0.082\ 26\ \mathrm{m\cdot Pa}$

大气压强为　$p=1.013\ 25\times10^{5}\ \mathrm{Pa}$

平行极板间距为　$d=5.00\times10^{-3}\ \mathrm{m}$

式中的时间 t_g 应为平均值。实际大气压强可由气压表读出。

计算出各油滴的电荷量后，求它们的最大公约数，即得元电荷 e。若求最大公约数有困难，可用作图法求 e 值。设实验得到 m 个油滴的电荷量分别为 $q_1,q_2,\cdots,q_m$，由于电荷的量子化特性，应有 $q=ne$，此为一直线方程，n 为自变量，q 为因变量，e 为斜率。因此 m 个油滴对应的数据在 n-q 曲线中将在同一条过圆点的直线上，若找到满足这一关系的直线，就可用斜率求得 e 值。

将 e 的实验值与公认值比较，求相对误差（公认值为 1.60×10^{-19} C）。

六、注意事项

（1）如开机后屏幕上的字很乱或重叠，则应先关掉油滴仪的电源，过一会儿再开机。

（2）面板上 K_1 用来选择上电极的极性，实验中置于“+”或“-”均可，一般不常变动。

使用最频繁的是 K_2、W 及 K_3。

（3）监视器门前有一小盒，压一下盒盖就可打开小盒，内有 4 个调节旋钮。对比度一般调成较大（顺时针旋到底或稍退回一些），亮度不要太亮。如发现刻度线上下抖动，即“帧抖”，微调左起第二只旋钮即可解决。

（4）在每次测量时都要检查和调整平衡电压，以减小偶然误差，避免因油滴挥发而使平衡电压发生变化。

七、思考题

（1）对实验结果造成影响的主要因素有哪些？

（2）如何判断油滴盒内平行极板是否水平？不水平对实验结果有何影响？

（3）用 CCD 成像系统观测油滴较直接从显微镜中观测油滴有何优点？

实验二十八　多普勒效应综合实验

当波源和接收器之间有相对运动时,接收器接收到的波的频率与波源发出的波的频率不同的现象称为多普勒效应。多普勒效应在科学研究、工程技术、交通管理、医疗诊断等方面都有十分广泛的应用。例如,原子、分子和离子由于热运动使其发射和吸收的光谱线变宽,这称为多普勒增宽。在天体物理和受控热核聚变实验装置中,光谱线的多普勒增宽已成为一种分析恒星大气及等离子体物理状态的重要测量和诊断手段。基于多普勒效应原理的雷达系统已广泛应用于对导弹、卫星、车辆等运动目标速度的监测。在医学上人们利用超声波的多普勒效应来检查人体内脏的活动情况、血液的流速等。电磁波(光波)与声波(超声波)的多普勒效应原理是一致的。本实验既可研究超声波的多普勒效应,又可利用多普勒效应将超声探头作为运动传感器,研究物体的运动状态。

一、实验目的

(1) 测量超声接收器运动速度与接收频率之间的关系,验证多普勒效应,并由 f–v 关系直线的斜率求声速。

(2) 利用多普勒效应测量物体运动过程中多个时间点的速度,查看 v–t 关系曲线,或调阅有关测量数据,得出物体在运动过程中的速度变化情况,并研究:

① 匀加速直线运动,测量力、质量与加速度之间的关系,验证牛顿第二定律;

② 自由落体运动,并由 v–t 关系直线的斜率求重力加速度;

③ 简谐振动,测量简谐振动的周期等参量,并与理论值比较;

④ 其他变速直线运动。

二、实验仪器

多普勒效应综合实验仪由超声发射/接收器、红外发射/接收器、导轨、小车、支架、光电门、电磁铁、弹簧、滑轮、砝码等组成。实验仪内置微处理器,带有液晶显示屏,图 3–104 为实验仪面板图。

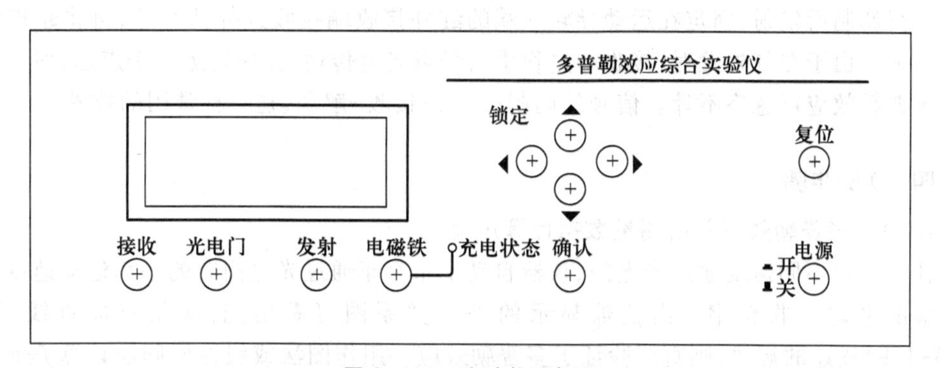

图 3–104　实验仪面板图

实验仪采用菜单式操作,显示屏显示菜单及操作提示,由▲▼◀▶键选择菜单或修改参量,按“确认”键执行。可在“查询”页面,查询已保存的实验数据。

三、实验原理

1. 超声的多普勒效应

根据声波的多普勒效应公式，当声源与接收器之间有相对运动时，接收器接收到的频率 f 为

$$f=f_0\frac{u+v_1\cos\alpha_1}{u-v_2\cos\alpha_2} \tag{3-128}$$

式中 f_0 为声源发射频率，u 为声速，v_1 为接收器运动速率，α_1 为声源与接收器连线与接收器运动方向之间的夹角，v_2 为声源运动速率，α_2 为声源与接收器连线与声源运动方向之间的夹角。

若声源保持不动，运动物体上的接收器沿声源与接收器连线方向以速率 v 运动，则从式(3-128)可得接收器接收到的频率：

$$f=f_0\left(1+\frac{v}{u}\right) \tag{3-129}$$

当接收器向着声源运动时，v 取正，反之取负。

若 f_0 保持不变，以光电门测量物体的运动速度，并由仪器对接收器接收到的频率自动计数，则根据式(3-129)，作 $f-v$ 关系图可直观验证多普勒效应，且由实验数据作直线，其斜率应为 $k=f_0/u$，由此可计算出声速 $u=f_0/k$。

由式(3-129)可得

$$v=u\left(\frac{f}{f_0}-1\right) \tag{3-130}$$

若已知声速 u 及声源频率 f_0，通过设置使仪器以某种时间间隔对接收器接收到的频率 f 采样计数，则由微处理器按式(3-130)计算出接收器运动速度，由显示屏显示 $v-t$ 关系图，或调阅有关测量数据，即可得出物体在运动过程中的速度变化情况，进而对物体运动状况及规律进行研究。

2. 超声的红外调制与接收

仪器对接收到的超声信号采用红外调制-发射-接收方式，即用超声接收器信号对红外线进行调制后发射，固定在运动导轨一端的红外接收端接收红外信号后，再将超声信号解调出来。由于在红外发射/接收的过程中信号以光速传输，光速远远大于声速，所以它引起的多普勒效应可忽略不计。信号的调制-发射-接收-解调，是一种常用的技术。

四、实验步骤

1. 验证多普勒效应并由测量数据计算声速

让小车以不同速度通过光电门，仪器自动记录小车通过光电门时的平均运动速度及与之对应的平均接收频率。由仪器显示的 $f-v$ 关系图可看出，若测量点成直线，符合式(3-129)描述的规律，则直观验证了多普勒效应。用作图法或线性回归法计算 $f-v$ 直线的斜率 k，由 k 计算声速 u 并与声速的理论值比较，计算其百分误差。

(1) 仪器安装。

如图 3-105 所示，所有需固定的附件均安装在导轨上，并在两侧的安装槽上固定。调

节水平传感发生器的高度,使其与超声接收器(已固定在小车上)在同一个平面上,再调整红外接收传感器的高度和方向,使其与红外发射器(已固定在小车上)在同一轴线上。将组件电缆接在实验仪的对应接口上。安装完毕后,让电磁铁吸住小车,给小车上的传感器充电,第一次充电时间为 6~8 s,充满后(仪器面板充电状态灯变绿色)可以持续使用 4~5 min。在充电时要注意,必须让小车上的充电板和电磁铁上的充电针接触良好。

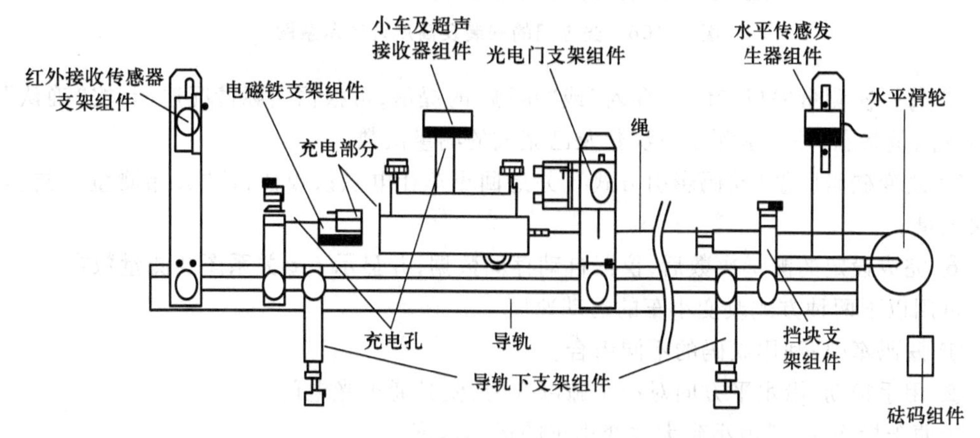

图 3-105　多普勒效应验证实验及测量小车水平运动仪器安装示意图

注意:

① 安装时要尽量保证红外接收传感器、小车上的红外发射器和超声接收器、水平传感发生器在同一轴线上,以保证信号传输良好。

② 安装时不可挤压连接电缆,以免折断。

③ 小车不使用时应立放,避免小车滚轮沾上污物而影响实验。

(2) 测量准备。

① 实验仪开机后,首先要输入室温。因为计算物体运动速度时要代入声速,而声速是温度的函数。利用 ◀▶ 键将室温调到实际值,按“确认”键。

② 第二个界面要求对水平传感发生器的驱动频率进行调谐。在超声应用中,需要将发生器与接收器的频率匹配,并将驱动频率调到谐振频率 f_0,这样接收器获得的信号幅度最大,才能有效地发射与接收超声波。一般 f_0 在 40 kHz 左右。调谐完成后,面板上的锁定灯将熄灭。

③ 将电流调至最大值后,按“确认”键。

注意:

① 在调谐及实验时,须保证水平传感发生器和超声接收器之间无任何阻挡物。

② 为保证使用安全,三芯电源线须可靠接地。

(3) 测量步骤。

① 在液晶显示屏上,选中“多普勒效应验证实验”,并按“确认”键。

② 利用▶键修改测量总次数(选择范围 5~10,一般选 5),按▼键,选中“开始测量”。

③ 准备好后,按“确认”键,电磁铁释放,测量开始,仪器自动记录小车通过光电门的平均运动速率及与之对应的平均接收频率。光电门的安装及高度调节示意图如图3-106 所示。

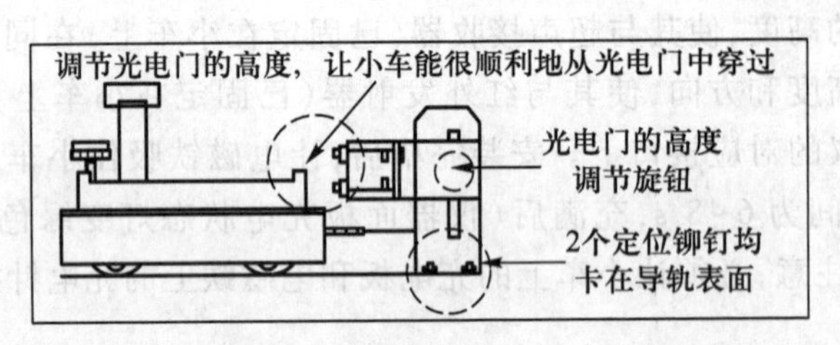

图 3-106 光电门的安装及高度调节示意图

④ 每一次测量完成，都有“存入”或“重测”的提示，可根据实际情况选择，按“确认”键后回到测量状态，并显示测量总次数及已完成的测量次数。

⑤ 改变砝码质量（砝码牵引方式），并退回小车让电磁铁吸住，选“开始测量”，进行第二次测量。

⑥ 完成设定的测量次数后，仪器自动存储数据，并显示 f-v 关系图及测量数据。

可用以下两种方式改变小车的运动速度。

① 砝码牵引：利用砝码的不同组合。

② 用手推动：沿水平方向对小车施以变力，使其通过光电门。

为便于操作，一般由小到大改变小车的运动速度。

注意：小车速度不可太快，以防小车脱轨跌落损坏。

(4) 数据记录与处理。

由 f-v 关系图可看出，若测量点成直线，符合式（3-129）描述的规律，即直观验证了多普勒效应。用▶键选中“数据”，▼键翻阅数据并将数据记入表 3-56，用作图法或线性回归法计算 f-v 关系直线的斜率 k。式（3-131）为线性回归法计算 k 值的公式，其中测量次数 $i=5\sim n, 5<n\leqslant 10$。

$$k=\frac{\overline{v_i}\,\overline{f_i}-\overline{v_i f_i}}{\overline{v_i}^2-\overline{v_i^2}} \tag{3-131}$$

由 k 计算声速 $u=f_0/k$，并与声速的理论值比较，声速理论值由 $u_0=331(1+t/273)^{1/2}$（SI 单位）计算，t 表示室温。测量数据的记录是仪器自动进行的。在测量完成后，在出现的显示界面上，用▶键选中“数据”，▼键翻阅数据并将数据记入表 3-56，然后按照上述公式计算出相关结果并填入表格。

表 3-56 多普勒效应的验证与声速的测量

$f_0=$ ____ Hz

测量数据							直线斜率 k/m^{-1}	声速测量值 $u(=f_0/k)/(\text{m}\cdot\text{s}^{-1})$	声速理论值 $u_0/(\text{m}\cdot\text{s}^{-1})$	百分误差 $(u-u_0)/u_0$
次数 i	1	2	3	4	5	6				
$v_i/(\text{m}\cdot\text{s}^{-1})$										
f_i/Hz										

2. 研究匀变速直线运动，验证牛顿第二定律

质量为 m_0 的接收器组件，与质量为 m 的砝码组件悬挂于滑轮的两端，如图 3-107 所示，运动系统的总质量为 m_0+m，所受合外力为 $(m_0-m)g$（滑轮转动惯量与摩擦力忽略不计）。

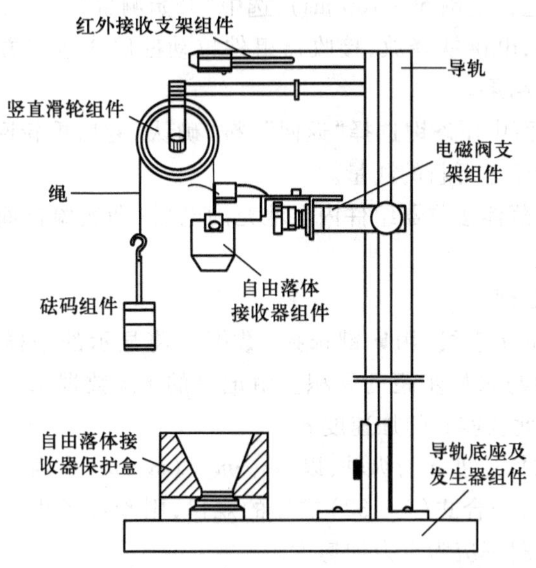

图 3-107　研究匀变速直线运动安装示意图

根据牛顿第二定律，系统的加速度应为

$$a = g\frac{m_0-m}{m_0+m} \tag{3-132}$$

采样结束后会显示 v-t 曲线，将显示的采样次数及对应速度记入表 3-57。由记录的 v、t 数据求得 v-t 直线的斜率，即此次实验的加速度 a。以表 3-57 得出的加速度 a 为纵轴，以 $(m_0-m)/(m_0+m)$ 为横轴作图，若为线性关系，符合式(3-132)描述的规律，则验证了牛顿第二定律，且直线的斜率应为重力加速度。

(1) 仪器安装与测量准备。

① 让电磁铁吸住自由落体接收器，并让接收器的充电部分和电磁铁上的充电针接触良好。

② 用天平称量接收器组件的质量 m_0 和砝码组件的质量，每次取不同质量的砝码放在砝码托上，记录对应的 m。

③ 由于超声发生器和接收器已经改变了，所以需要对超声发生器的驱动频率重新调谐。

注意：

① 须将“自由落体接收器保护盒”套在发射器上，避免发射器在非正常操作时受到冲击而损坏。

② 安装时切不可挤压电磁铁上的电缆。

③ 调谐时需将自由落体接收器组件用细绳拴住，置于超声发射器和红外接收器中间，如此可兼顾信号强度，便于调谐。

④ 安装滑轮时，滑轮支杆不能遮住红外接收器和自由落体组件之间的信号。

（2）测量步骤。

① 在液晶显示屏上，用▼键选中“变速运动测量实验”，并按“确认”键。

② 利用▶键修改测量点总数，将其设为8（选择范围8～150），用▼键选择采样步距，并将其修改为50 ms（选择范围50～100 ms），选中“开始测量”。

③ 按“确认”键后，电磁铁释放，接收器组件拉动砝码作竖直方向的运动。测量完成后，显示屏上出现测量结果。

④ 在结果显示界面中用▶键选择“返回”，按“确认”键后重新回到测量设置界面。改变砝码质量，按以上程序进行新的测量。

注意：须保证自由落体接收器组件内电池充满电后（即实验仪面板上的充电状态指示灯为绿色）再开始测量。

（3）数据记录与处理。

采样结束后显示 v-t 直线，用▶键选择“数据”，将显示的采样次数及相应速度记入表3-57，t_i为采样次数与采样步距的乘积。由记录的 v、t 数据求得 v-t 直线的斜率，即此次实验的加速度 a。

以表3-57得出的加速度 a 为纵轴，以 $(m_0-m)/(m_0+m)$ 为横轴作图，若为线性关系，符合式（3-132）描述的规律，则验证了牛顿第二定律，且直线的斜率应为重力加速度。

注意：

① 为避免电磁铁剩磁的影响，第1组数据不记。

② 接收器组件下落时，若其运动方向不严格地在声源与接收器的连线方向，则 α_1（声源与接收器连线与接收器运动方向之间的夹角，图3-108为其示意图）在运动过程中增加，此时式（3-129）不再严格成立，由式（3-130）计算的速度误差也随之增加。故在数据处理时，可根据情况对最后2个采样点进行取舍。

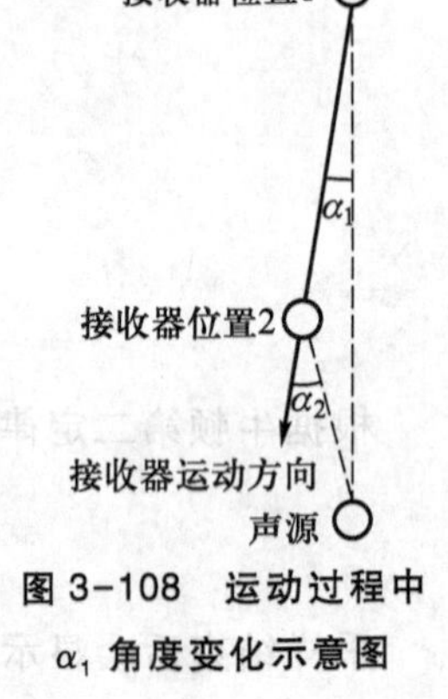

图3-108　运动过程中 α_1 角度变化示意图

表3-57　匀变速直线运动的测量

m_0 = ______ kg

采样次数 i	2	3	4	5	6	7	8	加速度 a /(m·s^{-2})	m/kg	$\frac{m_0-m}{m_0+m}$
$t_i[=0.05(i-1)]$/s										
v_i/(m·s^{-1})										
$t_i[=0.05(i-1)]$/s										
v_i/(m·s^{-1})										
$t_i[=0.05(i-1)]$/s										
v_i/(m·s^{-1})										
$t_i[=0.05(i-1)]$/s										
v_i/(m·s^{-1})										

实验二十九　铁磁材料居里温度的测量

一、实验目的

(1) 了解铁磁物质(或称铁磁质、铁磁材料)由铁磁性转变为顺磁性的微观机理。

(2) 利用交流电桥法测定铁磁材料样品的居里温度。

(3) 分析实验时加热速率和交流电桥输入信号频率对居里温度测量结果的影响。

二、实验仪器

FD-FMCT-A 铁磁材料居里温度测试实验仪、示波器。

FD-FMCT-A 铁磁材料居里温度测试实验仪包括主机两台(图 3-109 和图 3-110),实验箱 1 台(图 3-111)。

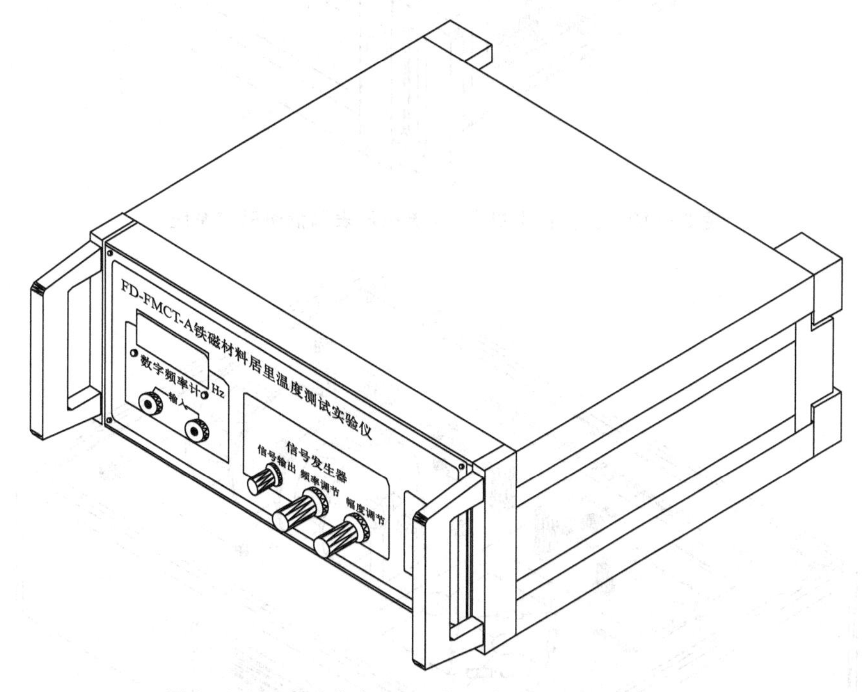

图 3-109　实验仪主机 I (信号发生器和数字频率计)

实验仪主机 I 面板说明:① 数字频率计:显示信号发生器的输出频率,"输入"(红黑接线座)——可以外部接入,测量信号(如正弦波)频率。② 信号发生器:"信号输出"——正弦波信号输出端,用 Q9 连接线连接实验箱;"频率调节"——调节正弦波频率,右旋增大;"幅度调节"——调节正弦波信号的幅度,右旋增大。

实验仪主机 Ⅱ 面板说明:① 交流电压表:测量交流电桥输出的电压信号,"输入"(红黑接线座)——外部信号接入,可以测量交流电压(如正弦波电压)。② 信号采集系统:"样品温度"——将温度传感器测得的样品温度信号通过 Q9 连接线接入信号采集系统,作为测量曲线的横坐标;"电桥输出"——将电桥输出的交流信号接入信号采集系统,作为测

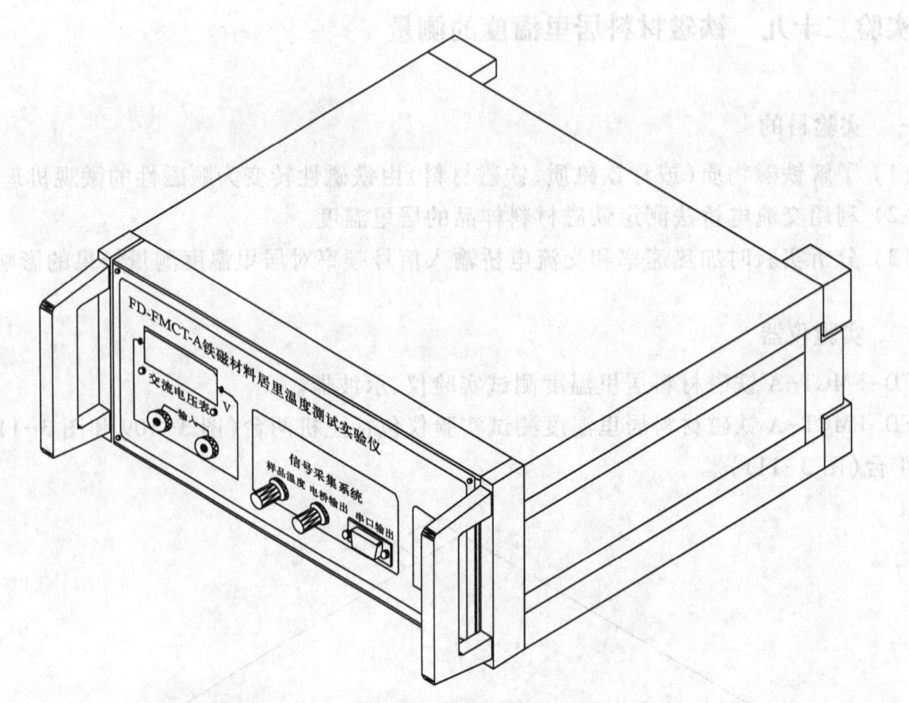

图 3-110　实验仪主机Ⅱ(交流电压表和信号采集系统)

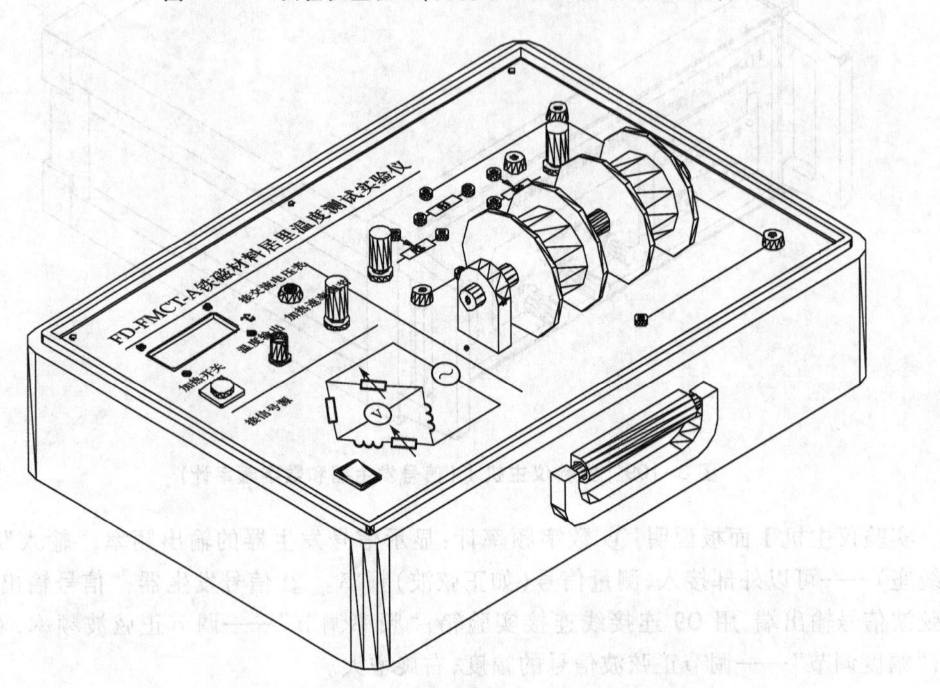

图 3-111　实验箱(交流电桥和加热器、温度显示装置)

量曲线的纵坐标,同时将电桥输出的交流信号接入交流电压表;“串口输出”——通过串口连接线与计算机相连。

实验箱面板说明:“加热开关”——控制加热器是否开始加热;“温度输出”——通过Q9连接线与实验仪主机Ⅱ中的“样品温度”连接;“加热速率调节”——控制加热器的加热速率,右旋加热速率增大;右边两个线圈和电阻以及电位器接成交流电桥;“接交流电压表”——通过Q9连接线与“电桥输出”相连;“接信号源”——用Q9连接线与信号发生器的“信号输出”端相连。

实验仪相关参量如下。

① 信号发生器:

频率调节	500~1 500 Hz
幅度调节	2~10 V(峰-峰值)

② 数字频率计:

分辨率	1 Hz
量程	0~9 999 Hz

③ 交流电压表:

分辨率	0.001 V
量程	0~1.999 V

④ 数字温度计:

量程	0~150 ℃
分辨率	0.1 ℃

⑤ 铁磁样品:

居里温度分别为(60±2)℃和(80±2)℃。

三、实验原理

1. 概述

磁性材料在电力、通信、电子仪器、汽车、计算机、信息存储等领域有着十分广泛的应用。铁磁物质的磁特性随温度的变化而改变,当温度上升至某一温度时,铁磁材料就由铁磁状态转变为顺磁状态,即失掉铁磁物质的特性而转变为顺磁物质,这个温度称为居里温度或居里点。居里温度是表征铁磁材料基本特性的物理量,它仅与材料的化学成分和晶体结构有关,几乎与晶粒的大小、取向以及应力分布等因素无关,因此人们又称它为结构不灵敏参量。测定铁磁材料的居里温度不仅对磁性材料、磁性器件的研究和制造有意义,而且对工程技术应用也具有十分重要的意义。

本实验根据铁磁物质磁矩随温度变化的特性,采用交流电桥法测量铁磁物质自发磁化消失时的温度,该方法具有系统结构简单、性能稳定可靠等优点。

2. 实验原理

(1) 铁磁质的磁化规律。

由于外加磁场的作用,物质的状态发生变化,物质中产生新的磁场,物质的这种性质称为磁性。物质的磁性可分为反铁磁性(抗磁性)、顺磁性和铁磁性三种。可被磁化的物质称为磁介质。在铁磁质中,相邻电子之间存在着一种很强的“交换耦合”作用,在无外磁场的情况下,它们的自旋磁矩能在一个个微小区域内“自发地”整齐排列起来而形成自发磁化小区域,我们称之为磁畴。在未经磁化的铁磁质中,虽然每一磁畴内部都有确定的自发磁化方向,有很大的磁性,但大量磁畴的磁化方向各不相同,因此整个铁磁质不显磁性。图 3-112、图 3-113给出了多晶磁畴结构示意图。当铁磁质处于外磁场中时,那些自发磁化方向和外磁场方向成小角度的磁畴的体积随着外磁场的增强而扩大,并使磁畴的磁化方向进一步转向外磁场方向。另一些自发磁化方向和外磁场方向成大角度的磁畴的体积则逐渐缩小,这时铁磁质对外呈现宏观磁性。当外磁场增强时,上述效应相应增大,直到所有磁畴都沿外磁场方向排列好,介质的磁化达到饱和为止。

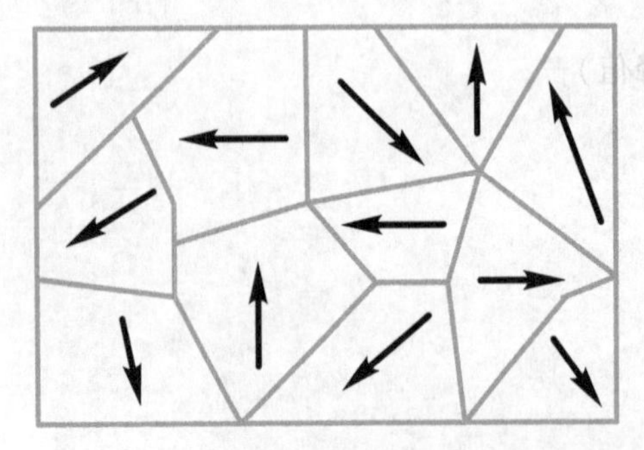

图 3-112　未加磁场时的多晶磁畴结构

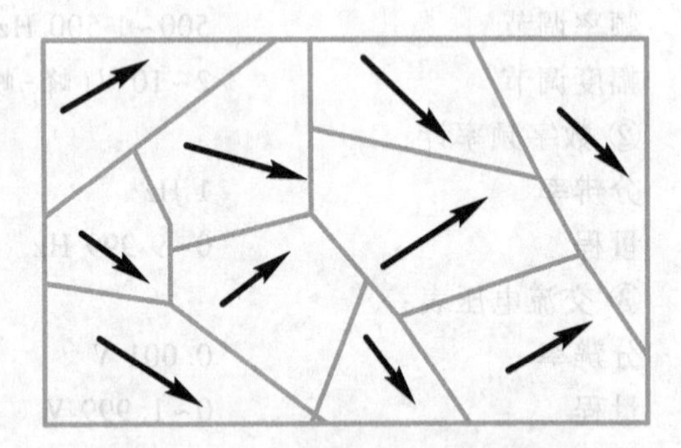

图 3-113　加磁场时的多晶磁畴结构

由于在每个磁畴中元磁矩已完全排列整齐,所以介质具有很强的磁性。这就是铁磁质的磁性比顺磁质强得多的原因。介质里的掺杂和内应力在外磁场去掉后阻碍磁畴恢复到原来的退磁状态,这是造成磁滞现象的主要原因。铁磁性是与磁畴结构分不开的。当铁磁质强烈振动或处于高温时,磁畴便会瓦解,这时与磁畴联系的一系列铁磁性质(如高磁导率、磁滞等)全部消失。任何铁磁质都有这样一个临界温度,高过这个温度铁磁性就消失,变为顺磁性,这个临界温度就是铁磁质的居里温度。

在各种磁介质中,最重要的是以铁为代表的一类磁性很强的物质,除铁之外,还有过渡族中的其他元素(钴、镍)和某些稀土族元素(如镝、钬)具有铁磁性。然而常用的铁磁质多数是铁和其他金属或非金属组成的合金,以及某些包含铁的氧化物(铁氧体)。铁氧体具有适于在更高频率下工作、电阻率高、涡流损耗低的特性。软磁铁氧体中的一种是以Fe_2O_3为主要成分的氧化物软磁性材料,其分子式一般可表示为 $MO \cdot Fe_2O_3$(尖晶石型铁氧体),其中 M 为 2 价金属元素。其自发磁化为亚铁磁性。

磁介质的磁化规律可用磁感应强度 B、磁化强度 M 和磁场强度 H 来描述,它们满足以下关系:

$$B=\mu_0(H+M)=(\chi_m+1)\mu_0 H=\mu_r\mu_0 H=\mu H \tag{3-133}$$

式中,$\mu_0=4\pi\times10^{-7}$ H/m 为真空磁导率,χ_m 为磁化率,μ_r 为相对磁导率(无量纲),μ 为磁导率。对于顺磁性介质,磁化率$\chi_m>0$,μ_r 略大于 1;对于抗磁性介质,$\chi_m<0$,一般χ_m 的绝对值在10^{-5}~10^{-4}之间,μ_r 略小于 1;而铁磁性介质的$\chi_m\gg1$,因此,$\mu_r\gg1$。

对于非铁磁性的各向同性的磁介质,H 和 B 之间满足线性关系:$B=\mu H$,而铁磁性介质的μ、B 与 H 之间有着复杂的非线性关系。一般情况下,铁磁质内部存在自发的磁化强度,温度越低自发磁化强度越大。图 3-114 所示为典型的磁化曲线(B-H 曲线),它反映了铁磁质的共同磁化特点：随着 H 的增加，开始时 B 缓慢地增加，此时 μ 较小；而后，随着 H 的增加，B 急剧增加，μ 也迅速增加；最后，随着 H 的增加，B 趋于饱和，而此时的 μ 在达到最大值后又急剧减小。图 3-114 表明磁导率 μ 是磁场强度 H 的函数。从图 3-115 中可看到，磁导率 μ 还是温度的函数，当温度升高到某个值时，铁磁质由铁磁状态转变成顺磁状态，曲线突变点处所对应的温度就是居里温度 T_C。

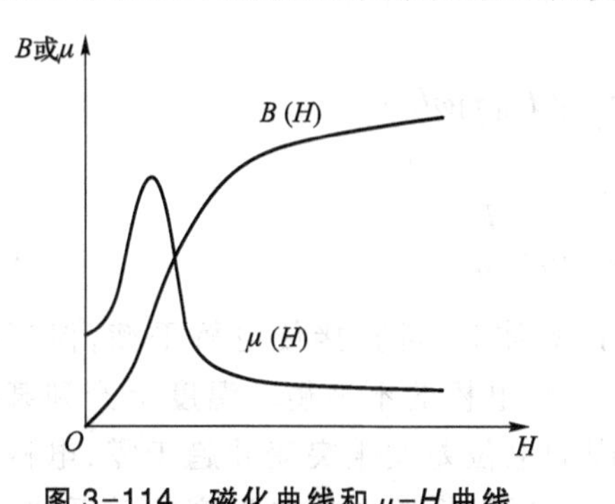

图 3-114　磁化曲线和 μ-H 曲线

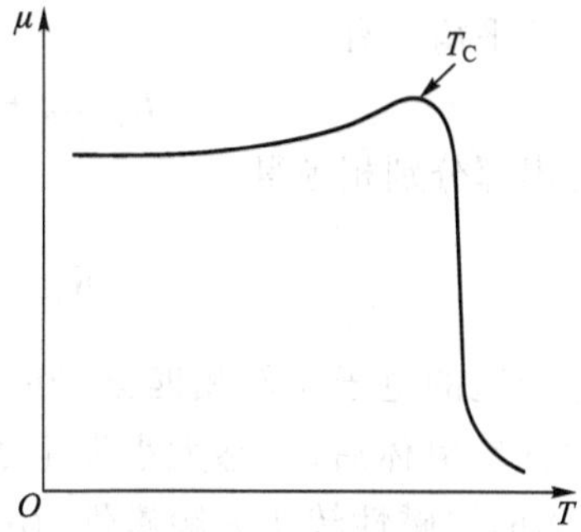

图 3-115　μ-T 曲线

（2）用交流电桥测量居里温度。

铁磁材料的居里温度可用任何一种交流电桥测量。交流电桥种类很多，如麦克斯韦电桥、欧文电桥等，但大多数电桥可归结为如图 3-116 所示的四臂阻抗电桥，电桥的 4 个臂可以是电阻、电容、电感的串联或并联的组合。调节电桥的桥臂参量，使得 CD 两点间的电位差为零，电桥达到平衡，则有

$$\frac{Z_1}{Z_2}=\frac{Z_3}{Z_4} \tag{3-134}$$

若要上式成立，必须使复数等式的模量和辐角分别相等，于是有

$$\frac{|Z_1|}{|Z_2|}=\frac{|Z_3|}{|Z_4|} \tag{3-135}$$

$$\varphi_1+\varphi_4=\varphi_2+\varphi_3 \tag{3-136}$$

由此可见，交流电桥平衡时，除了阻抗大小满足式（3-135）外，阻抗的相角还要满足式（3-136），这是它和直流电桥的主要区别。

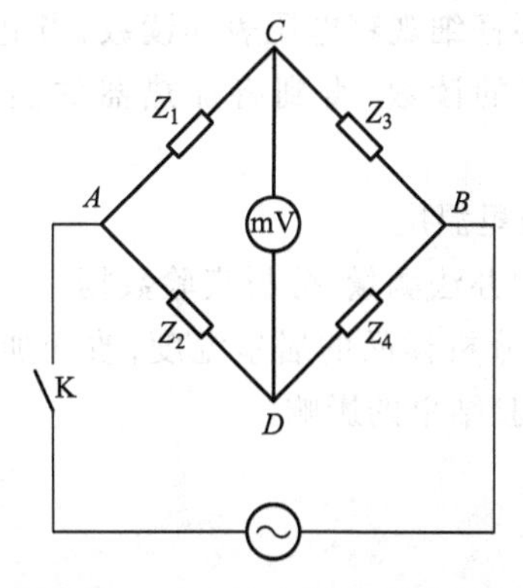

图 3-116　交流电桥的基本电路

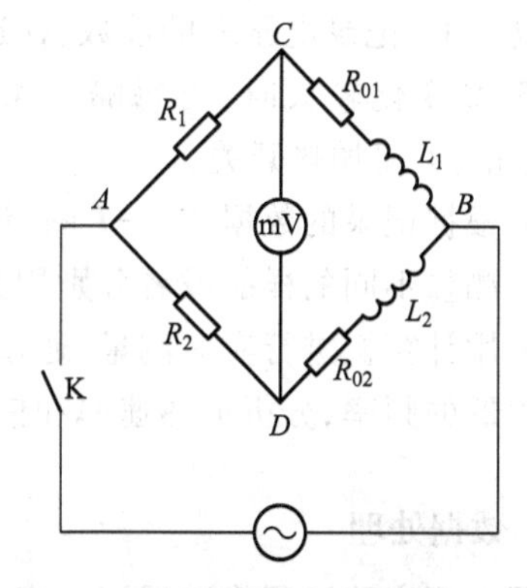

图 3-117　RL 交流电桥

本实验采用如图 3-117 所示的 RL 交流电桥,在电桥中输入电源由信号发生器提供,在实验中应适当选择较高的输出频率,ω 为信号发生器的角频率。其中 Z_1 和 Z_2 为纯电阻,Z_3 和 Z_4 为电感(包括电感的线性电阻 R_{01} 和 R_{02},FD-FMCT-A 铁磁材料居里温度测试实验仪中还接入了一个可调电阻 R_3,图中未画出),其复阻抗为

$$Z_1=R_1,\quad Z_2=R_2,\quad Z_3=R_{01}+\mathrm{j}\omega L_1,\quad Z_4=R_{02}+\mathrm{j}\omega L_2 \tag{3-137}$$

当电桥平衡时有

$$R_1(R_{02}+\mathrm{j}\omega L_2)=R_2(R_{01}+\mathrm{j}\omega L_1) \tag{3-138}$$

由实部与虚部分别相等得

$$R_{02}=\frac{R_2}{R_1}R_{01},\quad L_2=\frac{R_2}{R_1}L_1 \tag{3-139}$$

选择合适的电子元件相匹配,在未放入铁氧体时,可直接使电桥平衡,但当其中一个电感放入铁氧体后,电感大小发生了变化,引起电桥的不平衡。温度上升到某一个值时,铁氧体的铁磁性转变为顺磁性,CD 两点间的电位差发生突变并趋于零,电桥又趋于平衡,这个突变点对应的温度就是居里温度。可通过桥路电压与温度的关系曲线,求出曲线突变处的温度,并分析研究升温与降温的速率对实验结果的影响。

被研究的对象铁氧体置于电感的绕组中,被线圈包围,如果升温过快,则传感器温度将与铁氧体实际温度不同(升温时,铁氧体样品温度可能低于传感器温度),这种滞后现象在实验中必须重视。只有在动态平衡的条件下,磁性突变的温度才精确等于居里温度。

四、实验步骤

(1) 将两个实验仪主机和实验箱按照仪器说明连接起来,并将实验箱上的交流电桥按照“接线示意图”连接,用串口连接线将实验仪主机与计算机连接。

(2) 打开实验仪主机,调节交流电桥上的电位器使电桥平衡。

(3) 移动电感线圈,露出样品槽,将实验测试铁氧体样品放入线圈中心的加热棒中,并均匀涂上导热脂,重新将电感线圈移动至固定位置,使铁氧体样品正好处于电感线圈中心,此时电桥不平衡,记录此时交流电压表的读数。

(4) 打开加热开关,调节加热速率,观察温度传感器数字显示窗口,在加热过程中,温度每升高 5 ℃,记录电压表的读数,在这个过程中要仔细观察电压表的读数,当电压表的读数每隔 5 ℃变化较大时,再每隔 1 ℃记下电压表的读数,直到将加热器的温度升高到 100 ℃为止,关闭加热开关。

(5) 根据记录的数据作 $U-T$ 图,计算样品的居里温度。

(6) 测量不同的样品或者分别用升温和降温的办法测量,分析实验数据。

(7) 用计算机进行实时测量,通过计算机自动分析样品的居里温度,改变加热速率和信号发生器的频率,分析加热速率和信号频率对实验结果的影响。

五、数据处理

按照上面实验过程将数据记入表 3-58:

(1) 室温________℃。

（2）信号频率 1 500 Hz。

（3）升温测量。

（4）测量样品：铁氧体样品，居里温度参考值为(80±2)℃。

表 3-58　铁氧体样品交流电桥输出电压与加热温度关系

T/℃	30	35	40	45	50	55	60	65	70	75
U/V										
T/℃	76	77	78	79	80	81	82	83	84	85
U/V										
T/℃	86	87	88	89	90	91	92	93	94	95
U/V										

作出铁氧体样品的居里温度测量曲线，横坐标为温度 T，纵坐标为电压 U。

根据上面的测量曲线判断该铁氧体样品的居里温度。

用同样的方法，可以测量不同的样品在不同的信号频率、加热速率以及升温和降温区间等条件下的曲线。

应用计算机进行实时测量的具体操作见软件使用说明。

六、注意事项

（1）样品架加热时温度较高，实验时勿用手触碰，以免烫伤。

（2）放入铁氧体样品时需要在其上涂导热脂，以防止受热不均。

（3）实验时，输出信号频率应高于 500 Hz，否则电桥输出太小，不容易测量。

（4）加热时应注意观察温度变化，不允许超过 120 ℃，否则容易损坏其他器件。

（5）在实验过程中，不允许调节信号发生器的幅度，不允许改变电感线圈的位置。

七、思考题

（1）铁磁物质的三个特性是什么？

（2）用磁畴理论解释样品的磁化强度在温度达到居里温度时发生突变的微观机理。

（3）测绘出的 $U-T$ 曲线，为什么与横坐标轴没有交点？

实验三十 用旋光仪测量旋光性溶液的浓度

一、实验目的

(1) 观察光的偏振现象和偏振光通过旋光物质后的旋光现象。

(2) 了解旋光仪的结构原理,学习测量旋光性溶液的旋光率和浓度的方法。

(3) 进一步熟悉用作图法处理数据。

二、实验仪器

WXG-4 型目视旋光仪(图 3-118)、标准溶液、待测溶液、温度计。

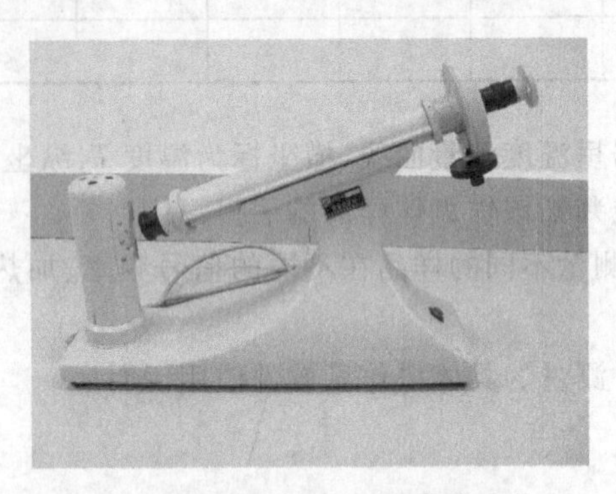

图 3-118 WXG-4 型目视旋光仪

三、实验原理

1. 偏振光的基本概念

根据麦克斯韦的电磁场理论,光是一种电磁波。光的传播就是电场强度 $\boldsymbol{E}$ 和磁场强度 $\boldsymbol{H}$ 以横波的形式传播。$\boldsymbol{E}$ 与 $\boldsymbol{H}$ 互相垂直,也都垂直于光的传播方向,因此光波是一种横波。由于引起视觉和光化学反应的是 $\boldsymbol{E}$,所以 $\boldsymbol{E}$ 矢量又称为光矢量,把 $\boldsymbol{E}$ 的振动称为光振动,$\boldsymbol{E}$ 与光波传播方向组成的平面叫振动面。在传播过程中,光振动始终在某一确定方向的光称为线偏振光,简称偏振光[图 3-119(a)]。普通光源发射的光是由大量原子或分子辐射而产生的,单个原子或分子辐射的光是偏振的,但由于热运动和辐射的随机性,大量原子或分子所辐射的光的光矢量出现在各个方向的概率是相同的,没有哪个方向的光振动占优势,这种光源发射的光不显现偏振的性质,称为自然光[图 3-119(b)]。还有一种光线,光矢量在某个特定方向上出现的概率比较大,也就是光振动在某一方向上较强,这样的光称为部分偏振光[图 3-119(c)]。

2. 偏振光的获得和检测

将自然光变成偏振光的过程称为起偏,起偏的装置称为起偏器。常用的起偏器有偏振片和晶体起偏器。还可以利用多次反射或透射(入射角为布儒斯特角)获得偏振光。自然光通过偏振片后,所形成偏振光的光矢量方向与偏振片的偏振化方向(或称透光轴)一致。在偏振片上用符号“↕”表示其偏振化方向。

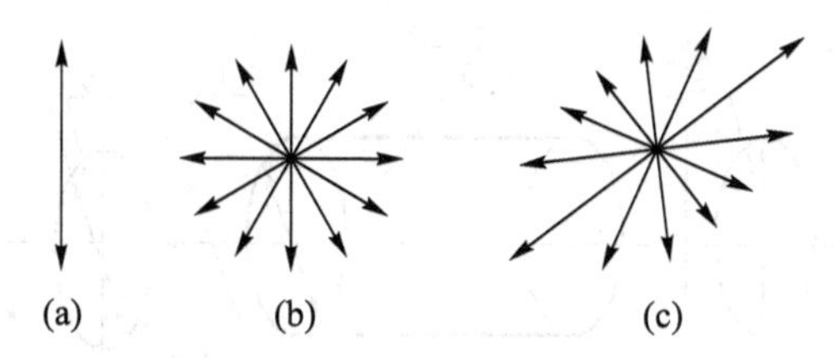

图 3-119　光线从纸面内垂直射出时，偏振光、自然光和部分偏振光的光振动分布的图示

鉴别光的偏振状态的过程称为检偏，检偏的装置称为检偏器。实际上起偏器也就是检偏器，两者是通用的。如图 3-120 所示，自然光通过作为起偏器的偏振片 1 以后，变成光通量为 ϕ_0 的偏振光，这个偏振光的光矢量与偏振化方向 2 同方位，而与作为检偏器的偏振片 3 的偏振化方向 4 的夹角为 θ。根据马吕斯定律，ϕ_0 通过检偏器后，透射光通量为

$$\phi=\phi_0\cos^2\theta \tag{3-140}$$

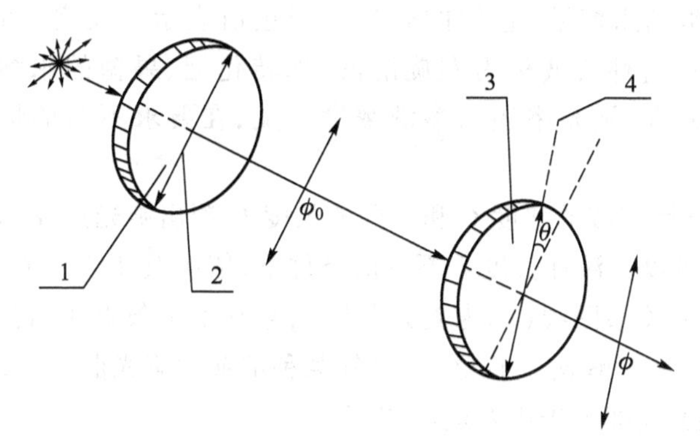

图 3-120　自然光通过起偏器和检偏器的变化

透射光仍为偏振光，其光矢量与检偏器偏振化方向同方位。显然，当以光线传播方向为轴转动检偏器时，透射光通量 ϕ 将发生周期性变化。当 $\theta=0°$时，透射光通量最大；当 $\theta=90°$时，透射光通量为最小值（消光状态），接近全暗；当 $0°<\theta<90°$时，透射光通量介于最大值和最小值之间。但对自然光转动检偏器时，就不会发生上述现象，透射光通量不变。对部分偏振光转动检偏器时，透射光通量有变化但没有消光状态。因此根据透射光通量的变化，就可以区分偏振光、自然光和部分偏振光。

3. 旋光现象

偏振光通过某些晶体或某些物质的溶液以后，偏振光的振动面将旋转一定的角度，这种现象称为旋光现象。如图 3-121 所示，旋光角为 α。它与偏振光通过溶液的长度 L 和溶液中旋光性物质的浓度 C 成正比，即

$$\alpha=\alpha_m LC \tag{3-141}$$

式中 α_m 称为该物质的旋光率。如果 L 的单位用 dm，浓度 C 定义为在 1 cm^3 溶液内溶质的质量，单位为 g/cm^3，那么旋光率 α_m 的单位为[(°)·cm^3]/(dm·g)。

实验表明，同一旋光物质对不同波长的光有不同的旋光率。因此，人们通常采用钠黄光（589.3 nm）来测定旋光率。旋光率还与旋光物质的温度有关。如对于蔗糖水溶液，在室

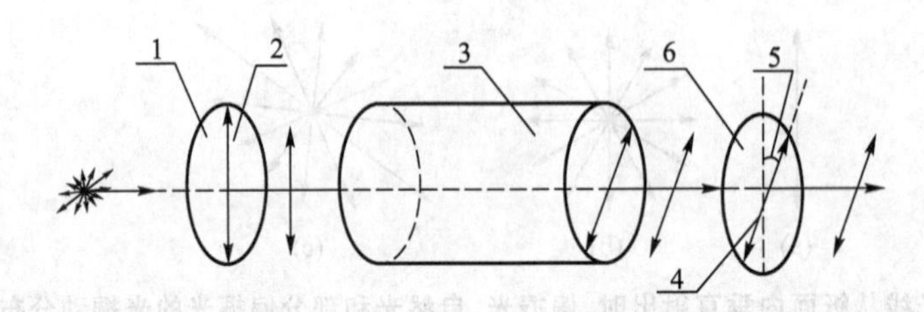

1—起偏器；2—起偏器偏振化方向；3—旋光物质；4—检偏器偏振化方向；5—旋光角α；6—检偏器

图 3-121 旋光现象

温条件下温度每升高（或降低）1 ℃，其旋光率减小（或增加）约 0.024 [(°)·cm^3]/(dm·g)。因此对于所测的旋光率，必须说明测量时的温度。旋光率还有正负，迎着射来的光线看去，如果旋光现象使振动面向右（顺时针方向）旋转，那么这种溶液称为右旋溶液，如葡萄糖、麦芽糖、蔗糖的水溶液，它们的旋光率用正值表示。反之，如果振动面向左（逆时针方向）旋转，那么这种溶液称为左旋溶液，如转化糖、果糖的水溶液，它们的旋光率用负值表示。严格来讲，旋光率还与溶液浓度有关，在要求不高的情况下，此项影响可以忽略。

若已知待测旋光性溶液的浓度 C 和液柱的长度 L，测出旋光角 α，就可以由式(3-141)算出旋光率 α_m。也可以在液柱长度 L 不变的条件下，依次改变浓度 C，测出相应的旋光角 α，然后画出 α 与 C 的关系图线（称为旋光曲线），它基本是条直线，直线的斜率为 $\alpha_m L$，由直线的斜率也可求出旋光率 α_m。反之，在已知某种溶液的旋光曲线时，只要测量出溶液的旋光角，就可以从旋光曲线上查出对应的浓度。

4. 实验仪器原理

本实验用 WXG-4 型目视旋光仪测量旋光性溶液的旋光角，其结构如图 3-122 所示。为了准确地测定旋光角 α，仪器采用双游标读数，以消除度盘的偏心差.度盘等分为 360 格，分度值为 $\alpha=1°$，角游标的分度数为 $n=20$，因此，角游标的分度值为 $i=\alpha/n=0.05°$，其读数方法与 20 分游标卡尺相似。度盘和检偏镜连接成一体，利用度盘转动手轮作粗（小轮）、细（大轮）调节。游标窗前装有游标读数放大镜。

仪器还在视场中采用了半荫法比较两束光的亮度。其原理是在起偏镜后面加一块石英片，石英片和起偏镜的中部在视场中重叠，如图 3-123 所示，将视场分为三部分，并在石英片旁边装上一定厚度的玻璃片，以补偿由于石英片的吸收而发生的光亮度变化。石英片的光轴平行于自身表面并与起偏镜的偏振化方向成一小角 θ（影荫角）。由光源发出的光经过起偏镜后变成偏振光，其中一部分再经过石英片。石英是各向异性晶体，光线通过它时将发生双折射。可以证明，厚度适当的石英片会使穿过它的偏振光的振动面转过 2θ 角，这样进入测试管的光是振动面间的夹角为 2θ 的两束偏振光。

在图 3-124 中，$\overrightarrow{OP}$表示通过起偏镜后的光矢量，而$\overrightarrow{OP'}$则表示通过起偏镜与石英片后的偏振光的光矢量，OA 表示检偏镜的偏振化方向，$\overrightarrow{OP}$和$\overrightarrow{OP'}$与 OA 轴的夹角分别为 β 和β'，$\overrightarrow{OP}$和$\overrightarrow{OP'}$在 OA 轴上的分量分别为 OP_A 和 OP'_A。转动检偏镜时，OP_A 和 OP'_A的大小将发生

变化，于是从目镜中所看到的三分视场的明暗也将发生变化，见图 3-124 的下半部分。图中画出了 4 种不同的情形。

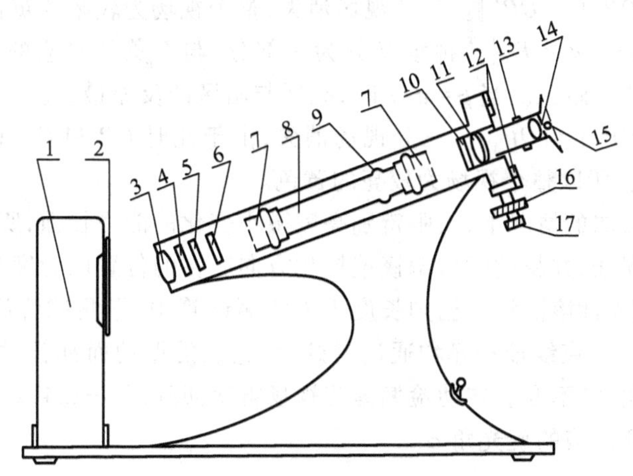

1—钠灯；2—毛玻璃片；3—会聚透镜；4—滤色镜；5—起偏镜；6—石英片；7—测试管端螺帽；8—测试管；9—测试管凸起部分；10—检偏镜；11—望远镜物镜；12—度盘和游标；13—望远镜调焦手轮；14—望远镜目镜；15—游标读数放大镜；16—度盘转动细调手轮；17—度盘转动粗调手轮

图 3-122　WXG-4 型目视旋光仪结构图

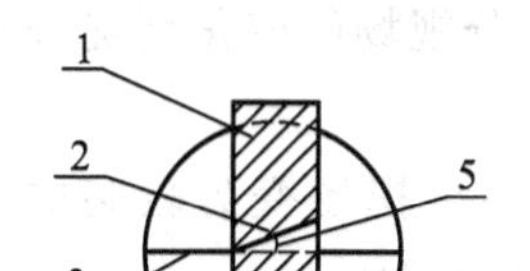

1—石英片；2—石英片光轴；3—起偏镜偏振化方向；
4—起偏镜；5—起偏镜偏振化方向与石英片光轴的夹角θ

图 3-123　用半荫法比较两束光的亮度

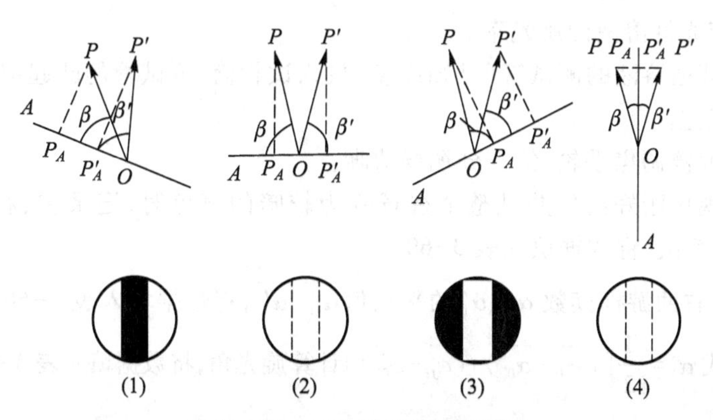

图 3-124　三分视场的明暗变化

（1）$\beta'>\beta$，$|OP_A|>|OP'_A|$。从目镜观察到三分视场中与石英片对应的中部为暗区，与起偏镜直接对应的两侧为亮区，三分视场很清晰。当 $\beta'=\pi/2$ 时，亮区与暗区的反差最大。

（2）$\beta'=\beta$，$|OP_A|=|OP'_A|$。三分视场消失，整个视场为较暗的黄色。

（3）$\beta'<\beta$，$|OP_A|<|OP'_A|$。视场又分为三部分，与石英片对应的中部为亮区，与起偏镜直接对应的两侧为暗区。当 $\beta=\pi/2$ 时，亮区与暗区的反差最大。

（4）$\beta'=\beta$，$|OP_A|=|OP'_A|$。三分视场消失，由于此时 OP 和 OP' 在 OA 轴上的分量比第（2）种情形时大，所以整个视场为较亮的黄色。

由于在亮度较弱的情况下，人眼辨别亮度微小变化的能力较强，所以取图 3-124（2）情形的视场为参考视场，并将此时检偏镜偏振化方向所在的位置取为度盘的零点。

实验时，将旋光性溶液注入已知长度为 L 的测试管中，把测试管放入旋光仪的试管筒内，这时 OP 和 OP' 两束线偏振光均通过测试管，它们的振动面都转过相同的角度 α，并保持两振动面的夹角 2θ 不变。转动检偏镜使视场再次回到图 3-124（2）状态，则检偏镜所转过的角度就是被测溶液的旋光角 α。

四、实验步骤

（1）接通旋光仪电源，约 5 min 后待钠灯发光正常，开始实验。

（2）测定零点位置。

① 在没有放测试管时，调节望远镜调焦手轮，使三分视场清晰。

② 调节度盘转动手轮，观察三分视场的变化情况，同时注意检偏镜的旋转方向和度盘转动手轮的转动方向之间的关系。

③ 当三分视场刚好消失并且整个视场变为较暗的黄色时，记录左、右两游标的读数 α_{0i}、α'_{0i}。反复测 5 次，将数据填入表 3-59。

④ 计算左、右两游标读数 α_{0i}、α'_{0i} 的平均值 $\overline{\alpha_{0i}}$、$\overline{\alpha'_{0i}}$，将数据填入表 3-59。

⑤ 利用公式 $\alpha_0=\frac{1}{2}(\overline{\alpha_{0i}}+\overline{\alpha'_{0i}})$ 计算零点位置，将数据填入表 3-59。

（3）将装有蒸馏水的测试管放入旋光仪的试管筒，调节望远镜调焦手轮和度盘转动手轮，观察是否有旋光现象。

（4）测定旋光性溶液的旋光率。

① 将装有蔗糖溶液的测试管（已知浓度）放入试管筒，测试管的凸起部分朝上，以便存放管内残存的气泡。

② 调节望远镜调焦手轮，使三分视场清晰。

③ 当三分视场刚好消失并且整个视场变为较暗的黄色时，记录左、右两游标的读数 α_{1i}、α'_{1i}。反复测 5 次，将数据填入表 3-60。

④ 计算左、右两游标读数 α_{1i}、α'_{1i} 的平均值 $\overline{\alpha_{1i}}$、$\overline{\alpha'_{1i}}$，将数据填入表 3-60。

⑤ 利用公式 $\alpha_1=\frac{1}{2}[(\overline{\alpha_{1i}}-\overline{\alpha_{0i}})+(\overline{\alpha'_{1i}}-\overline{\alpha'_{0i}})]$ 计算旋光角，将数据填入表 3-60。

⑥ 利用公式 $\alpha_m=\frac{\alpha_1}{LC}$ 计算蔗糖溶液的旋光率，将数据填入表 3-60。

（5）测量蔗糖溶液的浓度（一）（必做内容）。

① 将装有待测蔗糖溶液的测试管（未知浓度）放入试管筒，测试管的凸起部分朝上。

② 调节望远镜调焦手轮，使三分视场清晰。

③ 在三分视场刚好消失并且整个视场变为较暗的黄色时，记下左、右两游标的读数 α_{2i}、α'_{2i}。反复测 5 次，将数据填入表 3-61。

④ 计算左、右两游标读数 α_{2i}、α'_{2i}的平均值$\overline{\alpha_{2i}}$、$\overline{\alpha'_{2i}}$，将数据填入表 3-61。

⑤ 利用公式 $\alpha_2=\frac{1}{2}[(\overline{\alpha_{2i}}-\overline{\alpha_{0i}})+(\overline{\alpha'_{2i}}-\overline{\alpha'_{0i}})]$计算旋光角，将数据填入表 3-61。

⑥ 利用公式 $C=\frac{\alpha_2}{\alpha_m L}$计算待测蔗糖溶液的浓度，将数据填入表 3-61。

（6）绘制蔗糖溶液的 $\alpha-C$ 曲线、测量蔗糖溶液的浓度（二）（选做内容）。

① 取四个测试管，分别注入实验前配好的已知浓度的蔗糖溶液，浓度分别用 C_1、C_2、C_3、C_4 标记。

② 将浓度为 C_1 的测试管放入试管筒，测试管的凸起部分朝上。

③ 调节望远镜调焦手轮，使三分视场清晰。

④ 在三分视场刚好消失并且整个视场变为较暗的黄色时，记下左、右两游标的读数 α_{3i}、α'_{3i}。反复测 5 次，将数据填入表 3-62。

⑤ 计算左、右两游标读数 α_{3i}、α'_{3i}的平均值$\overline{\alpha_{3i}}$、$\overline{\alpha'_{3i}}$，将数据填入表 3-62。

⑥ 利用公式 $\alpha_3=\frac{1}{2}[(\overline{\alpha_{3i}}-\overline{\alpha_{0i}})+(\overline{\alpha'_{3i}}-\overline{\alpha'_{0i}})]$计算旋光角，将数据填入表 3-62。

⑦ 分别在试管筒内放入浓度为 C_2、C_3、C_4 的蔗糖溶液，重复上述步骤中的③④⑤⑥，分别测出三种浓度所对应的旋光角 α_4、α_5、α_6，将数据填入表 3-62。

⑧ 利用所得实验数据绘制 $\alpha-C$ 曲线。

⑨ 在试管筒内放入装有待测蔗糖溶液的测试管，重复上述步骤中的③④⑤⑥，测出待测蔗糖溶液的旋光角 α_7。

⑩ 对照 $\alpha-C$ 曲线，找出与 α_7 对应的浓度值，该值即待测蔗糖溶液的浓度。

五、数据处理

实验温度：______________

表 3-59

测量次数	α_{0i}	α'_{0i}
1		
2		
3		
4		
5		
平均值		
零点位置		

表 3-60

管长/dm:____ ,浓度/(g · mL^{-1}):________ ,旋光率单位:[(°) · mL]/(dm · g)

测量次数	α_{1i}	α'_{1i}
1		
2		
3		
4		
5		
平均值		
旋光角		
旋光率		

表 3-61

管长/dm:____ ,浓度/(g · mL^{-1}):________ ,旋光率单位:[(°) · mL]/(dm · g)

测量次数	α_{2i}	α'_{2i}
1		
2		
3		
4		
5		
平均值		
旋光角		
旋光率		

表 3-62

管长/dm:________ ,旋光率单位:[(°) · mL]/(dm · g)

次数	C_1 =____ g · mL^{-1}		C_2 =____ g · mL^{-1}		C_3 =____ g · mL^{-1}		C_4 =____ g · mL^{-1}		待测溶液	
1										
2										
3										
4										
5										
平均值										
旋光角										

待测蔗糖溶液的浓度为________g/mL。

六、注意事项

（1）测试管应轻拿轻放，避免打碎。

（2）所有镜片，包括测试管两头的护片玻璃，都不能用手直接擦拭，应用柔软的绒布或镜头纸擦拭。

（3）读数时，只能沿同一方向转动度盘手轮，而不能来回转动度盘手轮，以免产生回程误差。

七、思考题

（1）用半荫法测定旋光角时，只用起偏镜和检偏镜测旋光角更准确。试说明其原因。

（2）根据半荫法原理，如何测量所用仪器的透过起偏镜和石英片的两束偏振光振动面间的夹角 2θ？画出与图 3-124 类似的矢量图。

第四章　设计性实验

一、设计性实验的目的

"实践是检验真理的唯一标准。"物理实验作为基础实验,多为验证性实验。而要激发学生的学习动力和热情,这些一成不变的内容显然有些刻板,难以满足当前学生的求知欲。参与性更强、动手更多、更为创新的设计性实验则能满足学生的需求和适应现代教育方式。

设计性实验是学生自主探索自然现象的重要环节,是学生开展研究性学习的重要内容。在实验课程中,要求学生积极主动探索,形成对世界的科学认识,养成良好的科学素养。如果离开实验设计这一内容,学生的体验是不完整的。要让学生在科学学习活动中形成完整的体验,我们必须从实验设计这一环节入手,让学生学会初步的实验设计,在自己设计的实验方案基础上展开实验。

在学生掌握基本实验知识与技能后,应进一步培养学生的综合应用能力,加大设计性实验的力度,让学生在教师的指导下,自己设计实验过程,自己准备实验仪器,在解决问题的过程中,充分发挥自己的聪明才智,培养创新能力。不同的设计性实验,可以使学生在实验方法的构思、测量仪器的选择与配合、测量条件的确定及数据处理等方面得到一定程度的训练。设计性实验的内容往往是基本实验内容的扩展和延伸。

二、设计性实验的教学要求

关于设计性实验,我们对学生提出以下要求:除查阅教师指定文献资料外,还能根据引文查阅其他书刊和资料,并综合运用这些资料;能将所学的知识、方法和技术综合运用于设计方案中,设计方案无论在理论上还是在操作上均是合理的、可行的,设计方案要求可操作性强、设计思路新颖、有独到见解;在实验过程中,要求目的明确,操作规范,仪器使用正确,观察认真,记录准确,数据处理和图像分析准确可靠,结果正确,实验报告符合要求,条理清楚,表达精练,分析讨论科学,结论恰当。

三、设计性实验的教学方式

我们在设计性实验中采用启发式和开放式的教学方式。课程分两次进行,每次 3 学时,共计 6 学时。第一次课前要求学生查阅文献、资料,了解所需仪器设备,并初步拟定实验方案。第一次课堂上学生将自己的实验方案及数据处理方法提交指导教师,探讨可行性并熟悉实验设备和实验步骤;如方案需改进,可在课堂上及课后进行修改,但应在第二次课前确定方案。在第二次课上学生正常进行实验,采集原始数据。在第二次课后学生应进行数据处理,并对实验的整个过程进行总结,对其中出现的各种问题进行分析。

学生在指定的设计性物理实验项目的基础上还可以根据自己的兴趣,提出一些项目,在条件允许的情况下,实验室将予以鼓励和支持。在实验时间方面,除指定课时外,学生可利用业余时间随时来实验室探讨实验方案。

实验三十一 碰撞

一、实验目的

（1）观察系统中物体间的各种形式的碰撞，考察动量守恒定律。

（2）观察碰撞过程中系统动能的变化情况，分析实验中的碰撞是属于哪一种类型的碰撞。

二、实验要求

（1）深刻理解动量守恒定律，注意动量的矢量性和滑块在导轨上碰撞的标量表示式。

（2）设计出观察两等质量滑块间发生弹性碰撞的实验方案。设计方案要画出示意图。设计方案包括实验步骤、数据记录和处理的表格。

（3）设计出观察两不等质量滑块间发生弹性碰撞的实验方案。

（4）设计出观察两等质量滑块间利用尼龙搭扣进行完全非弹性碰撞的实验方案。

（5）写出实验预习报告，然后在实验室里对照仪器，再进行修改。做完实验后写出完整的实验报告。

三、可提供设备

气垫导轨、气泵、滑块、智能计时器、细线等。

实验三十二　电表改装

一、实验目的

(1) 按照实验原理设计测量线路。

(2) 了解电流计的量程 I_g 和内阻 R_g 在实验中所起的作用,掌握测量它们的方法。

(3) 掌握毫安表和电压表的改装、校准和使用方法。了解电表面板上符号的含义。

二、实验要求

(1) 明确毫安表利用并联电阻分流、电压表利用串联电阻分压的原理;掌握电流计的两个重要参量 I_g 和 R_g。

(2) 设计出测量电流计的量程 I_g 和内阻 R_g 的实验方案。设计方案要画出电路图。

(3) 设计出电流计改装为多量程毫安表的实验方案。设计方案要画出电路图。

(4) 设计出电流计改装为 1 V 量程电压表的实验方案。设计方案要画出电路图。

(5) 写出实验预习报告,然后在实验室里对照仪器,再进行修改。做完实验后写出完整的实验报告。

三、可提供设备

200 微安电流表、电阻箱、稳压电源、滑动变阻器、标准电流表、导线、开关等。

实验三十三　用迈克耳孙干涉仪测空气的折射率

一、实验目的

(1) 熟悉迈克耳孙干涉仪的原理和使用方法。

(2) 学会调出非定域干涉条纹的方法,并测量常温下空气的折射率。

二、实验要求

(1) 熟练地使用迈克耳孙干涉仪,并调出一系列干涉条纹。

(2) 设计出测量空气折射率的实验方案。设计方案要画出示意图。设计方案包括实验步骤、数据记录和处理的表格。

(3) 写出实验预习报告,然后在实验室里对照仪器,再进行修改。做完实验后写出完整的实验报告。

三、可提供设备

SMG-2 型迈克耳孙干涉仪、气室(l=80 mm)、气压计(0~40 kPa)等。

实验三十四 测定金属丝的电阻率

一、实验目的

(1) 熟练掌握基本测量工具的使用方法。

(2) 加深对金属导电性、电阻的认识。

二、实验要求

(1) 选用不同的方法测量金属丝的电阻。分析并测量同一个电阻,要求误差在给定的范围内。

(2) 测金属丝直径(横截面积)和长度(自己选取)。

(3) 采用优选方案测金属丝电阻。

三、可提供设备

基本电学、力学设备。

实验三十五　偏振光

一、实验目的

(1) 观察光的偏振现象,巩固理论知识。
(2) 了解产生与检验偏振光的元件及仪器。
(3) 掌握产生与检验偏振光的条件和方法。

二、实验要求

(1) 观察反射起偏现象,检验布儒斯特定律。
(2) 检验平面偏振光经过 1/2 波片后的偏振特性。
(3) 检验平面偏振光经过 1/4 波片后的偏振特性。
(4) 区别和检验圆偏振光与自然光、椭圆偏振光与部分偏振光。
(5) 设计方案包括实验步骤、数据记录和处理的表格。

三、可提供设备

分光计、氦氖激光器、偏振片、1/2 波片、1/4 波片等。

第五章　大学物理实验预备知识

第一节　力学实验预备知识

1. 长度测量

长度是一个基本物理量。为了测量长度,必须先规定长度的单位。在国际单位制中,长度的单位为米,用符号“m”表示。

为了掌握长度测量的基本方法,必须熟悉几种常用的测长仪器,了解它们的测量原理和仪器的构造。

下面分别介绍游标卡尺、螺旋测微器和测微显微镜等物理实验中常用的测长仪器。

(1) 游标卡尺。

游标卡尺由一根主尺及一根可沿主尺滑动的游标(副尺)组成,如图 5-1 所示。主尺刻有毫米分格,而游标的刻度则有各种不同的分格法,最简单的一种刻度是:游标上刻有十分格,但它的总长等于主尺九分格(即 9 mm),所以每格是 0.9 mm,主副尺格值之差为(1.0-0.9) mm=0.1 mm。如图 5-2 所示,设待测物长为 AB,它的 AC 部分可以直接准确地从主尺上读出,为 10 mm,该读值是游标尺上的“零”刻线所对应的主尺上毫米以上的读值。而 CB 部分即 1 mm 以下的部分可借助游标方便地读出。

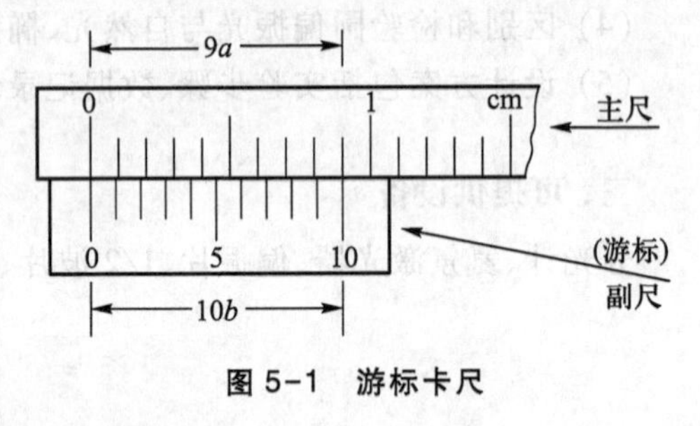

图 5-1　游标卡尺

我们先找出游标上的某刻度(图 5-2 所示是第四刻度)和主尺某一刻度重合。

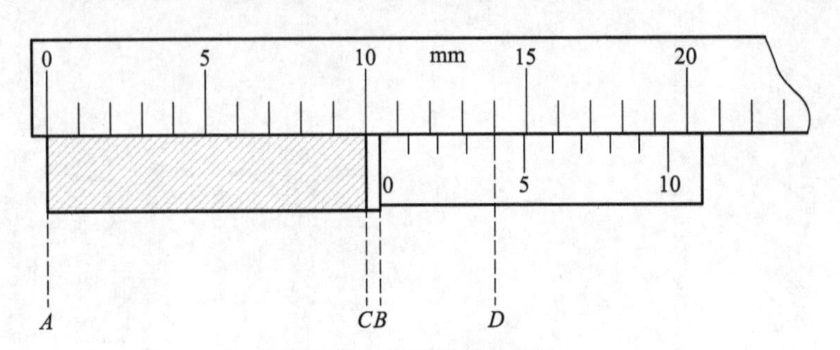

图 5-2　实物测量示意图

由图 5-2 可知,因为

$$|CD| = 4\times1\ \text{mm},\quad |BD| = 4\times0.9\ \text{mm}$$

所以

$$|CB| = |CD| - |BD| = (4\times1-4\times0.9)\ \text{mm} = 4\times0.1\ \text{mm} = 0.4\ \text{mm}$$

这里 0.1 mm 就是主、副尺的每格分度值之差,用符号 δ 表示,则物体长度为

$$|AB| = |AC| + |CB| = 10.0\ \text{mm}+4\delta = 10.0\ \text{mm}+0.4\ \text{mm} = 10.4\ \text{mm}$$

在实际测量时不必这样计算,而是先读出游标零线前主尺上的刻度数,再看游标上第

n 根线与主尺的某一根线对齐，然后把 $n\delta$ 加到主尺的读数上，这就是物体长度。

游标卡尺实际构造见图 5-3，D 为主尺，E 为副尺（游标），用大拇指推螺旋 F 可使游标沿主尺滑动，测量时把物体夹在 AB 间，C 为一金属杆，可测量物体的深度，而钳口 A′B′用以量度物体内部的宽度。在测量前应注意 AB 相接触时游标零线是否和主尺零线对齐，如果没有对齐，应读出其读数，称之为初读数。当游标零线在主尺零线左边时，初读数取负值，反之则取正值。实际测量时，应将游标卡尺直接读得的读数减去初读数，这样才能得到物体的真实长度。

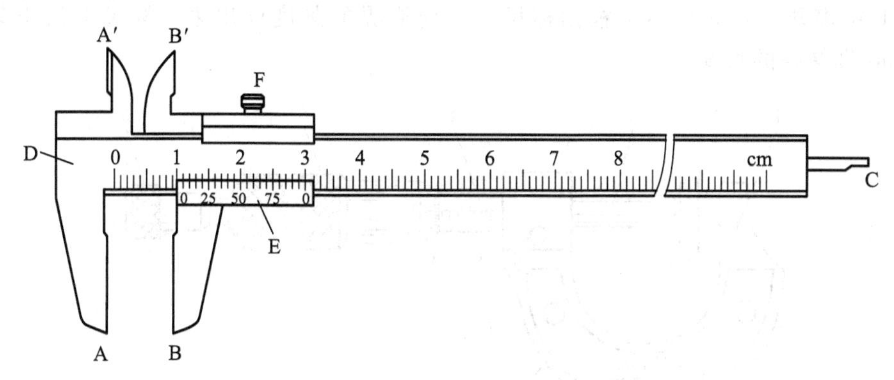

图 5-3　游标卡尺实际构造

实用上，我们常常使用主、副尺分度差 δ 为 0.1 mm、0.05 mm、0.02 mm 的游标卡尺。下面举一个例子，如图 5-4 所示，游标格值为 49 mm/50 = 0.98 mm，这种游标卡尺的主、副尺每格分度值之差为 δ = 0.02 mm。

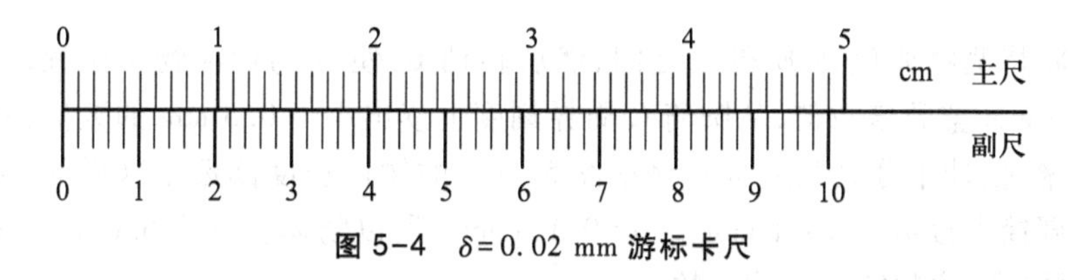

图 5-4　δ = 0.02 mm 游标卡尺

图 5-5 表示用图 5-4 这种游标卡尺（已放大）来测量物体长度。通常认为游标上的读数是帮助测量者较方便地来读估计位的数的，故在它的后面不需要加“0”。

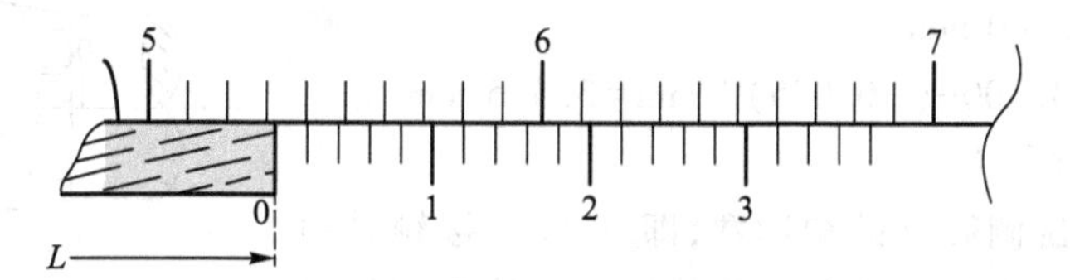

图 5-5　游标卡尺放大

（2）螺旋测微器。

螺旋测微器又叫千分尺，比游标卡尺更精密，一般可测到（1/100）mm，估计到千分之几毫米，用以测量各种丝的直径、薄片厚度等。

螺旋测微器是根据螺杆推进的原理设计的。我们知道，一个螺杆在螺母中旋转一周，螺杆便沿轴线方向移动一个螺距的长度,常用螺旋测微器的螺距是 0.5 mm,在螺杆头上套着一圆筒,在这圆筒的外围边缘上,刻有 50 个等分刻度。圆筒旋转一周(50 个刻度)螺杆便沿轴线移动了 0.5 mm,显然,圆筒旋转一个刻度,螺杆移动了 0.5 mm/50=0.01 mm。也就是说,圆筒转过一格代表螺杆移动 0.01 mm,因此螺旋测微器可精确地读到(1/100) mm,若再估计到一格的十分之几,那么螺旋测微器就可估计到千分之几毫米了。

螺旋测微器的外形如图 5-6 所示,旋转 B 柄,A 端就随之移动。当 A 端与 E 端接触时,圆筒 C 周界上的 0 刻度恰好与 D 柱上标尺准线的 0 刻度重合,初读数为 0。反旋螺杆,A 端与 E 端离开,AE 间距离可根据标尺及圆筒周界的刻度读出来。标尺上最小刻度为 0.05 mm(即螺距的长度)。

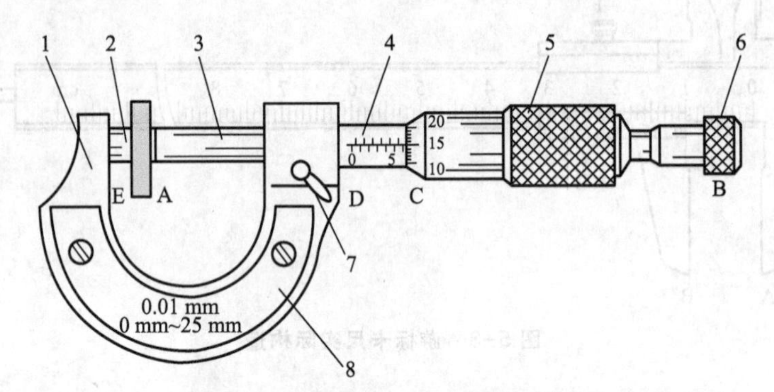

1—尺架; 2—测砧; 3—测微螺杆; 4—螺母套管;
5—微分套管; 6—棘轮; 7—锁紧装置; 8—绝热板

图 5-6 螺旋测微器外形

测量时将待测物体放在 E 和 A 之间,然后转动 B,使 A 与待测物相接触,就可在标尺 D 上读出 0.5 mm 整数倍数值,从圆筒 C 周界刻度上读出小于 0.5 mm 的数值(精确地读到百分之一毫米,估计千分之几毫米),例如图 5-6 中的物体长度读数是这样的:标尺上读数为 6.0 mm,圆筒上读数为 15.1 mm/100=0.151 mm,所以物体长度为 6.0 mm+0.151 mm=6.151 mm(最后一位数字 1 是估计的)。

初读数处理如图 5-7 所示。

A 与 E 接触时的初读数=-0.025 mm

测量读数=3.300 mm

物体长度=[3.300-(-0.025)] mm=3.325 mm

使用注意事项如下:

① 应记录螺旋测微器的初读数,即 A 与 E 接触时的读数,注意是 0 还是正值或负值。物体的长度等于测量读数减去初读数。

② 进行测量时应旋转 B,不应旋转 C,当 A 与物(或 E)接触,B 柄发出“咔咔”的响声时就可以读数,这是因为 C 与 B 之间有一定的摩擦,当我们旋转 B 时是利用摩擦力来带动 C 和 B 一同旋转前进的。但当 A 与物(或 E)相接

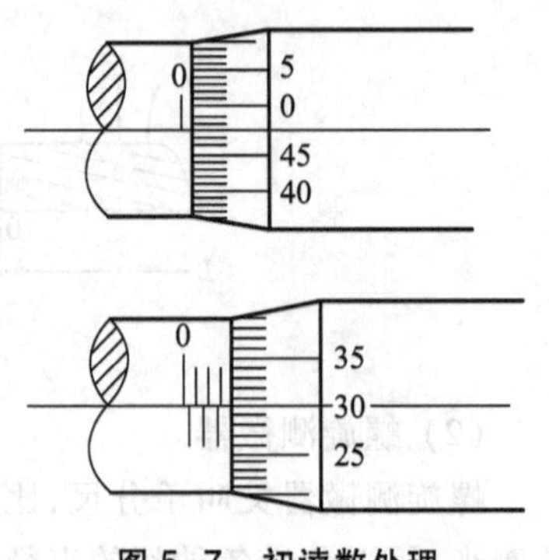

图 5-7 初读数处理

触时,B 与 A 相对滑动发出“咔咔”的响声。如果继续旋转 C,不但会使 A 轴将物体压得过紧而测不准物长,而且可能损坏螺纹。在旋转 B 时只能向一个方向转动,否则会因螺丝与螺母之间的空隙引起空转造成读数不正确。

③ C 旋转一周前进 0.5 mm,旋转两周前进 1 mm。在 D 轴上,毫米刻度在上侧,半毫米刻度在下侧,使用时应特别注意。

④ 测量完毕后,应使 A 与 E 之间留一空隙,避免因热膨胀而使 A 与 E 压得过紧,以致螺纹损坏。

(3) 测微显微镜(读数显微镜)。

一般显微镜只有放大物体的作用,不能定量地测出物体的大小。如果在显微镜的目镜中装上十字叉丝,而且把镜筒装在一个可以左右移动的螺旋测微装置上,这样改装后的显微镜就称为测微显微镜,用它可以测量微小物体的尺寸,如毛细管、金属丝等的直径。

图 5-8 为测微显微镜的简图。旋转测微螺旋 P,可使显微镜的镜筒左右移动,螺距为 1 mm,在螺旋 P 周界上刻成 100 等份,P 旋转一周,镜筒就在主尺 S 旁移动 1 mm。

使用时将待测物体放在显微镜的物镜 F 下的台上。旋转升降器使用 N 调节镜筒高低,使在目镜 T 中看清物体,转动 P 使目镜中的十字叉丝对准待测物的一边,记下主尺 S 和 P 周界上的读数,然后再转动 P 使叉丝移至待测物的另一边再记下读数,两读数差即待测物的长度,如图 5-9 所示。

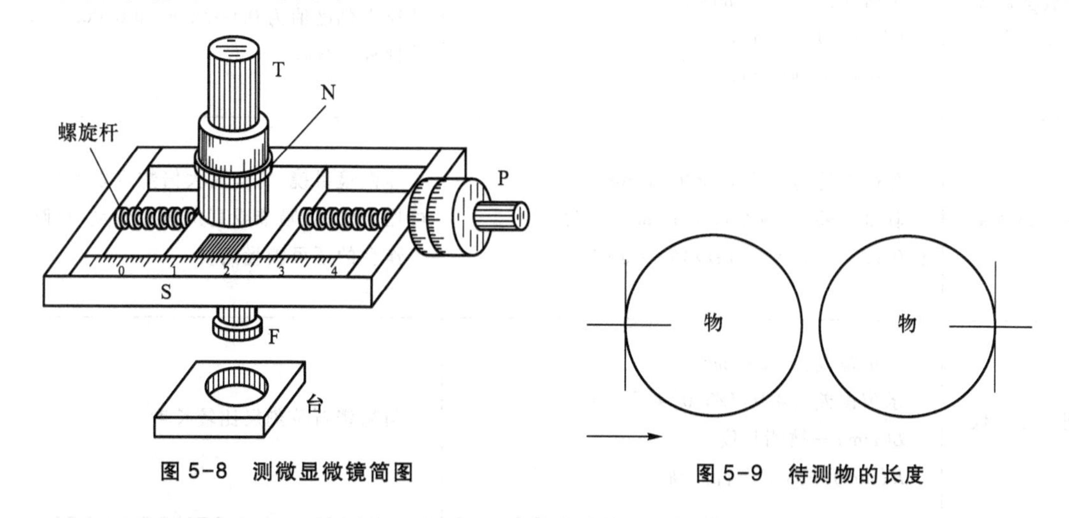

图 5-8　测微显微镜简图

图 5-9　待测物的长度

使用注意事项如下:

① 根据各人眼睛的不同,调节目镜,直至获得清晰的叉丝像。

② 测微螺旋 P 在测量过程中在十字叉丝对准待测物一边和另一边前只能向一个方向转动,否则由于丝杆与螺母之间的空隙引起空转造成读数不准确。

③ 旋转 N 时当心物镜头触及待测物体而受到损坏。为此,应先把镜筒下降到物镜接近被测物为止,然后自下而上缓缓地提高镜筒,直到看见最清晰的像。

④ 目镜或物镜不能用手帕或较硬的东西去擦,不能用嘴吹气,一定要用擦镜纸去擦拭。

常用的测长仪器的主要技术性能、特点和简要说明如表 5-1 所示。

表 5-1　测 长 仪 器

名称	主要技术性能	特点和简要说明
钢直尺	规格　全长允差 至 300 mm　±0.1 mm 300~500 mm　±0.15 mm 500~1 000 mm　±0.2 mm	测量范围再大可用钢卷尺，其规格有 1 m，2 m，5 m，10 m，20 m，30 m，50 m。1 m，2 m 的钢卷尺全长允差分别为 ±0.5 mm，±0.7 mm
游标卡尺	测量范围：125 mm，200 mm，300 mm，500 mm 主副尺分度差值：0.1 mm，0.05 mm，0.02 mm 示值误差： 0~300 mm 的同分度值， 300~500 mm 的相应有 0.1 mm，0.05 mm，0.04 mm	游标卡尺可用来测量内、外直径及长度。另外还有专门测量深度和高度的游标卡尺
螺旋测微器（千分尺）	量限：10 mm，25 mm，60 mm，75 mm，100 mm 示值误差（≤100 mm 的）： 1 级为±0.004 mm 0 级为±0.002 mm	千分尺的刻度值通常为 0.01 mm，另外还有刻度值为 0.002 mm 和 0.005 mm 的杠杆千分尺
测微显微镜	测微鼓轮的刻度值为 0.01 mm 测量误差：被测长度为 L(mm)、温度为（20 ±3）℃时为±(5+L/15)（μm）	显微镜目镜、物镜放大倍数可以改变。可用于观察、瞄准或直角坐标测量，有圆工作台的还可测量角度
阿贝比长仪	测量范围：0~200 mm 示值误差：(0.9+L/300−4H)（μm） L(mm)—被测长度 H(mm)—离工作台面高度	与精密石英刻尺比较长度
电感式测微仪	哈量型 示值范围：±125 μm，±50 μm，±25 μm，±12.5 μm，±5 μm 分度值：5 μm，2 μm，1 μm，0.5 μm，0.2 μm 示值误差：各挡均不大于±0.5 格 TESA，OH 型 示值范围：±10 μm，±3 μm，±1 μm 分度值：0.5 μm，0.1 μm，0.05 μm	一对电感线圈组成电桥的两臂，位移使线圈中铁芯移动，因而线圈电感一个增大，一个减小，并且电桥失去平衡。相应地有电压输出，其大小在一定范围内与位移成正比

续表

名称	主要技术性能	特点和简要说明
电容式测微仪	示值范围：$-2\sim8$ μm，$-20\sim80$ μm 分度值：0.2 μm，2 μm 示值误差：1 μm	将被测尺寸变化转换成电容的变化。将电容接入电路，便可转换成电压信号
线位移光栅（长度光栅）	测量范围：可达 1 m，还可更长 分辨率：1 μm 或 0.1 μm，甚至更高 精度：可达 0.5 μm/1 m，甚至更高	光栅实际是一种刻线很密的尺。用一小块光栅作指示光栅覆盖在主光栅上，中间留一小间隙，两光栅的刻度相交成一小角度，在近于光栅刻线的垂直方向上出现条纹，称之为莫尔条纹。指示光栅移动一小距离，莫尔条纹在垂直方向上移动一较大距离，通过光电计数可测出位移量
感应同步器，磁尺，电栅（容栅）	分辨率：可达 1 μm 或 10 μm	多在精密机床上应用
单频激光干涉仪	量程：一般可达 20 m 分辨率：可达 0.01 μm 测量不确定度在环境条件好时可达 1×10^{-7} m	激光作光源，借助于一光学干涉系统可将位移量转变成移过的干涉条纹数目。通过光电计数和电子计算直接给出位移量。测量精度高，需要恒温、防振等较好的环境条件
双频激光干涉仪	量程：可达 60 m 分辨率：一般可达 0.01 μm，最高可达0.001 μm 测量不确定度：优于 5×10^{-9} m	与单频激光干涉仪相比，抗干扰能力强，环境条件要求低，成本高
线纹尺	标准线纹尺有线纹米尺和 200 mm 短尺两种。一般线纹尺的长度有： 0.1 m，0.5 m，2.5 m，10 m，20 m，50 m 等 1～1 000 mm 线纹尺精度： 1 等为$\pm(0.1\ L/\text{m}+0.4\ L/\text{m})$ μm 2 等为$\pm(0.2\ L/\text{m}+0.8\ L/\text{m})$ μm 3 等为$\pm(3\ L/\text{m}+7\ L/\text{m})$ μm	作为长度标准或作为检定低一级量具的标准量具
量块	按其制造误差分成： 00，0，1，2，3，标准(k)六级。00 级，小于 10 mm 的量块工作面上任意点的长度偏差不得超过 ±0.06 μm	量块是长度计量中使用最广和准确度最高的实物标准，常为六面体，有两个平行的工作面，以两工作面中心点的距离来复现量值

2. 质量测量

质量是一个基本物理量。在国际单位制中,质量的单位是千克(kg)。

质量的测量是以物体的重量的测量通过比较而得到。根据物体的重量和质量关系知

$$G=mg$$

式中,g 为重力加速度。在同一地点测量时,如果两个物体重量相等,即

$$G_1=G_2$$

或

$$m_1g=m_2g$$

则

$$m_1=m_2$$

这就是说,在同一地点,两个物体的重量相等,它们的质量也一定相等。物体的质量可用天平来称衡,称衡时把物体放入天平的左盘,在天平右盘中放砝码。由于天平的两臂是等长的,故当天平平衡时,物体的质量就等于砝码质量。而砝码的质量值已标出,于是可求得物体的质量。

天平是一种等臂杠杆,按其称衡的准确程度划分等级,准确度低的是物理天平,准确度高的是分析天平。不同准确度的天平配置不同等级的砝码。各种等级的天平和砝码的允许误差都有规定。天平的规格除了等级以外主要还有最大称量及感量(或灵敏度)。最大称量是天平允许称量的最大质量。感量就是天平的摆针从标度尺的零点平衡位置偏转一个最小分格时,天平两侧秤盘上的质量差。一般来说,感量的大小与天平砝码(游码)读数的最小分度值相适应。灵敏度是感量的倒数,即天平平衡时,在一个盘中加单位质量的物体后摆针偏转的格数。

(1) 物理天平。

① 仪器描述。物理天平(TW-1 型)的构造如图 5-10 所示。在横梁 7 的中点和两端共有三个刀口。中间刀口安置在中柱 11(H 型)顶的玛瑙刀承上,作为横梁的支点,在两端的刀口吊耳 5 上悬挂两个秤盘 13。横梁下部装有一读数指针 9,中柱 11 装有读数标尺 16。在底座左边装有托架 3。止动开关旋钮 15 可以使横梁升降。平衡调节螺母 8 是天平空载时调平衡用的。每架物理天平都配有一套砝码,实验室中常用的一种物理天平,最大称量为 500 g,1 g 以下的砝码太小,用起来很不方便,所以在横梁上附有可以移动的游码 6。横梁 7 上有 50 个刻度,游码向右移动一个刻度,就相当于在右盘上加 0.02 g 的砝码,即感量为 0.02 g/格。

② 操作步骤。

a. 调水平:调节水平螺钉 1 使中柱 11 竖直,利用底座上水准器 14 来检查。(有的天平是利用铅锤的尖端与准钉尖端是否对准来检查的。)

b. 调零点:天平空载时,转动止动开关旋钮 15,使刀承上升托起刀口,横梁 7 即摆动,观察读数指针 9 的摆动情况。当指针在标尺的中线(第 0 条刻线,称之为零点)两边作等幅摆动时,天平即平衡了,如摆动中心不在零点,则应先制动,使刀承下降,然后调节横梁上两边的平衡调节螺母 8 的位置;再启动横梁,观察指针位置……如此反复调节,直到天平达到平衡。

c. 称衡:将待测物体放在左盘,砝码放在右盘(包括游码),使天平达到平衡,然后进行称衡。

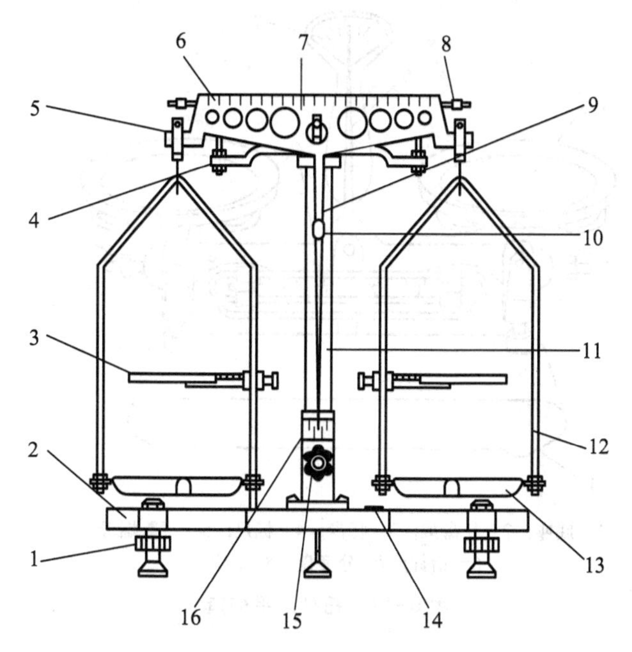

1—水平螺钉；2—底板；3—托架；4—支架；5—吊耳；6—游码；7—横梁；
8—平衡调节螺母；9—读数指针；10—感量调节器；11—中柱；12—托盘；
13—秤盘；14—水准器；15—止动开关旋钮；16—读数标尺

图 5-10　TW-1 型物理天平

d. 将止动开关旋钮 15 向左旋转，使刀承下降，记下砝码及游码读数。把待测物体从盘中取出，砝码放回盒内，游码移到零位（最后把秤盘摘离刀口），天平复原。

③ 操作规则。为了正确使用和保护物理天平，必须遵守以下操作规则。

a. 天平的负载不得超过其最大称量，以免损坏刀口或压弯横梁。

b. 在调节天平、取放物体、取放砝码（包括游码）以及不用天平时，都必须将天平止动，以免损坏刀口。只有在判断天平是否平衡时才将天平启动。天平启动、止动时动作要轻，止动最好在天平指针接近标尺中线刻度时进行。

c. 待测物体和砝码要放在盘正中。砝码不得直接用手拿取，只准用镊子夹取。称量完毕，砝码必须放回砝码盒内特定位置，不得随意乱放。

天平的各部件以及砝码都要注意防锈、防蚀。高温物体、液体及带腐蚀性的化学药品不得直接放在秤盘内。

（2）托盘天平。

托盘天平的构造如图 5-11 所示。测量时，应将待测物置于左盘中，砝码加在右盘中，小于 10 g 的部分由游码在标尺上的位置确定。

使用天平时应注意以下两点。

① 使用前必须进行平衡调节。调节时应先将游码左缘对准标尺的 0 刻线，再调节平衡螺母使天平平衡。若调平过程中指针摆动不止，可视指针在标尺 0 刻线左、右摆幅相等时为平衡。

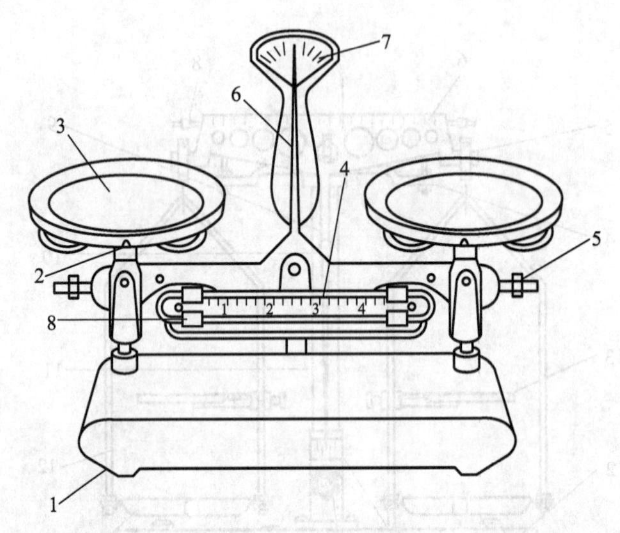

1—底座；2—托盘架；3—托盘；4—标尺；5—平衡螺母；
6—指针；7—分度盘；8—游码

图 5-11　托盘天平构造

② 将待测物或砝码放入盘中时，动作要轻，不可将超过天平量限的物体置于盘中。

常用的质量测量仪器的主要技术性能、特点和简要说明如表 5-2 所示。

表 5-2　质量测量仪器

名称	主要技术性能	特点和简要说明
天平	按仪器分度值 d 与最大载荷 m_{max} 之比分 10 个精度等级，相应比值 d/m_{max} 分别为 1×10^{-7}，2×10^{-7}，5×10^{-7}，1×10^{-6}，2×10^{-6}，5×10^{-6}，1×10^{-5}，2×10^{-5}，5×10^{-5}，1×10^{-4}	按结构形式分，有：杠杆、无杠杆天平，等臂、不等臂天平，单盘、双盘天平，还有扭力天平、电磁天平、电子天平等； 按用途分，有：标准天平、分析天平、工业天平、专用天平； 按分度值分，有：超微量天平、微量天平、半微量天平、普通天平等
砝码	按精度分五等，允差(mg)等级如下： 标称质量　1　2　3　4　5 10 kg　±30　±80　±200　±500　±2 500 1 kg　±4　±5　±20　±50　±250 100 g　±0.4　±1.0　±2　±5　±25 10 g　±0.10　±0.2　±0.8　±1　±5 1 g　±0.05　±0.10　±0.4　±1　±5 100 mg　±0.03　±0.05　±0.2　±1　±5 10 mg　±0.02　±0.05　±0.2　±1 1 mg　±0.01　±0.05　±0.2	用物理化学性质稳定的非磁性金属制成。一、二等砝码用于检定低一等砝码及与 1 至 3 级天平配套使用；三等砝码与 3 至 7 级天平配套使用；四等砝码与 8 至 10 级天平配套使用；五等砝码用于检定低精度工商业用秤和低精度天平

续表

名称	主要技术性能	特点和简要说明
工业天平 (TG75)	分度值:50 mg,称量:5 000 g 准确度:1×10^{-5},7 级	物理实验用
普通天平 (TG805)	分度值:100 mg,称量:500 g 准确度:2×10^{-5},8 级	物理实验用
精密天平 (LGZ6-50)	分度值:25 mg,称量:500 g 准确度:5×10^{-5},6 级	用于质量标准传递和物理实验
高精度天平	分度值:0.02 mg,称量:200 g 准确度:1×10^{-7},1 级	检定一等砝码、高精度衡量,计量部门用

3. 时间测量

我们可用任何自身重复的现象来测量时间间隔。几个世纪以来,人们一直用地球自转(一天时间)作时间标准,规定 1(平均太阳)日的 1/86 400 为 1 s。后来人们用石英晶体钟充当次级时间标准,这种钟在一年中的计时误差为 0.02 s。为获得更好的时间标准,人们发展了利用周期性的原子振动作为时间标准(原子钟)的方法。1967 年,国际计量大会采用以铯(Cs^{133})钟为基础的秒作时间标准,秒规定为铯-133 原子基态的两个超精细能级间跃迁相对应的辐射的 9 192 631 770 个周期的持续时间。

实验室里常用的时计,一种是以机械振子为基础的;另一种是以石英振子为基础的。前者便是机械秒表,其最小分度值为 0.2 s 或 0.1 s,要手动操作,这会引入误差。后者为数字毫秒计,其数字显示的末位为 10^{-3} ms,可电动操作。此外,(1/100) s 为最小刻度的电子秒表人们也经常使用。常用的时间和频率测量仪器的主要技术性能、特点和简要说明如表 5-3 所示。

表 5-3　时间和频率测量仪器

名称	主要技术性能	特点和简要说明
铯原子频率标准	频率 f_0 = 9 192 631 770 Hz 准确度优于 $1\times10^{-13}(1\sigma)$ 稳定度:7×10^{-15}	用作时间标准。在国际单位制中,与铯-133 原子基态的两个超精细能级间跃迁相对应的辐射的 9 192 631 770 个周期的持续时间为时间单位:s(秒)
石英晶体振荡器	频率范围很宽,频率稳定度在 $10^{-12}\sim10^{-4}$ 范围内,经校准一年内可保持 10^{-9} 的准确度。高质量的石英晶体振荡器,在经常校准时,频率准确度可达 10^{-11}	在时间和频率精确测量中获得广泛应用。频率稳定度与选用的石英材料及恒温条件关系密切

续表

名称	主要技术性能	特点和简要说明
电子计数器	测量准确度主要取决于作为时基信号的频率准确度及开关门时的触发误差。不难得到 10^{-9} 的准确度。若采用多周期同步和内插技术，测量精度可优于 10^{-10}	以频率稳定的脉冲信号作为时基信号，经过控制门送入电子计数器，由起始时间信号去开门、终止时间信号去关门，计数器计得的时基信号脉冲数乘以脉冲周期即被测时间间隔。用时间间隔为 1 s 的信号去开门、关门，计数器所计的被测信号脉冲数即被测信号频率
示波器	测频率时，最高准确度约为 0.5%	可测频率、时间间隔、相位差等，使用方便，准确度不是特别高
秒表	机械式秒表的分辨率一般为（1/30） s，电子秒表的分辨率一般为 0.01 s	

第二节　电磁学实验预备知识

在电学和其他一些实验中,我们会遇到电源(直流电源、交流电源,稳压电压源、恒流电流源)、开关(单刀单掷开关、单刀双掷开关、双刀双掷开关、换向开关)、电阻(普通电阻、滑动变阻器、电阻箱)、电流表和电压表等常用仪器,为此必须先了解它们的性能、使用方法和应该注意的地方。其他常用的基本仪器将在相应的实验中介绍。

1. 电学常用仪器

(1) 电源。

电源是供给电能的设备,分交流、直流两种。实验用交流电源的规格为 50 Hz/220 V/380 V,或经变压器降压。在实验中,我们常用直流稳压源、直流恒流源和干电池等直流电源。使用电源时必须注意以下几点。

① 电源电压超过 30 V 时,人会麻电。使用电源时应谨慎、注意安全。

② 直流电源一般用“+”或红色表示正极,用“-”或黑色、无色表示负极。干电池中央为正极,边缘为负极。

③ 使用任何电源时,都要注意负载大小,电流若超过额定值会损坏电源。稳压源内阻小,恒流源内阻大,因此除恒流源外,要防止电源两端短接(除具有自动保护的稳压源),否则会烧断熔断器(俗称保险丝),或烧坏导线的绝缘物,或报废电池。更不能把变压器或自耦变压器输入与输出反接。一般稳压电源具有自动保护电路,过载时会自动切断电路,欲再启动电源时,可按稳压电源的“启动”按钮。

使用电源时,必须先检查电路,确认无误后才准接上。实验结束后,应先拆电源,再拆电路。

(2) 开关。

常用开关有以下几种,如图 5-12 所示。

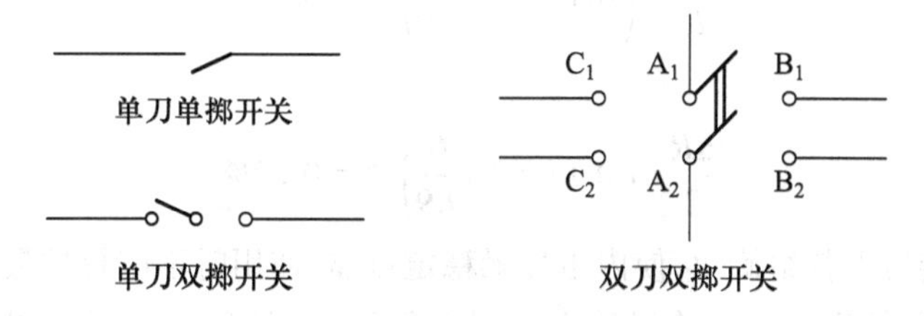

图 5-12　开关

① 单刀单掷开关(有弹性的按钮称电键)、单刀双掷开关。

② 双刀双掷开关,右掷时 A_1、A_2分别与 B_1、B_2接通,左掷时 A_1、A_2分别与 C_1、C_2接通。

③ 电键是带弹性的开关,按下时接通,释放时断开。

(3) 电阻器。

实验中经常用到的电阻器是电阻箱和滑动变阻器。

① 常用的一种电阻箱是转盘式的,其原理如图 5-13 所示。转柄旋转时,短路了一定电阻,因而电阻箱两端间的总电阻也改变了。实验室用 ZX21 型旋转式电阻箱面板如图 5-14 所示。

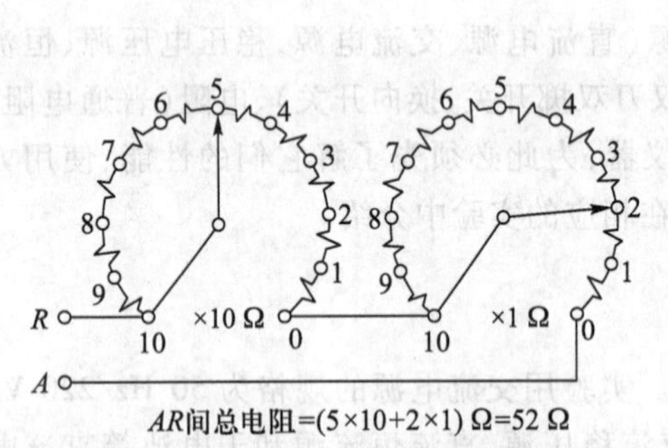

图 5-13　转盘式电阻箱原理

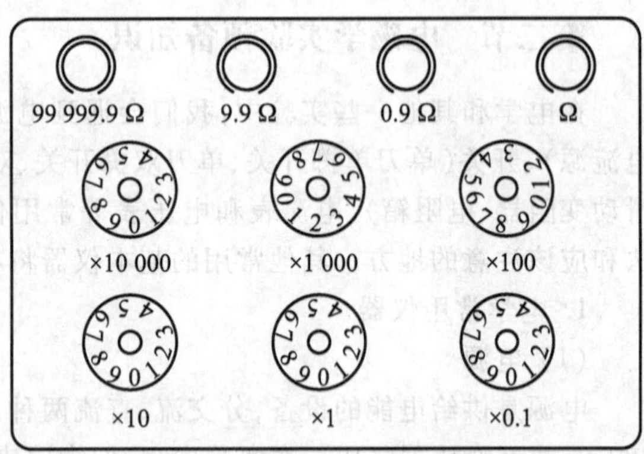

图 5-14　ZX21 型旋转式电阻箱面板

ZX21 型旋转式电阻箱数据如下。

调整范围:0~9×(0.1+1+10+100+1 000+10 000) Ω,即 0~99 999.9 Ω。

零值电阻:≤0.03 Ω

准确度等级:0.1 级

最大允许电流:	×0.1	×1	×10	×100	×1 000	×10 000
	1.5 A	0.5 A	0.15 A	0.05 A	0.015 A	0.005 A

基本误差:在出厂后的规定时期内不超过被接入电阻值 R 的$(0.1+0.2m/R)\%$。m 为使用十进制电阻箱旋钮个数。若读数为 31 200.0 Ω,则基本误差为

$$\frac{\Delta R}{R}=\left(0.1+0.2\times\frac{6}{31\ 200}\right)\%=0.1\%$$

若读数为 9.9 Ω,且合理选择电阻箱接线柱,则基本误差为

$$\frac{\Delta R}{R}=\left(0.1+0.2\times\frac{2}{9.9}\right)\%=0.14\%$$

否则基本误差为

$$\frac{\Delta R}{R}=\left(0.1+0.2\times\frac{6}{9.9}\right)\%=0.22\%$$

使用前应先旋转下各组旋钮,使内阻接触稳定可靠,使用时不应超过最大允许电流。

② 滑动变阻器的构造是一绝缘筒上双绕电阻丝,如图 5-15 所示。电阻丝的两头与两个接线柱 A 和 B 相接,电阻丝上为一滑动接触器 C′,它可在电阻丝与金属棒间接触滑动,棒的一头为接线柱 C。滑动变阻器的 3 种用法如图 5-16 所示。

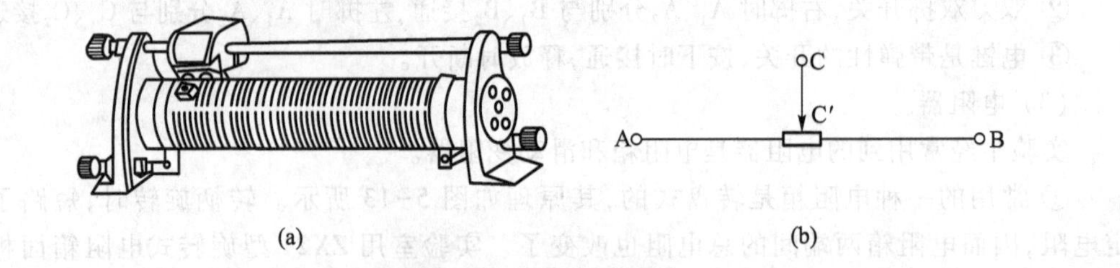

图 5-15　滑动变阻器

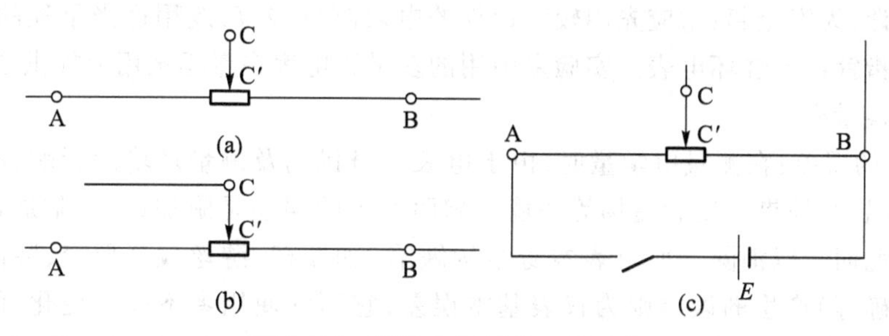

图 5-16 滑动变阻器的 3 种用法

a. 用作固定电阻:如接 A 和 B,则电阻固定不变,如图 5-16(a)所示。

b. 用作变阻器:如接 A 和 C 或 B 和 C,则随 C′滑动位置而有不同的电阻,若 C′滑近 A,则 AC 间电阻减少而 BC 间电阻增加,如图 5-16(b)所示。

c. 用作分压器(或称电位器),接法如图 5-16(c)所示。E 为电源,它与滑动变阻器的 A 和 B 相接,串联成一闭合回路,然后从 C 和 B 之间输出电压通往外电路。当 C′自 B 开始滑向 A 时,CB 两端间输出电压自 0 逐渐增大。亦可从 C 和 A 之间输出电压通往外电路,这时 C 的极性发生了变化。

上述后两种用法在实验中经常用到,应注意它们在接法上的区别。

不论是变阻器还是电阻箱,除了注意电阻值外还需注意其最大允许电流值或电压值,这些值一般都标在仪器上。

(4) 电表。

电表是量度电学量的仪器,分交流、直流两种,实验中多半用的是直流磁电式电表。按量度需要的不同,电表分为电流计、电流表和电压表。

电流计是量度微小电流和检查电路中有无电流存在的仪器,若电流计的指针可向两个方向偏转,接线时就没有正、负极性的限制,在没有电流通过时指针应指在零刻度上。电流计用符号Ⓖ表示。必须注意的是,电流计只能量度微小电流,其最大允许电流值一般标明在仪表上。

电流表和电压表是量度较大电流和电压的仪器,我们一般用符号Ⓐ表示电流表,Ⓥ表示电压表。使用电表时应注意以下几点。

① 连接:电流表应与需要测量电流的电路串联,而电压表应与需要测量电压的电路并联,如图 5-17 所示。

② 正、负极性:电表正极表示电流从这个极流入,而负极表示从这个极流出,与电源不同,在接线时应注意这点。通常电表的正极标“+”,负极标“-”,如果电表上只标有“+”接线柱,那么其他接线柱都是负极;反之,若只标有“-”,则其他均为正极。

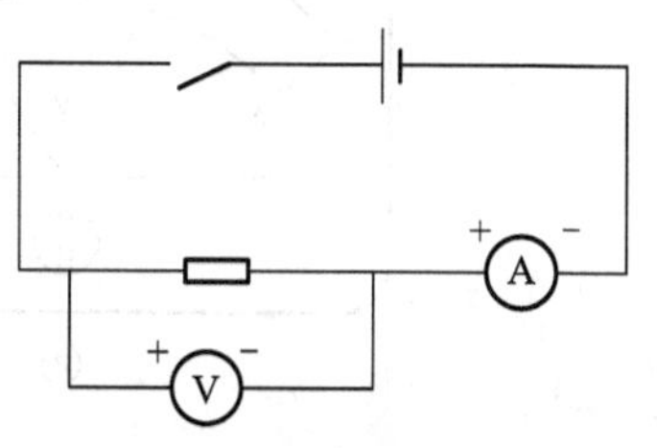

图 5-17 电表的连接

③ 量程:量程指仪器允许量度的最大数值。当测量的电流或电压值超过电表量程时,就得更换量程大的电表来进行测量;反之,当测量的电流或电压值远小于电表的量程时,就得用小量程的电表。如果测量的电流或电压值

事先不能估计,为安全起见,应先用较大量程的电表测试,然后改用适当量程的电表,否则会打坏电表指针甚至烧坏电表。实验室中用的多量程电表在量程选用上提供了不少方便,可以临时更换量程。

④ 电表的误差:在测量电学量时,由于电表本身机构及测量环境的影响,测量结果会有误差。因温度、外界电场和磁场等环境影响而产生的误差是附加误差,附加误差可以由改变环境状况而予以消除。而电表本身结构缺陷(如摩擦、游丝残余形变,装配不良及标尺刻度不准确等)产生的误差则为仪表基本误差,它不依使用者不同而变化,因而基本误差决定了电表所能保证的准确程度。仪表准确度等级定义为仪表的最大绝对误差与仪表量程(即测量上限)的比值的百分数。例如某个电流表的量程为 1 A,其最大绝对误差是 0.01 A,那么

$$N\%=\frac{\text{最大绝对误差}(\Delta_{\mathrm{m}})}{\text{量程}(A_{\mathrm{m}})}\times 100\%=\frac{0.01\ \mathrm{A}}{1\ \mathrm{A}}\times 100\%=1\%$$

这个电流表的准确度等级就定义为 1.0 级。反之,如果知道某个电流表的准确度等级是 0.5 级,量程是 1 A,那么该表的仪器误差就是 0.005 A。每个仪表的准确度等级在该表出厂前都经检定并标示在盘上,根据等级就可知道这个表的可靠程度。电表的准确度等级分为 0.1、0.2、0.5、1.0、1.5、2.5 和 5.0,共七个等级,其中数字越小的准确度越高。

由于实验中误差的来源是多方面的,所以在其他方面的误差比仪表带来的误差还大的情况下,就不应去片面追求高等级的电表,因为等级提高一级,价格就要贵很多。实验室常用 1.0 级、1.5 级电表,准确度要求较高的测量中则用 0.5 级或 0.1 级的。

从前面所述可知,在实际选用电表时,在待测量不超过所选量程的前提下,应使指针的偏转尽可能大一些。只有在被测量值接近仪表的量程时,才能最大限度达到这个仪表的固有准确度,以减少读数误差。此外,选表时要注意它们的内阻,一般来说,电压表的内阻越大越好,电流表的内阻越小越好,当电表的内阻对测量实际上没有什么影响时,就不要苛求。

⑤ 电表的读数:通电前应先检查电表指针是否在零点,不在零点时可进行机械调零。电压表读数如图 5-18(a)所示:量程 1.5 V 读 $U_1=1.10$ V;量程 30 V 读 $U_2=22.0$ V。仪器误差 $\Delta U=$量程×等级%,上述读数结果:$U_1=(1.10\pm0.02)$ V,$U_2=(22.0\pm0.4)$ V。电流表读数如图 5-18(b)所示:量程 1 mA 读 $I_1=0.846$ mA;量程 50 mA 读 $I_2=42.3$ mA。仪器误差 $\Delta I=$量程×等级%,上述读数结果:$I_1=(0.846\pm0.005)$ mA;$I_2=(42.3\pm0.2)$ mA。

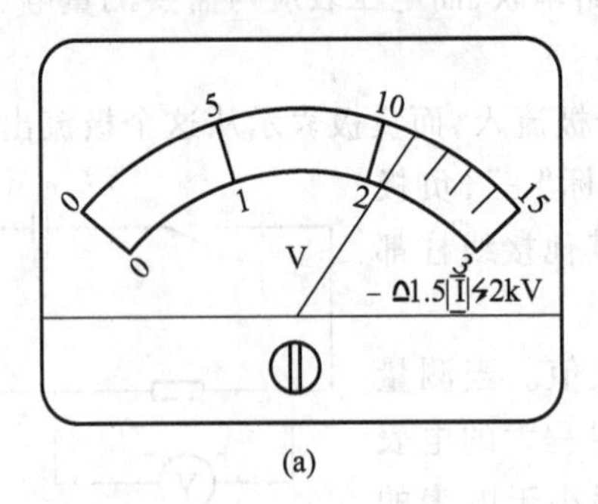

(a)

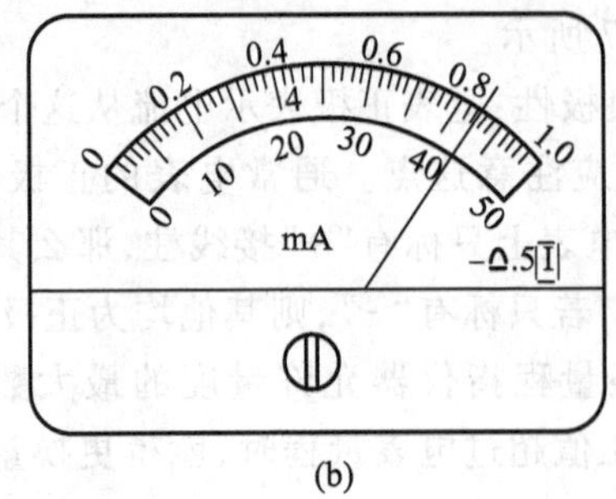

(b)

图 5-18　电压表读数

读数时，应正对指针看刻度，否则会产生视差。等级高的电表（1.0 级以上），为了减少视差，在表盘下面装有一镜面，读数时应看指针与它在镜面中的像重合时所对的刻度，这样可避免视差。一般情况下读数应读到电表最小分度的下一位，根据最小分度距离的大小，估计到最小分度的 1/2、1/5 或 1/10。读数估计位应与仪器误差位相符合且以仪器误差位为准。

⑥ 电表在测量电路中因各种连接方法的不同所产生的误差也不同。

用电压表、电流表测电阻（简称伏安法测电阻）有两种测量电路，如图 5-19 所示，它们均有系统误差（方法误差）产生。

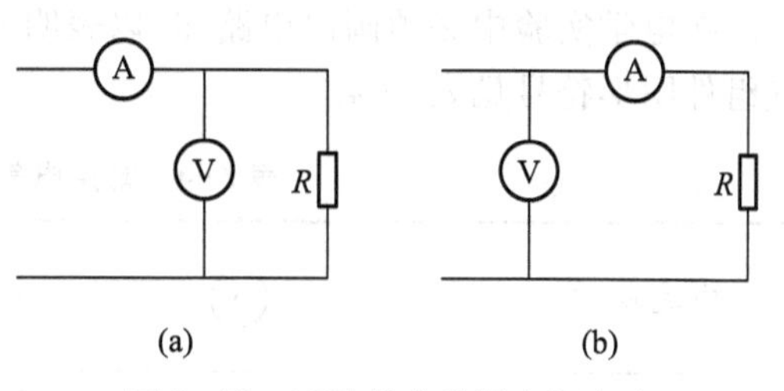

图 5-19　两种伏安法测电阻电路

设流过电阻 R 的电流为 I，电压表指示为 U，严格地讲，阻值不能简单地表示为 $R=U/I$，而必须考虑电表内阻的影响。若设电流表内阻为 R_g，电压表内阻为 R_V，则可证明，图 5-19（a）所示的测量电路中的电流应为

$$I=\frac{U}{R}\left(1+\frac{R}{R_V}\right)$$

而图 5-19（b）所示的测量电路中电流应为

$$I=\frac{U}{R}\left(1+\frac{R_g}{R}\right)$$

可见，只有当 $R_V \gg R$ 时，图 5-19（a）电路近似有 $I=U/R$；当 $R_g \ll R$ 时，图 5-19（b）电路近似有 $U=IR$。否则用图 5-19（a）电路测得的 R 值会偏小，用图 5-19（b）电路测得的 R 值会偏大。这种偏小或偏大就是由于测量方法的不完善所造成的，称为“方法误差”，是系统误差的一部分，可以利用上述公式予以修正。在实际测量时，应根据待测电阻值 R、电表的内阻 R_g 或 R_V 的大小来选择测量电路，使“方法误差”尽可能小，以便在测量要求不高时可以忽略不计。

（5）附录：电表面板上的常见标记。

~—交流；-—直流；≹—电磁（动铁）式；∩—磁电（动圈）式；┌┐—水平放置；⊥—竖直放置；<60—倾斜角小于 60°放置；☆—绝缘经 2 kV 高压试验；0.5—准确度等级，有 0.1、0.2、0.5、1.0、1.5、2.5、5.0，共七个等级；[Ⅱ]—Ⅱ级防外磁场。

2. 电路的连接

电路的连接，就是将仪表、电源等用导线连接成通电的线路。要完成这项工作，首先应分析电路，理解各仪器仪表在电路中所起的作用，然后进行连接。具体做法如下所述。

（1）把仪器仪表排列在恰当的位置，经常要读数和调节的应放在身边，以便读数和操作，相互干扰的应相隔远些。

（2）按电路图要求用适当长短的导线依次连接。如遇繁复的电路应分段分回路去连接，然后再加以组合，养成有条理有次序的接线习惯。在连接中必须注意：不准先接入电源，且所有开关必须打开，以防接错造成事故。

（3）电路（除电源外）全部接好后必须加以复查，注意每一接线柱是否旋紧并接触良好,电表正负极性和量程有否接错,变阻器是否调在适当的位置等。请教师检查无误后,按下开关进行试验,先粗略过一遍,若无问题(如极性是否反了? 量程选择是否合适?)便可按步骤进行实验。

(4) 在做完实验后,应先从线路中断开电源,再拆去线路,最后整理好仪器。

(5) 附录:常用电气组件符号。

在电学实验中必须画出电路图,以表明实验所依据的原理及所使用的仪表等。常用电气组件图形符号见表 5-4。

表 5-4　常用电气组件图形符号

名称	符号	名称	符号
电流表	A	电感线圈	
电压表	V	有铁芯的电感线圈	
交流电		变压器	
干电池		接地端	
直流电源		不连接的交叉导线	
晶体二极管		连接的交叉导线	
晶体三极管	E C B	固定电阻	
真空三极管	G F P	可变电阻	
电容器		可变电阻器	
可变电容器		电解电容	+ -
单刀单掷开关		电流计	G
双刀双掷开关		天线	

第三节　光学实验预备知识

在光学实验中，不论是几何光学实验还是波动光学实验都要用到许多常用的实验知识和调节技能，而光学实验又有别于力学、热学、分子物理和电学的实验，因此学生在进行光学实验前，应认真阅读此预备知识，在实验中牢记并进一步体会、运用这些知识。

1. 光学组件和仪器的维护

所有光学组件和仪器的质量与精密度都与光学表面的情况有关，尘埃、霉斑、油脂、手痕和刻痕等是使透镜、棱镜、光栅、平面镜性能变坏的普遍原因。空气中有许多灰尘，长期暴露在大气中的光学组件和仪器表面会染上灰尘，并且在灰尘中有许多酸、碱性物质，它们对光学表面，尤其是镀膜层会有较大的损害。光学仪器中往往采用复合透镜，它们用光学胶粘合，光学胶含有一定的营养成分，在潮湿环境中容易滋生霉菌。手指上有许多油脂，手指接触光学表面就会打上指印，影响光学组件的质量。

为了合理使用光学组件和仪器，必须遵守以下规则。

（1）应加强实验预习，了解仪器的使用方法和注意事项。

（2）应轻拿轻放，切忌用手触摸组件的光学表面，在拿取光学组件时，只能在其磨砂面处抓住，如透镜、光栅的边缘，棱镜的上下面等，如图 5-20 所示。

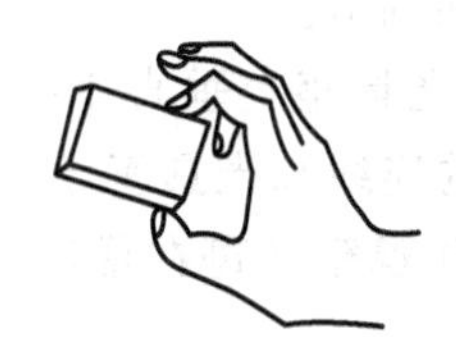
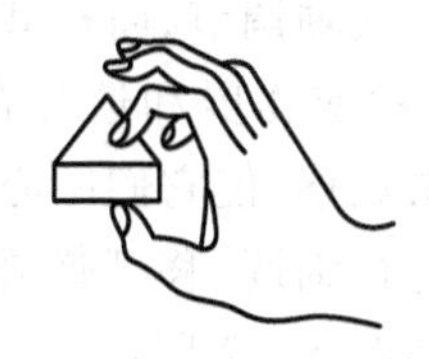
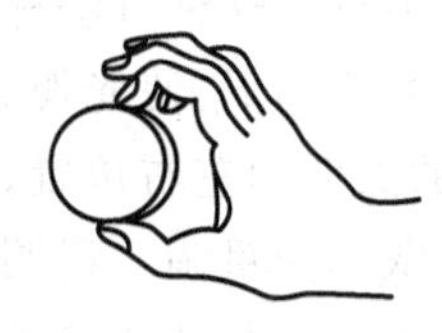

图 5-20　抓光学组件的磨砂面

（3）切忌使光学组件和仪器受到冲击，特别要防止光学组件跌落，光学组件用毕应及时装入专用盒内，并放在桌子的里侧，以防止跌落。

（4）光学表面如有灰尘，应用实验室专备的擦镜纸擦拭或用橡皮球吹掉，切勿用手指抹，也不能用嘴吹。

（5）光学表面上若有轻微的污痕或指印，可用擦镜纸轻轻拂去，但不能加压擦，更不准用普通纸、手帕、衣服等去擦。若表面有较严重的污痕或指印，应由实验室人员用丙酮或酒精清洗。若光学表面是镀膜面更不能随便擦拭。

（6）调整光学仪器要耐心细致，先粗调（大致调整）后细调，动作要轻、慢，切勿盲目过猛地用力操作。

（7）实验结束后，一切复位，加罩，防止灰尘玷污仪器和组件。

2. 消除视差

视差是指观察两个静止物体时，当观察者的观察位置发生变化时，一个物体相对于另一个物体的位置有明显的移动。这在以往的实验中已有所见，如用木制的米尺测两点的距离时，由于米尺的刻线与被测的两点不在同一平面内，所以在读数时若改变视线角度，读数值就要发生改变，如图 5-21 所示；在用指针式电表读数时也会产生同样的视差问题，对这类视差的消除，我们在做前面实验时已经有体会。那么在做光学实验时，视差的产生和消除又是怎么回事呢?

光学实验中经常要用目镜中的十字叉丝或标尺来测量像的位置和大小,当像平面与十字叉丝(或标尺)不在同一平面上时,就会产生视差,而且我们还须判断像的位置,若像在十字叉丝与眼睛之间,则当观察者的眼睛移到右边时,像就移到十字叉丝左边;若像在十字叉丝之前,即像距眼睛比十字叉丝距眼睛远,则当观察者的眼睛同样移到右边时,像就移到十字叉丝的右边。这样就能提示我们,欲使像平面与十字叉丝平面重合,进一步聚焦时,像应向哪个方向移动。应通过调焦使像平面与十字叉丝所在平面重合,否则测量时就会引入误差。

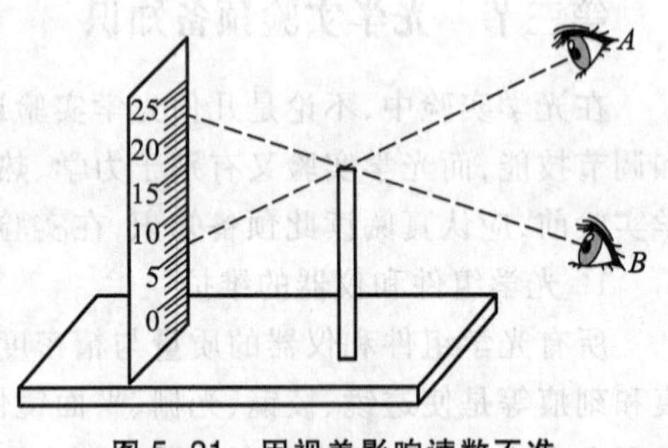

图 5-21 因视差影响读数不准

3. 共轴调节

光学实验中经常要用到多个透镜成像。为了获得质量好的像,必须进行共轴调节,以使各个透镜的主光轴重合,并使物体置于近光轴位置,即使物体位于透镜的主光轴附近。而且透镜成像公式中的物距、像距等都是沿主光轴计算的,因此必须使透镜的主光轴与光具座的刻度尺平行。这种方法称为平行共轴调节,简称共轴调节。

共轴调节方法如下:使光源、光阑、物或物屏和透镜在光具座上垂直于导轨并彼此靠拢,调节它们的高低和左右位置,凭眼睛观察,使它们中心的连线和光具座导轨上的标尺平行。此调节步骤称为粗调。粗调后应进行细调,移开像屏并观察光斑在像屏上的位置,使这个位置几乎不变。共轴调节光路图如图 5-22 所示。

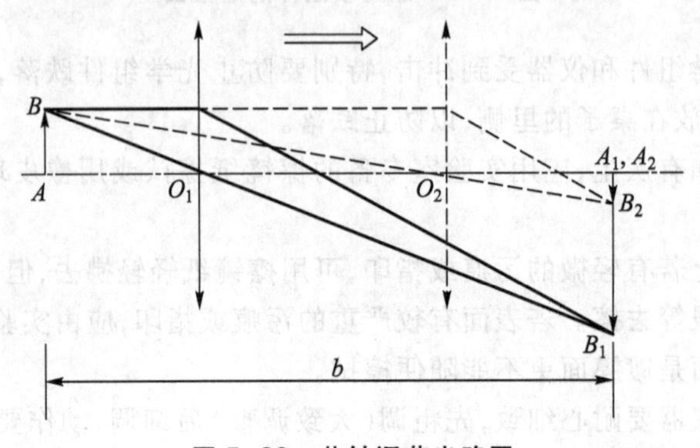

图 5-22 共轴调节光路图

第四节　常用仪器的仪器误差

1. 钢直尺和钢卷尺

常用的钢直尺的分度值为 1 mm，有的钢直尺在起始部分或末端 50 mm 内加刻 0.5 mm 的刻度线。

常用的钢卷尺分大、小两种，小钢卷尺的长度有 1 m 和 2 m 两种，大钢卷尺的长度有 5 m、10 m、20 m、30 m、50 m 五种，它们的分度值皆为 1 mm。

标准钢直尺和钢卷尺的允许误差见表 5-5。

表 5-5

名称	规格/ mm	允许误差/ mm
钢直尺	<300	±0.1
	300～500	±0.15
	>500～1 000	±0.2
钢卷尺	1 000	±0.5
	2 000	±0.1

2. 游标卡尺

使用游标卡尺前必须检查初读数，即先令游标卡尺的两钳口靠拢，检查游标的“0”刻线的读数，以便对被测量值进行修正。

我国使用的游标卡尺其分度值通常有 0.02 mm、0.05 mm 和 0.1 mm 三种。它们不分精度等级，一般测量范围在 300 mm 以下的游标卡尺取其分度值为仪器的允许误差（表 5-6）。

表 5-6

游标精度 Δl/mm	游标刻度线/格	游标刻度总长/mm	主尺分度值/mm	游标分度值/mm	示值误差/mm
0.1	10	9	1	9/10=0.9	±0.1
		19		19/10=1.9	
0.05	20	19	1	19/20=0.95	±0.05
		39		39/20=1.95	
0.02	25	12	0.5	12/25=0.48	±0.02
	50	49	1	49/50=0.98	

3. 螺旋测微器（千分尺）

千分尺是一种常见的高精度量具，按照规定，量程为 25 mm 的一级千分尺的仪器误差为 0.004 mm。

千分尺误差主要由以下几个因素产生。

（1）千分尺两测量面不严格平行。

（2）螺杆误差。

（3）温度不同（试件与千分尺温度不同，或温度相同但测量环境温度不同于千分尺的定标温度）。

（4）转动微分筒测量时，转矩的变化（同一测量者或不同的测量者）。

（5）读数误差，由于圆筒上的指示线与微分筒上的刻度不在同一平面内产生的视差。

千分尺按精度分零级和一级两类。大学物理实验使用的是一级千分尺，其允许误差与测量范围有关，见表 5-7。

表 5-7

测量范围/mm	<100	100~150	>150~200
允许误差/mm	±0.004	±0.005	±0.006

4. 天平

天平的感量是指天平的指针偏转一个最小分格时，秤盘上所要增加的砝码。天平的灵敏度与感量互为倒数。天平感量与最大称量之比定义为天平的级别，见表 5-8。

表 5-8

级别	1	2	3	4	5	6	7	8	9	10
感量/最大称量	1×10^{-7}	2×10^{-7}	5×10^{-7}	1×10^{-6}	2×10^{-6}	5×10^{-6}	1×10^{-5}	2×10^{-5}	5×10^{-5}	1×10^{-4}

天平型号及参量见表 5-9。

表 5-9

类别	型号	级别	最大称量 /kg	感量 /(10^{-6} kg)	不等臂差 /(10^{-6} kg)	示值变动性差 /(10^{-6} kg)	游码质量 /kg
物理天平	TW02 型	10	200×10^{-3}	20	<60	<20	
	TW05 型	10	500×10^{-3}	50	<150	<50	
	TW 型	10	$1\,000\times10^{-3}$	100	<300	<100	
	WL 型	9	400×10^{-3}	20	60	20	420×10^{-6}
	TG628 型	9	$1\,000\times10^{-3}$	50	100	50	$+50\times10^{-6}$
分析天平	TG628A 型	6	200×10^{-3}	1	3	1	
精密天平	TG604 型	6	$1\,000\times10^{-3}$	5	≤10	≤5	
	TG504 型	5	$1\,000\times10^{-3}$	2	≤4	≤2	

5. 砝码

砝码是与天平配套使用的称衡质量的量具。砝码精度分为5级，其允许误差详见表5-2。

6. 停表和数字毫秒表

实验室中使用的机械式停表一般分度值为0.1 s。仪器误差亦为0.1 s。

电子秒表计时的基本误差为

$$\Delta_{仪}=0.01\ \text{s}+0.000\ 005\ 8\ t$$

式中，t为计时时间。

数字毫秒表，其时基值分别为0.1 ms、1 ms和10 ms，其仪器误差分别为0.1 ms、1 ms和10 ms。

7. 水银温度计、热电偶、光测高温计等

见表5-10。

表5-10

仪器名称	测量范围	仪器误差
实验室用水银玻璃温度计	-30～300 ℃	0.05 ℃
一等标准水银玻璃温度计	0～100 ℃	0.01 ℃
工业用水银玻璃温度计	0～150 ℃	0.5 ℃
基准铂铑铂热电偶	600～1 300 ℃	0.1 ℃
标准铂铑铂热电偶	600～1 300 ℃	0.4 ℃
工业铂铑铂热电偶	600～1 300 ℃	0.3%(乘以被测温度)
标准光测高温计	800～1 400 ℃	5 ℃
工作光测高温计	1 400 ℃以下	5 ℃
工作光测高温计	2 000 ℃以下	10 ℃
工作光测高温计	3 000 ℃以下	20 ℃
标准辐射高温计	900～1 800 ℃	40 ℃
工作辐射高温计	以度标的上限计	1.5%～3%
压力计式温度计	以度标的上限计	2%

8. 旋钮式电阻箱

旋钮式电阻箱分为0.02、0.05、0.1、0.2四个等级。等级的数值表示电阻箱内电阻器阻值相对误差的百分数，这个电阻箱内电阻器阻值误差与旋钮的接触电阻误差之和构成电阻箱的仪器误差。相对误差表示为

$$\frac{\Delta_{仪}}{R}=\left(a+b\frac{m}{R}\right)\%$$

式中m为所用十进位电阻箱旋钮的个数，与选用的接线柱有关。R为所用电阻数值的大小。a和b的值如下表所示。

等级 a	0.02	0.05	0.1	0.2
常量 b/Ω	0.1	0.1	0.2	0.5

例如,ZX21 型 6 旋钮十进位电阻箱,已知为 0.1 级,当选用 99 999.9 Ω,电阻值为0.1 Ω时,因用 6 个旋钮,其相对误差为

$$E_1=\frac{\Delta_{仪}}{R}=\left(0.1+0.2\times\frac{6}{0.1}\right)\%=12.1\%$$

可见其误差主要是由旋钮的接触电阻所引起的,若改用低电阻 0.9 Ω 接线柱,因只用一个旋钮,故 $m=1$,这时其相对误差为

$$E_2=\frac{\Delta_{仪}}{R}=\left(0.1+0.2\times\frac{1}{0.1}\right)\%=2.1\%$$

这样大大减小了误差。故要合理选用电阻箱的接线柱。

9. 电子测量指示仪表

根据规定,电子测量指示仪表的准确度分为 0.1、0.2、0.5、1.0、1.5、2.5、5.0 七个等级。旧的仪表还会出现 4.0 的等级。

仪表准确度等级的数字 N 表示仪表本身在正常工作条件(位置正常,周围温度为20 ℃,几乎没有外界磁场的影响)下可能发生的最大绝对误差与仪表的额定值(量程)的百分比值。

实验中多使用单向标度尺的指示仪表,这种仪表在规定的条件下使用时,根据准确度等级的定义可得示值的最大绝对误差:

$$\Delta_{仪}=x_{\mathrm{m}}\cdot N\%$$

x_{m}为仪表的量程,N 为仪表的准确度等级。测量时,某一示值 x 的最大相对误差为

$$E=\frac{\Delta_{仪}}{x}=\frac{x_{\mathrm{m}}}{x}\cdot N\%$$

由此可见,在选用仪表的量程时要尽可能使所测数值接近仪表的满量程,这样测量的准确度才接近仪表的准确度。

10. 万用表

实验室中常用的万用表有:MF9 型、500 型、MF30 型。其精度等级及主要性能,见表 5-11至表 5-13。

(1) MF9 型。

音频电平的刻度根据 0 dB=1 mW,600 Ω 输送标准设计,标度尺指示值为-10~22 dB,音频电平与电压、功率关系为

$$电平=10\times\lg\frac{P_2}{P_1}=20\times\lg\frac{U_2}{U_1}(\mathrm{dB})$$

式中,P_1为在 600 Ω 负荷阻抗上 0 dB 的标称功率,为 1 mW;U_1为在 600 Ω 负荷阻抗上消耗功率为 1 mW 时的相应电压,$U_1=\sqrt{PR}=\sqrt{1.00\times10^{-3}\times600}\ \mathrm{V}\approx7.75\times10^{-1}\ \mathrm{V}$;$P_2$、$U_2$分别为被测功率和电压。

表 5-11

功能	测量范围	内阻和电压降	精度等级	基本误差表示方法
直流电压	0.5-2.5-10-50-250-500 V	20 kΩ/V	2.5	以标度尺上量取的百分数表示
交流电压	10-50-250-500 V	4 kΩ/V	4.0	
直流电流	0-50 μA,0.5-5-50-500 mA	0.6 V	2.5	以标度尺长度的百分数表示
电阻*	0-4-40 kΩ,4-40 MΩ	—	2.5	
音频电平**	-10 Ω,22 dB	—	4.0	

注：* 作电阻表使用测量电阻时，为了提高测量准确度，指针最好指在中间一段刻度，即全刻度的 20%~80%弧度范围内。

** 音频电平测量：测量方法与交流电压相似，将选择开关旋至适当的电压范围内，使指针有较大偏转。若被测信号同时带有直流电压，则在仪表的正插口上串联一个电容值小于 0.1 μF，耐压大于 400 V 的隔直电容器。

（2）500 型。

表 5-12

功能	测量范围	内阻和电压降	精度等级	基本误差表示方法
直流电压	0-2.5-10-50-250-500 V	20 kΩ/V	2.5	以标度尺上量取的百分数表示
	2 500 V	4 kΩ/V	4.0	
交流电压	0-10-50-250-500 V	5 kΩ/V	4.0	
	2 500 V	4 kΩ/V	5.0	
直流电流	0-50 μA,1-10-100-500 mA	—	2.5	以标度尺长度的百分数表示
电阻	0-2-20-200 kΩ,2-20 MΩ	—	2.5	
音频电平	-10 Ω,22 dB	—	—	

（3）MF30 型。

表 5-13

功能	测量范围	内阻和电压降	精度等级	基本误差表示方法
直流电压	0-1-5-25-50 V	20 kΩ/V	2.5	以标度尺上量取的百分数表示
	0-100-500 V	5 kΩ/V		
交流电压	0-10-100-500 V	5 kΩ/V	4.0	
直流电流	0-50-500 μA,5-50-500 mA	<0.75 V	2.5	以标度尺长度的百分数表示
电阻	0-4-400 kΩ,4-40 MΩ	25 Ω(中心)	2.5	
音频电平	-10 Ω,22 dB	—	4.0	

11. 单电桥

根据国家标准,单电桥基本误差的允许极限为

$$E_{\text{lim}}=\pm\frac{C}{100}\left(\frac{R_{\text{N}}}{k}+X\right)$$

式中,$\frac{C}{100}$是用百分数表示的准确度等级指数,请参看仪器说明书或产品上所附的说明,如QJ-23 型盒式电桥。

k 值一般取 10,X 为标度盘示值即测量值,R_{N}为基准值,为该量程内最大值的 10 的整数次幂。

12. 电位差计

电位差计基本误差允许极限为

$$E_{\text{lim}}=\pm\frac{C}{100}\left(\frac{U_{\text{N}}}{10}+U_x\right)$$

式中,$C/100$ 为用百分数表示的电位差计的准确度等级(表 5-14),如 UJ31 型电位差计为0.05 级,则 $C=0.05$。U_{N}为基准值,指第 1 测量盘第 10 点的电压值,U_x为标度盘示值,即测量值。

表 5-14

<table>
<tr><th>倍率</th><th>测量范围</th><th>检流计</th><th>准确度</th><th>电源电压</th></tr>
<tr><td>0.01</td><td>1~9.999 Ω</td><td rowspan="4">内附</td><td>±2%</td><td>4.5 V</td></tr>
<tr><td>0.01</td><td>10~99.99 Ω</td><td rowspan="3">±0.2%</td><td rowspan="3">6 V</td></tr>
<tr><td>0.1</td><td>100~999.9 Ω</td></tr>
<tr><td>1</td><td>1 000~9 999 Ω</td></tr>
<tr><td>10</td><td>10^4~9.999 × 10^4 Ω</td><td rowspan="3">外附</td><td rowspan="2">±0.5%</td><td rowspan="3">15 V</td></tr>
<tr><td>100</td><td>10^5~9.999 × 10^5 Ω</td></tr>
<tr><td>100</td><td>10^6~9.999 × 10^6 Ω</td><td>±2%</td></tr>
</table>

13. 福丁气压计

(1) 福丁气压计原理与结构。

福丁气压计是根据托里拆利原理制成的,其结构如图 5-23 所示,将一根长约为 80 cm 的一端(上)封闭、一端(下)开口的玻璃管装满水银,用拇指按住开口处,然后倒插入水银杯 B 内。管内水银在重力(因管封闭端和下降的水银面之间为真空,无其他力作用)作用下,从管的开口端流入水银杯内,直到管内水银柱所产生的压强和大气压强平衡为止,在管上端会留一段真空。

测量时,因玻璃管上端为真空,故管内水银柱的上升或下降仅取决于作用在水银杯 B 液面上的大气压强。玻璃管安放在金属保护套 C 内,以免被碰破,在保护套 C 的上方开有两个彼此相对的长方形窗口。无论大气压强怎样变化,在窗口处都可看到玻璃管内的水银

面。窗口旁边装有带有游标 D 的标尺，该标尺的零点就是下面水银杯内象牙针的端点。气压计的标尺零点是在 0 ℃时刻划的，这就是说仅在 0 ℃时，标尺的一小格才是1 mm。转动齿轮 A，可使游标 D 沿标尺移动。游标 D 的零刻线在它的最下端（边缘）。气压计上还附有温度计，以供测量气压时，先确定观测时温度。

（2）福丁气压计使用方法。

① 调节水银气压计的玻璃管，使其处于竖直位置，并记下室温 t。

② 转动调节螺钉 S，使杯内水银面刚好与针尖 G 相接触（这可以借助在水银面上针尖是否恰与针尖影子相连接来作为判断标准）。然后转动齿轮，先把游标 D 升高，再使游标 D 的零刻线从上向下与水银凸面的顶点正好相切。利用标尺读出水银柱的高度 H（注意，由于玻璃和水银有黏附作用，所以玻璃管内水银的凸面在水银上升和下降时略有不同，以上升时最为凸出。为使其凸面有正常形状，可用手指轻轻敲击玻璃管，水银受震后，凸面就会自由形成。如果这时水银面有显著变化，那么应重新调节水银杯下调节螺钉 S）。

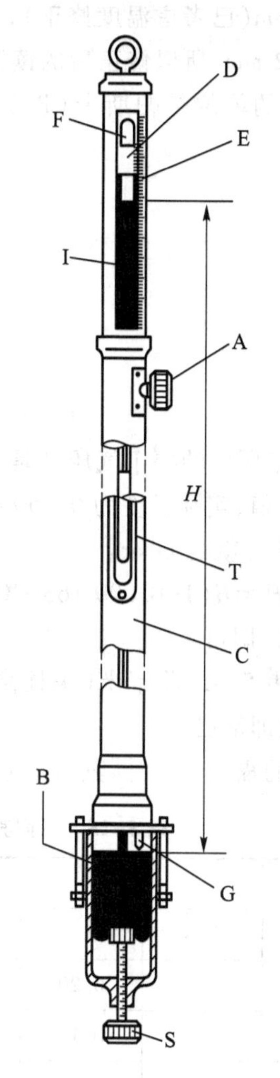

A—齿轮；D—游标；E—标尺；F—玻璃管；I—水银柱；B—水银杯；C—金属保护套；T—温度计；S—调节螺钉；G—针尖

图 5-23　福丁气压计

③ 在室温 t 的影响下，水银的体积和标尺的长度都会发生变化，前者使读数增加，后者使读数减少，但因前者的影响比后者要大，故当 t 为正时，测得的 H 值比实际的大气压强要大些，为此引入温度修正，修正式为

$$H_0=H(1-0.000\,163t/℃)$$

式中，H 为在 t 温度下的直接读数，H_0是换算到 0 ℃的气压计读数，例如 21 ℃时，气压计上读数为 765. 5 mmHg，则修正后的读数为

$$\begin{aligned}H_0&=765.5\times(1-0.000\,163\times21)\ \text{mmHg}\\&=762.9\ \text{mmHg}\end{aligned}$$

④ 考虑到水银柱的顶端为一显著凸面，由于表面张力的作用，这一凸面将对水银柱施以附加的压强，结果使测得值比实际值要小一些。为此先用游标尺测出凸面的顶端和水银、玻璃管两者相接触处之间高度差 h，然后再按表 5-15 进行修正。例如：凸面顶端读数

为 762.9 mm(已考虑温度修正),毛细管直径为 10 mm,凸面高度差 h 为 1.0 mm,对应的修正值为 0.2 mm,所以修正后的读数应为(762.9 + 0.2) mmHg = 763.1 mmHg。在国际单位制中,压强的单位是帕斯卡(Pa)。1 Pa = 1 N/m^2。Pa 与其他非法定计量单位的换算关系为

$$1\ \mathrm{dyn/cm^2} = 0.1\ \mathrm{Pa}$$

$$1\ \mathrm{mmH_2O} = 9.806\ 65\ \mathrm{Pa}$$

$$1\ \mathrm{bar} = 10^5\ \mathrm{Pa}$$

$$1\ \mathrm{mmHg} = 133.322\ \mathrm{Pa}$$

$$1\ \mathrm{kgf/cm^2} = 98\ 066.5\ \mathrm{Pa}$$

$$1\ \mathrm{atm} = 101\ 325\ \mathrm{Pa} = 1.013\ 25 \times 10^5\ \mathrm{Pa}$$

实验室所用的福丁气压计是以毫巴为单位的。标尺上(在金属保护套 C 上)每一小格(最小分度值,实际长度为 0.750 063 755 mm,约为 0.75 mm)为 1 mbar(毫巴)。换算出来的 H_0,其单位就是 mbar。

对于 $H_0 = H(1 - 0.000\ 163t/℃)$ 这个公式,可以不作任何修改,只要读数时,将 H 读成 mbar(毫巴)即可。

对于表 5-15,将毫米(汞柱高)数除以 0.750 063 755(一般情况下除以 0.75)就可以了,其单位即毫巴。

常用的福丁气压计,其管的直径为 8 mm。

表 5-15　不同直径毛细管的凸面高度所对应的修正值

管的直径/mm	水银面凸起高度差 h/mm							
7	0.4	0.6	0.8	1.0	1.2	1.4	1.6	1.8
8		0.20	0.29	0.38	0.46	0.56	0.65	0.77
9		0.15	0.21	0.28	0.33	0.40	0.46	0.52
10			0.15	0.20	0.25	0.29	0.33	0.37
11			0.10	0.14	0.18	0.21	0.24	0.27

第五节 物理实验常用光源

能够发光的物体称为光源。实验室中常用的光源分为热辐射光源、气体放电光源和激光光源三类。热辐射光源是依靠电流通过物体，使物体温度升高而发光的光源。气体放电光源指使电流通过气体(包括某些金属蒸气)而发光的光源。激光器的发光原理是受激辐射。

1. 白炽灯

白炽灯的光谱是连续光谱，光谱成分和光强都与灯丝的温度有关。根据不同的用途和要求，人们制造出各类专用灯泡。实验室中常用的白炽灯有下列几种。

(1) 普通灯泡。

普通灯泡作白色光源或照明用。每个灯泡上都标明它的使用电压和功率，应按规定的电压使用灯泡。在白炽灯前加滤色片或色玻璃，就可以得到单色光，其单色性取决于滤色片的参量。

(2) 标准灯泡。

过去使用的标准灯泡就是经过校准后的普通灯泡。经验表明：普通灯泡使用后，钨丝会逐渐蒸发，灯丝的直径逐渐减少，灯泡越用越暗，而灯泡的玻璃壳，由于钨的沉积而越用越黑。它作为标准灯泡显然不稳定，须经常校准，十分麻烦。另外它的发光效率不高，光色不好(偏黄红)。

人们利用卤族元素和钨的化合物容易挥发的特点制成了卤钨灯(其中，主要是碘钨灯和溴钨灯)。在灯泡内充入卤族元素后，沉积在玻璃壳内的钨将与卤族原子化合，生成卤化钨，卤化钨挥发成气体又反过来向灯丝扩散。灯丝附近温度高，卤化钨分解，钨又重新沉积在钨丝上，形成卤钨循环。因此卤钨灯能获得较高的发光效率，光色较好，同时提高了稳定性。

作为标准光源的卤钨灯仍然要经过校准，同时存在使用时的方向性问题，使用时应按规定的电压值(或电流值)和规定的方向才能得到正确的结果。

2. 水银灯(汞灯)

水银灯是一种气体放电光源，发光物是水银蒸气。水银灯稳定后发出绿白光，在可见光范围内的光谱包含几条分离的谱线。

因为水银灯在常温下需要很高的电压才能点燃，所以在灯管内还充有辅助气体，如氖、氩等。通电时辅助气体先被电离而开始放电，此后灯管温度得以升高，随后才产生水银蒸气的弧光放电。弧光放电的伏安特性有负阻现象，需要在电路中接入一定的阻抗以限制电流，否则电流急剧增加会把灯管烧坏，一般在交流 220 V 电源与灯管的电路中串入一个扼流圈(镇流器)，如图 5-24 所示，不同的水银灯泡电流的额定值不同，所需扼流圈的规格亦不同，不能互用，切忌弄混。

水银灯辐射的紫外线较强，不要直接注视水银灯，以防止眼睛受伤。

3. 钠灯

钠灯也是一种气体放电光源。钠灯在可见光范围内有两条强谱线(589.0 nm 和 589.6 nm)，因此是一种比较好的单色光源。

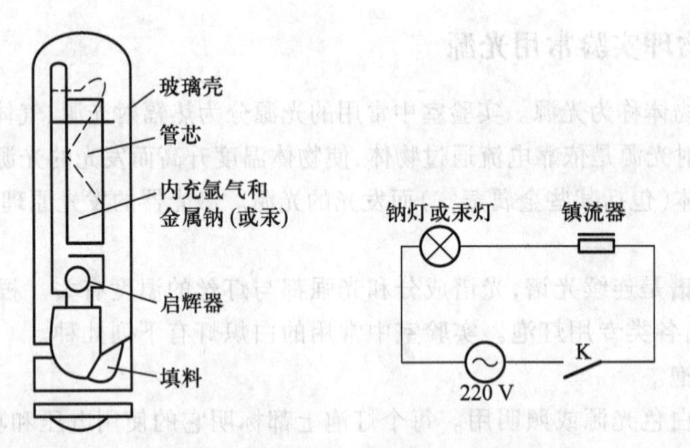

图 5-24 钠灯(汞灯)接线示意图

这种灯将金属钠封闭在特种玻璃泡内,并且充以辅助气体氩,发光过程似汞灯。钠为难熔金属,冷时蒸气压很低,工作时钠蒸气压约为 0.133 Pa,通电 15 min 后可发出较强的黄色光。灯泡两端电压约为 200 V(AC),电流为 1.0~1.3 A。电源用交流 220 V,并串入扼流圈。

4. 氢放电管

氢放电管也是一种气体放电光源,如图 5-25 所示,在一根与大玻璃管相通的毛细管内充以氢气。氢放电时发出粉红色的光,含有原子光谱和分子光谱,可根据需要,采取适当措施突出一种。实验室里的氢放电管是用于研究氢原子光谱的,工作电流一般为几毫安(不超过 10 mA),管端电压为几千伏。氢放电管接在霓虹灯变压器输出端,将 220 V 的市电通过调压变压器输入霓虹灯变压器的输入端,以调节其输出电压。输入电压应控制在 50~100 V。

5. 氦氖激光器

激光器是一种新发展起来的单色光源,它具有单色性好、发光强度大和方向性强等优点。氦氖激光器是一种气体激光器,输出波长为 632.8 mm 的橙红色偏振光,输出功率在几毫瓦到几十毫瓦之间,如图 5-26 所示。

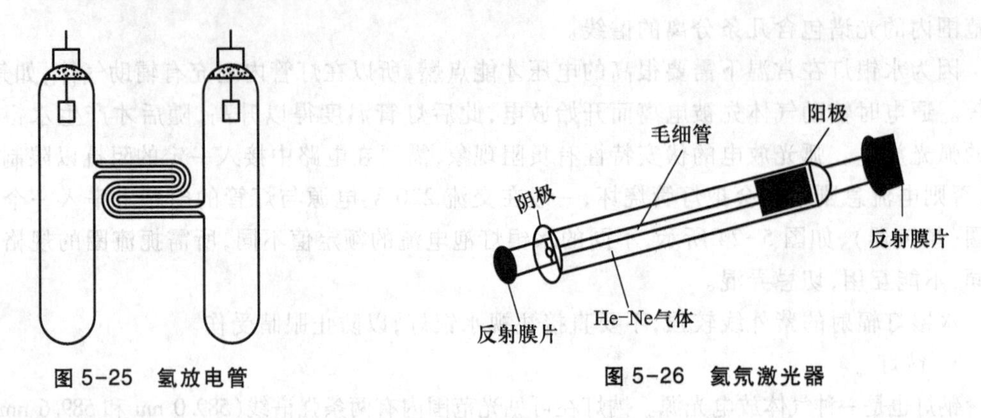

图 5-25 氢放电管　　图 5-26 氦氖激光器

激光管两端是多层介质膜片(反射膜片),管体中间有一毛细管,它们组成光学谐振腔,这是激光器的主要部分,使用时必须保持清洁。点燃时应严格按说明书的要求控制辉光电流的大小,不得超过额定值,若低于阈值则会使激光闪烁或熄灭。由于激光管两端加有高压,所以操作时应严防触及,以免造成电击事故。

由于激光束的能量高度集中,所以绝对不能迎着激光束的方向观察。照射到人眼中的不扩束的激光,将造成视网膜的永久性损伤。

前面介绍了物理实验中的一些基本仪器,在物理实验中,还会涉及其他一些通用仪器和专用仪器,限于篇幅,我们不能一一介绍。我们将结合具体实验项目作出适当的说明,同时,所有仪器都配有相关资料和使用说明书,以供查阅和参考。大家可以通过研读有关资料来熟悉仪器的原理、性能和使用方法。

附录

附录A　中华人民共和国法定计量单位

中华人民共和国法定计量单位(以下简称法定单位)包括:

(1) SI(国际单位制)基本单位(表 A-1);

(2) 包括 SI 辅助单位在内的具有专门名称的 SI 导出单位(表 A-2);

(3) 国家选定的非国际单位制单位(表 A-3);

(4) 由以上单位构成的组合形式的单位;

(5) 由词头(表 A-4)和以上单位所构成的十进倍数和分数单位。

表 A-1　SI 基本单位

量的名称	单位名称	单位符号
长度	米	m
质量	千克(公斤)	kg
时间	秒	s
电流	安[培]	A
热力学温度	开[尔文]	K
物质的量	摩[尔]	mol
发光强度	坎[德拉]	cd

表 A-2　包括 SI 辅助单位在内的具有专门名称的 SI 导出单位

量的名称	单位名称	单位符号	其他表示形式
[平面]角	弧度	rad	1
立体角	球面度	sr	1
频率	赫[兹]	Hz	s^{-1}
力	牛[顿]	N	$kg \cdot m/s^2$
压强,应力	帕[斯卡]	Pa	N/m^2
能[量],功,热量	焦[耳]	J	$N \cdot m$
功率,辐[射能]通量	瓦[特]	W	J/s
电荷[量]	库[仑]	C	$A \cdot s$
电压,电动势,电位,(电势)	伏[特]	V	W/A
电容	法[拉]	F	C/V
电阻	欧[姆]	Ω	V/A
电导	西[门子]	S	Ω^{-1}
磁通[量]	韦[伯]	Wb	$V \cdot s$

续表

量的名称	单位名称	单位符号	其他表示形式
磁通[量]密度,磁感应强度	特[斯拉]	T	Wb/m^2
电感	亨[利]	H	Wb/A
摄氏温度	摄氏度	℃	
光通量	流[明]	lm	cd · sr
[光]照度	勒[克斯]	lx	lm/m^2
[放射性]活度	贝可[勒尔]	Bq	s^{-1}
吸收剂量,比授[予]能,比释动能	戈[瑞]	Gy	J/kg
剂量当量	希[沃特]	Sv	J/kg

表 A-3　国际单位制以外的我国法定计量单位

量的名称	单位名称	单位符号	换算关系和说明
时间	分,[小]时,日,(天)	min h d	1 min = 60 s 1 h = 60 min = 3 600 s 1 d = 24 h = 86 400 s
[平面]角	度 [角]分 [角]秒	° ′ ″	1° = 60′ = (π/180) rad 1′ = 60″ = (π/10 800) rad 1″ = (π/648 000) rad (π 为圆周率)
体积	升	L,(l)	$1\ L = 1\ dm^3 = 10^{-3}\ m^3$
质量	吨 原子质量单位	t u	$1\ t = 10^3\ kg$ $1\ u \approx 1.660\ 540 \times 10^{-27}\ kg$
转速	转每分	r/min	1 r/min = (1/60) r/s
长度	海里	n mile	1 n mile = 1 852 m (只用于航程)
速度	节	kn	1 kn = 1 n mile/h = (1 852/3 600) m/s (只用于航程)
能	电子伏	eV	$1\ eV \approx 1.602\ 18 \times 10^{-19}\ J$
级差	分贝	dB	
线密度	特[克斯]	tex	$1\ tex = 10^{-6}\ kg/m$
面积	公顷	hm^2	$1\ hm^2 = 10^4\ m^2$

表 A-4 SI 词 头

因数	词头名称		词头符号
	英文	中文	
10^{24}	yotta	尧[它]	Y
10^{21}	zetta	泽[它]	Z
10^{18}	exa	艾[可萨]	E
10^{15}	peta	拍[它]	P
10^{12}	tera	太[拉]	T
10^{9}	giga	吉[咖]	G
10^{6}	mega	兆	M
10^{3}	kilo	千	k
10^{2}	hecto	百	h
10^{1}	deca	十	da
10^{-1}	deci	分	d
10^{-2}	centi	厘	c
10^{-3}	milli	毫	m
10^{-6}	micro	微	μ
10^{-9}	nano	纳[诺]	n
10^{-12}	pico	皮[可]	p
10^{-15}	femto	飞[母托]	f
10^{-18}	atto	阿[托]	a
10^{-21}	zepto	仄[普托]	z
10^{-24}	yocto	幺[科托]	y

注：

1. 圆括号中的名称，是它前面的名称的同义词。

2. 无方括号的量的名称与单位名称均为全称。方括号中的字，在不致引起混淆、误解的情况下，可以省略。去掉方括号中的字即其名称的简称。单位和词头的简称，即其中文符号。

3. 人民生活和贸易中，质量习惯称为重量。

4. "其他表示形式"是指用国际单位制的基本单位和有专门名称的导出单位所作的表示。

5. 弧度和球面度称为国际单位制的辅助单位，它们是具有专门名称和符号的量纲一的量的导出单位。

6. 平面角单位度、分、秒的符号，在组合单位中应采用(°)、(′)、(″)的形式。例如：不用°/s 而用(°)/s。

7. 升的符号中，小写字母 l 为备用符号。

8. 公顷的国际通用符号为 ha。

9. 词头不得单独使用，也不得重叠使用，词头符号与所紧接的单位符号（国际单位制基本单位或导出单位的符号）应作为一个整体对待，它们共同组成一个新单位（十进倍数或分数单位），并具有相同的幂次，而且还可以和其他单位构成组合单位。

附录 B　大学物理实验常用数据

表 B-1　常用物理常量

物理量	符号	数值	单位	相对标准不确定度
真空中的光速	c	299 792 458	$m \cdot s^{-1}$	精确
普朗克常量	h	$6.626\ 070\ 15 \times 10^{-34}$	$J \cdot s$	精确
约化普朗克常量	$h/2\pi$	$1.054\ 571\ 817 \cdots \times 10^{-34}$	$J \cdot s$	精确
元电荷	e	$1.602\ 176\ 634 \times 10^{-19}$	C	精确
阿伏伽德罗常量	N_A	$6.022\ 140\ 76 \times 10^{23}$	mol^{-1}	精确
摩尔气体常量	R	$8.314\ 462\ 618 \cdots$	$J \cdot mol^{-1} \cdot K^{-1}$	精确
玻耳兹曼常量	k	$1.380\ 649 \times 10^{-23}$	$J \cdot K^{-1}$	精确
理想气体的摩尔体积（标准状态下）	V_m	$22.413\ 969\ 54 \cdots \times 10^{-3}$	$m^3 \cdot mol^{-1}$	精确
斯特藩-玻耳兹曼常量	σ	$5.670\ 374\ 419 \cdots \times 10^{-8}$	$W \cdot m^{-2} \cdot K^{-4}$	精确
维恩位移定律常量	b	$2.897\ 771\ 955 \times 10^{-3}$	$m \cdot K$	精确
引力常量	G	$6.674\ 30(15) \times 10^{-11}$	$m^3 \cdot kg^{-1} \cdot s^{-2}$	2.2×10^{-5}
真空磁导率	μ_0	$1.256\ 637\ 062\ 12(19) \times 10^{-6}$	$N \cdot A^{-2}$	1.5×10^{-10}
真空电容率	ε_0	$8.854\ 187\ 8128(13) \times 10^{-12}$	$F \cdot m^{-1}$	1.5×10^{-10}
电子质量	m_e	$9.109\ 383\ 7015(28) \times 10^{-31}$	kg	3.0×10^{-10}
电子荷质比	$-e/m_e$	$-1.758\ 820\ 010\ 76(53) \times 10^{11}$	$C \cdot kg^{-1}$	3.0×10^{-10}
质子质量	m_p	$1.672\ 621\ 923\ 69(51) \times 10^{-27}$	kg	3.1×10^{-10}
中子质量	m_n	$1.674\ 927\ 498\ 04(95) \times 10^{-27}$	kg	5.7×10^{-10}
里德伯常量	R_∞	$1.097\ 373\ 156\ 8160(21) \times 10^{7}$	m^{-1}	1.9×10^{-12}
精细结构常数	α	$7.297\ 352\ 5693(11) \times 10^{-3}$		1.5×10^{-10}
精细结构常数的倒数	α^{-1}	$137.035\ 999\ 084(21)$		1.5×10^{-10}
玻尔磁子	μ_B	$9.274\ 010\ 0783(28) \times 10^{-24}$	$J \cdot T^{-1}$	3.0×10^{-10}
核磁子	μ_N	$5.050\ 783\ 7461(15) \times 10^{-27}$	$J \cdot T^{-1}$	3.1×10^{-10}
玻尔半径	a_0	$5.291\ 772\ 109\ 03(80) \times 10^{-11}$	m	1.5×10^{-10}
康普顿波长	λ_C	$2.426\ 310\ 238\ 67(73) \times 10^{-12}$	m	3.0×10^{-10}
原子质量常量	m_u	$1.660\ 539\ 066\ 60(50) \times 10^{-27}$	kg	3.0×10^{-10}

注：表中数据为国际科学理事会（ISC）国际数据委员会（CODATA）2018 年的国际推荐值。

表 B-2　20 ℃时某些物质的密度

物质	$\rho/(\mathrm{kg\cdot m^{-3}})$	物质	$\rho/(\mathrm{kg\cdot m^{-3}})$
铝	2 698.9	石英	2 500~2 800
铜	8 960	水晶玻璃	2 900~3 000
铁	7 874	冰(0 ℃)	880~920
银	10 500	乙醇	789.4
金	19 320	乙醚	714
钨	19 300	汽油	710~720
铂	21 450	氟利昂-12	1 329
铅	11 350	变压器油	840~890
锡	7 298	甘油	1 260
水银	13 546.2		
钢	7 600~7 900		

表 B-3　标准大气压下不同温度时水的密度

t/℃	$\rho/(\mathrm{kg\cdot m^{-3}})$	t/℃	$\rho/(\mathrm{kg\cdot m^{-3}})$	t/℃	$\rho/(\mathrm{kg\cdot m^{-3}})$
0	999.841	16	998.943	32	995.025
1	999.900	17	998.774	33	994.702
2	999.941	18	998.595	34	994.371
3	999.965	19	998.430	35	994.031
4	999.973	20	998.203	36	993.68
5	999.965	21	997.992	37	993.33
6	999.941	22	997.770	38	992.96
7	999.902	23	997.538	39	992.66
8	999.849	24	997.296	40	992.22
9	999.781	25	997.044	50	988.04
10	999.700	26	996.783	60	983.21
11	999.605	27	996.512	70	977.78
12	999.498	28	996.232	80	971.80
13	999.404	29	995.944	90	965.31
14	999.244	30	995.646	100	958.35
15	999.099	31	995.340		

表 B-4　海平面上不同纬度处的重力加速度

φ/(°)	g/(m·s^{-2})	φ/(°)	g/(m·s^{-2})
0	9.780 49	50	9.810 78
5	9.780 88	55	9.815 14
10	9.782 04	60	9.819 24
15	9.783 94	65	9.822 94
20	9.786 52	70	9.826 13
25	9.789 69	75	9.828 73
30	9.793 38	80	9.830 64
35	9.797 46	85	9.831 81
40	9.801 80	90	9.832 21
45	9.806 29		

注：表中所列数值是根据公式 $g=9.780\ 49(1+0.005\ 288\sin^2\varphi-0.000\ 006\sin^2 2\varphi)$ 算出的，其中 φ 为纬度。

表 B-5　20 ℃时某些金属的杨氏模量

金属	E/GPa
铝	69～70
钨	407
铁	186～206
铜	103～127
金	77
银	69～80
锌	78
镍	203
铬	235～245
合金钢	206～216
碳钢	196～206
康铜	160

注：杨氏模量的值与材料的结构、化学成分及其加工制造方法有关。因此，在某些情况下，杨氏模量的值可能与表中所列的平均值不同。

表 B-6 某些物质中的声速

物质	v/($m \cdot s^{-1}$)	物质	v/($m \cdot s^{-1}$)
空气	331.45	水(20 ℃)	1 482.9
一氧化碳	337.1	酒精(20 ℃)	1 168
二氧化碳	258.0	铝	5 000
氧气	317.2	金	2 030
氩气	319	银	2 680
氢气	1 269.5	铜	3 750
氮气	337	不锈钢	5 000

注:干燥空气中的声速与温度的关系为 $v=331.45+0.54t$,其中 v 的单位为 $m \cdot s^{-1}$,t 的单位为℃。

参考文献